简明自然科学向导丛书

趣味科技发展简史

主　编　马来平

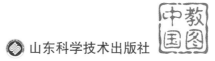

山东科学技术出版社

主　编　马来平

副主编　肖德武　刘　星　马亭亭　王宜凯
　　　　刘　溪

编　委　（以姓氏笔画为序）
　　　　马来平　马亭亭　王　凯　王　密
　　　　王宜凯　王东生　吕晓钰　闫茂源
　　　　刘　星　刘　溪　肖德武　吴仕震

前言

实现"内史"与"外史"的有机结合

科技史描述科学技术发展的历史,它本身也有一部发展的历史。在这一历史进程中,包括编年史和科学思想史在内的"内史"编史路线曾长期占据主导地位。"内史"编史路线有利于对科学知识的发展进行有机而深入的理解,以及便于把握科学知识发展的脉络和模式等,但由于科学发现过程原始资料的极度匮乏,以及"内史"编史路线对社会因素和非理性因素的排斥和疏远,使其不仅无法解释科学知识发展的间断性和革命性,而且也无力解释科学发展方向、速度和规模等整体上的种种变化。

正因如此,"外史"编史路线异军突起。该路线主张把科学技术视为一种社会体制或社会活动,在科学技术的形式、内容与经济、政治和文化等社会因素的相互影响、相互作用中,描绘科技发展的轨迹。"外史"路线较有利于全面把握科学精神、科学价值、科学的文化气质以及科学在社会中的运行机制,在描述科学发展的全貌上,较为接近实际。但由于漠视乃至排斥科学知识的内在逻辑,而且难以在科学发展与众多的社会因素之间建立起可靠、清晰的因果关系,因而容易使遵循该路线写出来的科学史显得松散、空洞、充满随机性,并极易走向相对主义。

于是,"外史"编史路线在科学史家那里一度备受青睐之后,实现"内史"与"外史"的有机结合,逐渐成为当今科技史界的主导诉求。美国著名科学哲学家库恩甚至明确提出,怎样把"内史"与"外史"结合起来,当是科学史这个学科"而今所面临的最大挑战"。之所以如此,原因至少有二:一是"内史"和"外史"两方面的研究基础尤其是"外史"的研究基础比较薄弱。"外史"引起学界的注意,最初是20世纪30年代初前苏联物理学家赫森那篇题为《牛顿力学的社会经济根源》的著名论文的发表,继而是默顿的《17世纪英格兰的科学、技术和社会》和贝尔纳的《科学的社会功能》所做的两项典范性的"外史"工作。至20世纪60年代库恩《科学革命的结构》一书的出版,才真正标志着"外史"学术地位得以确立;同时,长期以来,按照"外史"路线撰写科学史以及"外史"编史学的研究基本上未受到应有的重视。因此,迄今具有"外史"性质的、公认高水平的科学通史著作较为少见。二是"内史"与"外史"结合相当复杂。在一定的意义上,"内史"与"外史"都带有某种纯化和简化科技发展实际过程的意味,前者撇开科技与社会因素的互动关系,聚焦科技内部的逻辑发展;后者将科技内部的逻辑发展黑箱化,着力考察科技与社会因素的互动关系。相比之下,"外史"较之"内史"较复杂、难度较大。而"内史与外史的结合"较之"外史"则更加复杂、难度更大。

或许正是由于难度巨大,所以现有的不少科学史著作在"内史"与"外史"的有机结合上远不能令人满意。为此,本书编写中将努力体现以下原则:

1. 宏观上,从科技知识、社会活动、社会体制和精神文化等视角全方位地观照和把握科学技术。在考察科学技术理论和概念逻辑演化过程的同时,充分揭示科技知识在其发展过程中与经济、政治以及哲学、伦理、宗教、文学艺术等文化因素互动的内容、方式和后果等。

2. 微观上,把内外有机结合的原则贯彻到科技史上的每一个典型场景。本书以科学技术与社会的互动为经,以科技史上里程碑式的成就、人物或事件为纬,聚焦科技发展史上每一个具有转折意义的关键时刻。以人、重大发现或经典著作为一题,在着力把每一条目中所涉及的科学知识说得清楚、明白、透彻的基础上,一方面追溯每个科学成就的前因后果,即弄清其社会原因和社会影响;另一方面,揭示每一科学成就研究过程中科学家的研究方法和精神风范。

3.以内外结合的原则,实现提高公民科学素质的目标。本书的根本任务是普及科技知识、科学方法、科学精神和科学思想。如何普及呢?关键在于在力戒空头说教,做到寓理于事的前提下,努力避免科学主义倾向。具体说来即是:就"内史"的角度而言,不可把科学知识等同于真理,要在坚持科学知识客观性的前提下,适度承认科学知识的社会性;就"外史"的角度而言,不可仅仅看到科学技术的积极作用,一定要正视和适当反映科学技术的负面作用,并给予实事求是地分析。简言之,要引导读者走近真实的科学,做到对科学既要尊重、信赖,又不迷信。

以上设想,尽管粗浅,但毕竟是我们满腔热忱的心愿,本书是否真正将"内史"与"外史"有机结合的原则付诸实施,尚待读者教正。

编 者

目录

一、磅礴出海：古代的科学技术

神秘的埃及、巴比伦、印度文明/1

社会生产实践的重要向导——古埃及天文历法的不朽成就/2

社会活动抽象化的结晶——古埃及数学的全面发展/3

医学技术高度繁荣的见证——木乃伊千年不朽的奥秘/4

人类建筑史上的永恒之谜——古埃及的金字塔和神庙/5

古代两河流域科学的发展——天文、数学、历法领域的光辉成就/7

高度精确历法的不朽成就——《鹧鸪氏梵书》和天文学贡献/8

人类数学研究水平的崭新高度——古印度算术与代数方面的成就/9

辉映千秋的古希腊科学成就/11

演绎逻辑与几何学的开山鼻祖——毕达哥拉斯的"数是万物的本原"/11

古希腊自然哲学的代表作——亚里士多德的《物理学》/12

"给我一个支点，我就可以举起整个地球。"——阿基米德的"支点"理论/13

古希腊医学的巅峰——希波克拉底的医学成就/14

科学演绎法的一座不朽丰碑——欧几里得的《几何原本》/15

主导西方天文学长达千年之久的地心说体系——托勒密的天文学著作《至大论》/16

解剖学的鼻祖——盖伦及其"三灵气说"/18

罗马科学的昙花一现——儒略历法和卢克莱修的《物性论》/19

二、阴霾重重：中世纪的科学技术

科学徐行的西欧/22

科学种子的撒播——神圣罗马帝国的建立/22

多元文明的重塑——十字军东征的历史影响/23

思辨时代向教会哲学的合理过渡——中世纪的自然神学/24

希腊精神的复苏——托马斯·阿奎那的《神学大全》/25

逻辑体系的日臻完善——基督教义蕴含的科学方法/26

科学发展的优质土壤——中世纪大学的创立/27

实验科学概念的第一次提出——僧侣科学家罗吉尔·培根的实
　　验科学思想/28

欧洲学术复兴的一抹亮色——唯名论与唯实论之争/30

亚里士多德物理学说的瓦解——布理丹、奥雷斯姆的冲力学理
　　论/31

迅速崛起的阿拉伯文明/32

现代化学诞生的前夜——炼金术的发展/32

现代数学体系的雏形——花拉子密和《代数学》/33

现代天文学研究的滥觞——阿拉伯天文学/35

物理学研究崭新的一页——力学与光学交相辉映/36

近代地理学的肇端——阿拉伯地理学的发展/37

伟大的医学圣经——伊本·西那和他的《医典》/38

希腊精神与阿拉伯文化的交融——伊斯兰教经院哲学的出现/39

呼之欲出/40

传承与创新——中世纪几大文明的汇流/40

三、一声惊雷:近代科学的诞生

山雨欲来/42

找回迷失的人性——文艺复兴时代的到来/43

开疆拓土探新途——远洋航行和地理大发现/44

风起云涌/45

独立科学家角色的诞生——以达·芬奇为代表的意大利艺术
　　家/45

自然科学的独立宣言——哥白尼的《天体运行论》/46

科学史上的"第一位近代人物"——伽利略及其科学贡献/48

捍卫真理的殉道者——布鲁诺的"异端"思想/49

揭开大自然的神秘面纱——探索真空问题的"托里拆利实验"/50

狂风乍起/52

通向自由的改革之路——马丁·路德的宗教改革运动/52

行星运行三定律的发现——第谷与开普勒的师徒接力/53

"炼金术"的新发展——医药化学和冶金化学的原始形式/55

近代科学发展的动力——英格兰清教主义的影响/56

近代生理科学的奠基——哈维和血液循环理论/57

近代科学体制化的肇始——英国皇家学会/58

"波义耳将化学确立为科学"——"化学之父"波义耳/60

经典力学体系的建立——划时代的科学巨人牛顿/61

电闪雷鸣/62

近代医学开端的标志——维萨留斯的《人体结构》/62

官办研究机构的先声——巴黎科学院的创立/64

精确计时时代的到来——惠更斯的《摆钟论》/65

微观世界大门的开启——胡克与显微镜/66

变量进入数学——笛卡儿与他的《方法论》/67

近代自然科学的哲学基础——机械自然观及其功过/68

科学革命的年代——16、17世纪世界科学鸟瞰/69

四、晴空万里：18世纪的科学技术

引领工业革命的英国科技/71

修理工的革命——瓦特与改良蒸汽机/72

风琴手的发现——赫舍尔与天王星/73

火与水之争——赫顿与火成论/74

乡村医生的奇迹——琴纳与预防医学/76

腼腆科学家的辉煌——卡文迪许与他的实验室/78

启蒙运动中崛起的法国科学/79

天体力学界的《至大论》——拉普拉斯与《天体力学》/80

氧的发现——拉瓦锡与化学革命/81

生物进化论的前奏——拉马克与他的《动物学哲学》/83

静电力学成为一门独立的学科——库仑与库仑定律/84

群星闪烁的德国科技/86

德国近代科学的堡垒——柏林科学院/86

哲学家的天文遐想——康德与星云假说/88

小科学中心的遍地开花/89

守恒思想的初步总结——丹尼尔·伯努利与《流体动力学》/89

为植物王国建立秩序——林奈和他的双名制命名分类法/91

现代生理学的诞生——哈勒和他的《生理学纲要》/93

触摸雷电——富兰克林的电学研究/94

五、风云激荡:19 世纪的科学技术

黄金时代/96

电流揭秘——发现欧姆定律/97

柳暗花明——寻找海王星/98

花落谁家——迈尔与能量守恒定律的发现/99

历史性会面——细胞学说的创立/101

探险铸辉煌——洪堡为近代地理学奠基/102

开创有机合成新时代——维勒人工合成尿素/103

圆环的奥妙——凯库勒揭示苯环结构/105

第一张透视照片——伦琴发现 X 射线/106

雄风犹在/108

"电学中的牛顿"——安培奠定电动力学基础/108

理论的蒙难——卡诺创立热机理论/109

"第二个亚里士多德"——居维叶为比较解剖学和古生物学奠基/111

生不逢时——拉马克首创生物进化理论/113

不在已成事业上停留——巴斯德开创微生物研究新纪元/114

持续强劲/116

伟大实验造就伟大发现——法拉第创立电磁感应定律/116

业余爱好铸辉煌——焦耳与能量守恒定律研究/118

自然选择——达尔文创立生物进化论/119

第三次大综合——麦克斯韦电磁理论的建立/120

打开通往基本粒子物理学的大门——汤姆生发现电子/122

争奇斗艳/123

硝烟中走来的发明家——诺贝尔与炸药技术研制/124

"科学上的一个勋业"——门捷列夫发现元素周期律/125

"发明大王"——爱迪生和他的伟大发明/127

迎接电话时代的来临——贝尔与电话的发明/128

"无线电之父"——马可尼和无线电通信技术的发明/129

"镭的母亲"——居里夫人的放射性元素研究/131

六、石破天惊:20世纪的科技革命

狂飙突起/133

以太之谜——迈克尔逊—莫雷实验引发物理学危机/134

紫外灾难——黑体辐射研究和热力学危机/135

孤注一掷——普朗克提出能量子假说/137

神奇之年——爱因斯坦创立狭义相对论/138

迟到的诺贝尔奖——爱因斯坦和光电效应研究/139

物质与波动的统一——物质波理论及其验证/141

哥本哈根的青年才俊——海森堡与量子力学研究/142

量子力学的标准形式——薛定谔创立波动力学/144

辉煌不再/145

挑战大陆固定论——魏格纳提出大陆漂移说/145

"原子弹之母"——迈特纳与核裂变研究/147

远走他乡谱新篇——德尔伯鲁克与他的噬菌体研究小组/148

强势崛起/149

揭开红移之谜——哈勃与哈勃定律/150

惊世骇俗的学说——伽莫夫创立宇宙大爆炸学说/151

宇宙大爆炸学说获得有力支持——威尔逊和彭齐亚斯发现微波
  背景辐射/153

沿着爱因斯坦的道路前进——温伯格创立弱电统一理论/154

不同领域科学家的完美结合——沃森和克里克建立DNA双螺
  旋结构模型/155

"曼哈顿工程"——原子弹的成功研制/157

"计算机之父"——冯·诺依曼设计制造第一代电子计算机/158

群星璀璨/159

探索原子核结构——查德维克发现中子/160

探索"生命的最新秘密"——巴甫洛夫创立条件反射学说/161

地球科学的哥白尼革命——创立板块构造学说的科学家群体/162

七、日新月异：大科学时代的科学技术

风正帆悬/164

横断学科发展的硕果——维纳创立控制论/165

将信息研究推向新高度——申农创立信息论/166

阿波罗计划——人类首次登上月球/167

激光器研制的里程碑——梅曼发明红宝石激光器/169

争先恐后/170

太空飞行第一人——加加林成功进入太空/171

血的教训——李森科给苏联科学事业造成的危害/172

构建新的数学体系——布尔巴基学派和《数学原本》/173

学科整合/175

揭秘系统的自组织行为——普利高津创立耗散结构理论/175

不同学科的协作和碰撞——哈肯创立协同学/177

开创新科学——费根鲍姆与混沌理论研究/178

环境意识的觉醒——蕾切尔·卡逊和《寂静的春天》/180

技术腾飞/181

迎接人工智能新时代——人工智能的研究进展/181

复制生命的喜与忧——克隆技术及其引发的争议/183

亦忧亦喜核电站——绿色核电造福人类/185

深海探秘——海洋技术发展的里程碑/186

抢占战略技术的制高点——推动纳米技术发展/187

继往开来/189

破译人类遗传密码——人类基因组草图绘制完成/189

探索地外生命——"奥德赛"探索火星生命之旅/190

逐步揭开黑洞之谜——霍金与黑洞研究/192

宝贵的 11 天——富勒烯的发现/193

预防气候变暖——探索处置二氧化碳的方式/195

八、日照东方：科学技术在中国

辉煌起点/197

中国古代科技的起源与三大范式——五行、阴阳与气论/198

精彩纷呈的百工技艺规范总汇——技术经典《考工记》/199

堪与古希腊演绎科学相媲美的科学瑰宝——奇书《墨经》/201

体系初成/202

中国农学体系的蓝本——《氾胜之书》/202

博大精深的中医基础理论——医家之宗《黄帝内经》/204

独具特色的中国数学体系的形成——算经之首《九章算术》/205

精妙绝伦的候风地动仪——东汉张衡的天学理论与仪器制作/206

初现高峰/207

古老而精湛的中国农业生产技术总览——"六最"农书《齐民要术》/208

地学的飞跃——水文地理巨著《水经注》/209

π 值精密,算史之最——南朝祖冲之父子的杰出成就/210

世界土木工程的里程碑——历经千年保存完好的赵州桥/211

中医学理论与实践水平的提高——"药王"孙思邈与《千金方》/213

天文历法体系的完善——实测子午线长度的创始人僧一行/214

再现高峰/216

宋元数学四大家——秦九韶、李冶、杨辉和朱世杰及其科学贡献/216

中国科学史上的坐标——《梦溪笔谈》/217

中国古代建筑的高峰——最完整的建筑技术书籍《营造法式》/219

中世纪最精密的历法之一——《授时历》/220

医界"金元四大家"——刘完素、张从正、李杲、朱丹溪及其医学流派/221

影响世界历史进程的辉煌成就——中国古代四大发明/222

三次高峰/224

稿凡三易写名著,中华医药集大成——明代李时珍的《本草纲目》/224

求索天地故,旅行大探险——徐霞客及其地学成就/225

杂采众家,兼出独见——规模空前的明末农学巨著《农政全书》/226

惊人事业优"尧典",绝世文章玩"系辞"——宋应星与《天工开物》/227

西学东渐/228

西学东渐第一师——利玛窦及其学术传教路线/228

中西文化的交流与激烈冲撞——清初历狱风云/230

洋务派的技术引进——江南制造总局的辉煌/231

维新时期的科技体制萌芽——"学会热"与"癸卯学制"/233

新文化运动中的科学启蒙——"十字真言"与"科玄论战"/235

雄狮初醒/236

中国科学技术的新纪元——中国科学院的建立/237

计划科学体制的确立——《十二年科学规划》/238

攀登世界科学高峰——"两弹一星"扬国威/239

生命科学史上的里程碑—牛胰岛素的人工合成/240

科技适应国家需要的成功范例——大庆油田的发现与建设/241

"文革"中围绕科技工作的激烈斗争——科技工作整顿与《科学
  院工作汇报提纲》/242

第二次绿色革命——"养活整个世界"的杂交水稻技术/243

大鹏展翅/245

科学的春天——盛况空前的全国科学大会/245

中国科技列车驶上快车道——科技体制改革的宏伟蓝图/246

基础研究的重大进展——高温超导研究后来居上/247

探索人类自身的奥妙——对人类基因组计划的贡献/249

航天领域的重大突破——"神舟号"载人飞船与"嫦娥工程"/250

告别铅与火,迈入光与电——以中文电子出版系统为代表的技
  术创新/252

机遇与挑战——中国科技前瞻/253

一、磅礴出海：古代的科学技术

人类科学技术发端之际，古希腊及四大文明古国分别以不同的方式谱写了各自的文明史，对后世产生了极其深远的影响，也正是这些活水源头的存在才有了当今科技文明的浩瀚海洋。四大文明古国孕育了人类的原始文明，如今人类所拥有的哲学、科学、文学和艺术等方面的丰富知识，皆可溯源至此。希腊文明浓缩了科学精神，成为近代科学的火种和灵魂。诚如恩格斯所言，"在希腊哲学的多种多样的形式中，差不多可以找到以后各种观念的胚胎、萌芽。因此，如果理论自然科学想要追溯自己一般原理发生和发展的历史，它也不得不回到希腊人那里去"。尽管古希腊的文明程度无法与四大文明古国相提并论，并且存在许多缺陷，但它的伟大在于创造了西方科学和哲学的传统，凭借这一点便足以同四大文明古国比翼齐飞。现在，就让我们一起重温光辉夺目的西方古代科技成就，感受人类文明的早期辉煌。

神秘的埃及、巴比伦、印度文明

梁启超在其写于 1900 年的《20 世纪太平洋歌》中，认为"地球上古文明国家有四：中国、印度、埃及、小亚细亚是也"。其实，关于四大文明古国，西方很早就有"Four major early（ancient）civilizations"的说法。后来人们将"小亚细亚"更改为两河文明中的一个重要文明——巴比伦文明。就各自的突出成就而言，古埃及集中在天文、历法、数学和建筑等方面，古巴比伦集中在文字、历法、法典、数学和建筑等方面，而古印度则主要集中在哲学和自然科学等方面。它们在各自擅长的领域里，异彩纷呈，均对人类文明做出了卓越贡献。由于这些文明年代古老，有的整体上没有流传下来，更为其平添了几分神秘色彩。

社会生产实践的重要向导
——古埃及天文历法的不朽成就

古希腊历史学家希罗多德说："埃及是尼罗河馈赠的厚礼。"对于这句话的理解，应当从古埃及的天文历法谈起。在古王国时代，人们已经注意到每一年当天狼星清晨出现在东方地平线上的时候，恰逢尼罗河开始泛滥，而洪水过后便是肥沃的冲积平原。于是，能否利用和掌握好天文历法，便决定着他们是否能够收到尼罗河馈赠给他们的这份厚礼——获得一个好收成。

埃及开始有文字记录的历史，是公元前 3 000 年左右到公元前 332 年。在这段被马其顿王亚历山大征服的漫长岁月里，埃及一共经历了 31 个王朝，这一时期的古埃及文明有了长足发展。特别值得一提的是，古埃及在数学、医学和天文学等方面都作出了杰出的贡献。

也正是这个时候，闻名遐迩的埃及金字塔在各地大批修建。根据现代仪器的测量，这些金字塔底座都十分准确地坐落在南北方位上。当时还没有罗盘这种先进的定位工具，所以金字塔的建造必然是同天文观测紧密结合在一起的。比如说最大的一座金字塔处于北纬 30°线南边 2 000 米的地方，入口处在正北面，其与地下相连的通道恰好同地平线构成了 30°角，该角则是指向北极星的方位。在埃及出土的一些墓葬中保存着大量的星象图。这些图表明，当时的埃及人已经准确地掌握了天鹅、牧夫、仙后、猎户、天蝎、白羊和昴星等星座的方位以及运行规律。他们还掌握了"天狼星在清晨出现预示着尼罗河即将泛滥"的规律，把一年规定为 365 日，这就是太阳历的最初来源，它与每年的实际周期仅有约 0.25 日之差。这在古代是难能可贵的。

另外，埃及除使用阳历外，还有一种为了宗教祭祀而杀羊告朔的阴阳历。在该历法中，25 埃及年＝309 个月＝9 125 日，1 年＝365 日。这样，1 朔望月＝29.530 7 日，25 年中有 9 个闰月。埃及把昼夜各分为 12 个小时，昼夜的界限则是日出与日落的时刻，这样在埃及人那里一小时的长度是随着季节而有所不同的。为了适应这种时间标准的差异以及准确地度量时间，埃及人把计量时间的漏壶做成截头圆锥体，在不同季节用不同高度的流水量。除圭表和日晷之外，埃及还有夜间观察天象的天文仪器麦开特。它是一块沿南北方向架在一根柱子上的中间开缝的平板，从板缝中观测到某星

过子午线的时刻，并且根据星位与平板所成的角度推算出地平的高度。麦开特是现存的埃及最古老的天文仪器。

社会活动抽象化的结晶
——古埃及数学的全面发展

古埃及的数学成就斐然，原因何在呢？要探究这个问题，须从尼罗河定期泛滥谈起。洪水到来的时候会淹没全部农田，大水过后，要重新丈量居民的耕地面积。由于这种需要，多年积累起来的测地知识便逐渐发展成为几何学；另外，公元前 2900 年以后，埃及人建造了许多巧夺天工的金字塔作为法老的坟墓，这些金字塔的建造如果没有顶尖水平的天文学和几何学的知识是不可能完成的。现今对古埃及数学的认识，主要根据两卷用僧侣文写成的纸草书：一卷藏在伦敦，叫做莱因德纸草书；一卷藏在莫斯科。

古埃及的数学成就集中体现在几何学方面，这些意义深远的成就无不闪烁着古埃及人聪明智慧的光芒。时过境迁，直到几千年之后的今天仍然熠熠生辉。虽然古埃及人留存下来的数学文献不多，但是古埃及人的神庙建筑和大金字塔的存在充分表明，那些石块、圆柱的尺寸无疑都是经过精心计算的，建筑的整体设计无不经过周密的统筹策划，如果没有扎实的数学知识，这些高技术水平的庞大工程是不可能完成的。

数学源出于古代财物分配、贸易和天文学计算的需要。尼罗河定期的泛滥一方面冲积了大块大块的肥沃土地，为古代埃及农业的发展提供了最重要的物质条件，因此，古代埃及高度发达的农业文明也正是肇始于此。另一方面，洪水不断地破坏旧的土地划分，影响了农业生产有计划地开展。为了保障农业生产的有序、高效发展，古埃及人迫切地需要一种准确、有效的土地丈量方法，以有效应对频繁的洪水冲积。于是一套完整的数学体系便在古代埃及迅速地发展起来。生产过程中的实际需求，促使古埃及人必须掌握关于三角形、正方形、圆形等几何图形面积和周长的计算和测量方法；另外，埃及长期保持着修建金字塔作为墓穴的传统，这是一项庞大的工程，广大的工匠们在修筑金字塔的过程中不得不对建筑材料的体积、重量等作出准确的测量，对墓穴的整体结构进行合理的规划与计算。在实际需要的推动之下，埃及人通过长期的钻研与积累，最终掌握了一套独特的数学理论和计算技巧。值得一提的是，当时的埃及人已经推算出圆周率的值为3.160 5，与实际值颇为相近。

纵观古代埃及在数学方面的伟大成就，我们不难看到，社会发展的种种实际需求成为滋生先进思想最直接的动力，而这些反映客观世界真实面貌的思想一旦得以确立，又会成为科学发展继续高歌猛进的强劲动力。古代埃及文明的长期延续及其对世界文明不可估量的影响都已经成为最有力的佐证。

医学技术高度繁荣的见证
——木乃伊千年不朽的奥秘

在加拿大的安大略皇家博物馆，珍藏着一具制作精美的木乃伊，它是一具保存完好的古代埃及妇女的干尸。该博物馆为检查这具外壳美丽的木乃伊有无腐化现象，同时看看体内还有什么随葬物品，便在多伦多儿童医院用一种最新式的全身层析X射线进行了透视扫描。在进行分层连续摄影时，还通过计算机测出许多数据。根据扫描显示出的纤维组织和骨骼的结构推测，这具木乃伊生前是一位20岁左右的妙龄少女。什么样的神奇技术能够留住2 700年前少女的青春容颜，的确是一件令人匪夷所思的事情。

制作木乃伊是古埃及特有的传统，也是古埃及文明留给后世的一份宝贵的遗产。木乃伊的制作技术是在长期的实践过程中不断沉淀和积累的结晶，著名哲学家希罗多德和狄奥多勒斯都曾在他们的著作中谈及木乃伊的制作和内部构造的情况。木乃伊虽然是迷信的产物，但其制作保存过程却要用到许多高水平的医药知识，千年不朽的木乃伊正说明了古埃及的医药学已达到了一种登峰造极的程度。

大约5 000年以前，埃及人都会在亲人死后到沙漠中挖掘浅坑埋葬他们的尸体。干燥、炙热的砂粒会吸收尸体的水分逐渐形成天然的干尸，古埃及"死后的生命"信仰便是起源于此。后来，埃及人开始将逝去的亲人安葬在坟墓中，但这样一来反而无法形成能够长久保存的干尸。而依照他们的信仰，要保证灵魂的不朽，就必须完好地保存尸体。于是，他们便把尸体完整的制成木乃伊，相信凭借这种木乃伊，灵魂可以安全地回到自己的身体。有时，为了防止灵魂回来时找不到自己的身体，他们还会在木乃伊上绘制精致生动的面具。

木乃伊制作技术在新王国时期发展成熟。最精湛的技艺大致是这样的：用金属钩子将脑子从鼻腔取出，再往脑腔中灌入松香油。接着用黑曜石或燧石刀片切开腹部，取出肺、肝、胃、肠等内脏（根据古代埃及人的信仰心脏通常是要留在体内的），被剖开的体腔通常要用棕榈酒加以清洗，然后再填入亚麻布、磨碎的香料和碳酸钠粉末，最后用碳酸钠粉末覆盖整个尸身。取出的内脏同样以碳酸钠粉末干燥处理，这个程序大约进行40天。身体干燥完成后，取出体内的填充材料，体腔内涂上松脂，填入干净的亚麻布和木屑。身体表面涂上松脂，以亚麻布缠裹。在尸体下葬之前，人们通常会把护身符置于身体某些部位，这是因为在埃及人看来生命在死后还会延续，认为完整的尸体是灵魂再度来世栖息的必要场所。所以在古代埃及人的观念中，对人死后的安置同生前对他的善待是同等重要的。

古埃及人制作木乃伊的习俗，给他们了解人体构造创造了机会。这对古埃及的医学，特别是生理学和解剖学的发展，具有极为重要的意义。这种习俗加上有利的气候条件，使数以百计的尸体保存了数千年，其中一些不仅可以准确地推测出年代，而且为后代人了解古代埃及人在科学技术方面的成就提供了可能。

人类建筑史上的永恒之谜
——古埃及的金字塔和神庙

阿拉伯人常常说："人们怕时间，时间却怕金字塔。"

人们通常认为埃及全境有近140座金字塔，但是专家一直怀疑地下还埋有更多没被发现的金字塔。2011年5月，埃及利用卫星技术发现了多座被时间之沙埋葬的金字塔和古代定居点。这些新的发现其中包括藏于地下的17座金字塔和3000个古代定居点，通过距离地球720千米的红外设备还探测到了1000多个墓地等等。这些埋于地下的金字塔中的两座已被地面研究人员所证实，他们相信在这个地区，不为人知的金字塔数量远不止这些，甚至还有更多。

谈到古埃及的科学技术史，那么埃及的金字塔是我们绕不过的一座高峰。它是古代埃及光辉灿烂文明的重要见证，作为七大奇迹之首，其金字塔形象之巨、工程之浩大、结构之巧妙、工艺之精密，反映了古埃及发达的科学技术和高超的建筑才能,令今日的建筑家叹为观止。在当时只有木制、石制和铜制的工具,所能利用的机械也不过是斜面和杠杆的条件下,能够把230万块重约2.5吨的石块堆成一个像40层高的角锥体,而且每块石头几乎没有误差得磨成正方体;每块石头四面全部分别面向东南西北四方,也几乎没有误差;塔的入口正对着地下宫殿,这个入口与地平线恰巧成30度斜角,也正好对着当时的北极星。以至于有人猜测,金字塔其实不是埃及法老的墓穴,而是外星人在地球上的里程碑。这种亦真亦幻的建筑,真是匪夷所思,直至今日仍然是个不解之谜。

埃及金字塔位于尼罗河西岸、开罗西南约13千米的吉萨地区,修建时间大约为公元前27世纪。金字塔底座方形,愈向上愈窄,直至塔顶形成方锥形,其四面都形似汉文的"金"字,因此,中文称之为金字塔。在古埃及文中它们称为"庇里穆斯",即"高"的意思。人类古代七大奇迹中的其他六奇都已灰飞烟灭,唯有作为古埃及文明象征的金字塔依然耸峙在大地之上,熠熠生辉。千百年来引起人们无尽的惊叹与遐想。

金字塔是古埃及奴隶制社会的最高统治者——法老的陵寝。古代埃及人对神灵持有一种普遍的虔诚信仰,在他们的思想中形成了一种根深蒂固的"来世观念"。在他们看来,人生只不过是一个短暂的居留,而死后的来生世界才是永恒的。因此,埃及人把冥世看做尘世生活的延续。在这些观念的支配下,古埃及人活着的时候就诚心备至、充满信心地为来生做准备。有钱的埃及人都要忙着为自己准备坟墓,并用各种物品去装饰它们,以求死后获得永生。以法老或贵族而论,他会花费几年,甚至几十年的时间去建造坟墓,还役使匠人以坟墓壁画和木制模型来描绘他们死后要继续从事的驾船、狩猎、欢宴活动,以及仆人们应做的活计等等,使他们能在死后同生前一样生活得舒适如意。

埃及境内约有80处金字塔遗址,其中一些已成为废墟。当中最为著名的是吉萨大金字塔,这组金字塔一共有3座,分别为古埃及第四王朝的胡夫(第二代法老)、卡夫勒(第四代法老)和孟考勒(第六代法老)所建。金字塔是王陵,故仍具有陵墓建筑的特征。它的结构分为两部分:一是作为墓室的地下建筑,一是金字塔的墓上建筑。金字塔周围有一系列附属建筑,有规律地处于相应的位置,共同体现了金字塔群体建筑的特色。特别值得一提的是金字塔的狮身人面像，它是胡夫的儿子，古埃及第五王朝的国王哈夫拉建造的。他在巡视自己快要竣工的陵墓时，发现采石场上还留下一块巨石，便当即命令石匠们按照他的脸型，雕一座狮身人面像。该像高 20 米，长约 62 米，被人们称为"斯芬克斯"，一直作为墓葬的守护者，与胡夫金字塔遥相辉映。

埃及建筑到了中王国的帝国时期，神庙取代了金字塔成为主要的建筑形式。它保持了埃及建筑高大雄伟、气派恢弘的风格，许多雕刻华丽的大圆柱至今留存，令今日的建筑家望尘莫及。

古代两河流域科学的发展
——天文、数学、历法领域的光辉成就

古代两河流域的科学以数学、历法和天文学的成就最为突出。据说在公元前 30 世纪后期就已经有了历法，但是当时的月名却没有统一。在现在发现的泥板上，有公元前 1100 年亚述人采用的古巴比伦（约公元前 19 世纪至公元前 16 世纪）历的 12 个月的月名。

因为当时的年是从春分开始，所以古巴比伦历的一月相当于现在的 3～4 月。一年 12 个月，大小月相间，大月 30 日，小月 29 日，一共 354 天。为了把岁首固定在春分，需要用置闰的办法，补足 12 个月和回归年之间的差额。

公元前 6 世纪以前，置闰无一定规律，而是由国王根据情况随时宣布。著名的立法家汉谟拉比曾宣布过一次闰 6 月。自大流士一世后，才有固定的闰周，先是 8 年 3 闰，后是 27 年 10 闰，最后于公元前 383 年由西丹努斯定为 19 年 7 闰制。

巴比伦人以新月初见为一个月的开始。这个现象发生在日月合朔后一日或二日，决定于日月运行的速度和月亮在地平线上的高度。为了解决这个问题，塞琉古王朝的天文学家自公元前 311 年开始制定日、月运行表。

这个表只有数据，没有任何说明。它的奥秘在 19 世纪末和 20 世纪初，被伊平和库格勒等人揭开。他们发现，第四栏是当月太阳在黄道十二宫的位置，第三栏是合朔时太阳在该宫的度数，第三栏相邻两行相减即得第二栏数据，它是当月太阳运行的度数。以太阳每月运行的度数为纵坐标绘图，便可得三条直线。前三点形成的直线斜率为 $+18'$，中间六点形成的直线斜率为 $-18'$。若就连续若干年的数据画图，就可得到一条折线，在这条折线上两

相邻峰之间的距离就是以朔望月表示的回归年长度,1 回归年＝12.5 朔望月。

在这种日月运行表中,有的项目多达 18 栏,如还有昼夜长度、月行速度变化、朔望月长度、连续合朔日期、黄道对地平的交角、月亮的纬度等等。

有日月运行表以后,计算月食就很容易了。事实上,远在萨尔贡二世(约公元前 9 世纪)时,已知月食必发生在望,而且只有当月亮靠近黄白交点时才行。但是关于新巴比伦王朝(公元前 626～前 538 年)时迦勒底人发现沙罗周期(223 朔望月:19 食年)的说法,近年来有人认为是不可靠的。尽管如此,这种计算日月食的方法在当时是难能可贵的,迦勒底人发现沙罗的周期具有开创性的意义。

高度精确历法的不朽成就
——《鹧鸪氏梵书》和天文学贡献

古印度人对待宇宙、天文气象的态度同样带有浓重的神话色彩。吠陀时代,人们认为天地的中央是一座名为须弥山的大山,它支撑着像大锅一样的天空,日月均绕须弥山转动,日绕行一周即为一昼夜。大地由四只大象驮着,四只大象站在一只浮在水上的龟背上。由于古印度人不太重视实际的天文观测,因此观测仪器一直比较简陋,对宇宙的认识也多属于猜测。公元前 6 世纪出现的天文学著作《太阳悉檀多》把大地视为球形,其北极称作墨路山的山顶,那里是神的住所,日月和五星的运行是一股宇宙风所驱使,一股更大的宇宙风则使所有天体一起旋转。虽然古印度人对宇宙的有些看法有些落后,但他们的天文历法却已相对成熟。古印度有许多天文历法著作,他们采用阴阳合历,极大地促进了农业生产的发展。只是由于受到宗教的影响,导致长期以来发展较为缓慢,后期便逐渐衰落。

印度是世界文明古国之一,其天文学随着农业文明的繁荣而同步繁荣起来,印度人很早就创立了自己的阴阳历。古印度著名的《鹧鸪氏梵书》将一年分为春、热、雨、秋、寒、冬六季;还有一种分法是将一年分为冬、夏、雨三季。在《爱达罗氏梵书》的记载中,一年被分成 360 日,12 个月,一个月为 30 日。当月亮运行一周不足 30 日,而导致有的月份实际不足 30 日之时,印度人称之为消失一个日期。这样大约一年要消失 5 个日期。

印度月份的名称以月圆时所在的星宿来命名。对于年的长度则用观察恒星的偕日出来决定。《吠陀支节录——天文篇》已发明用谐调周期来调整年、月、日的关系。一个周期为 5 年，1 830 日，62 个朔望月。一个周期内置两个闰月。一朔望月为 29.516 日，一年为 366 日。公元 1 世纪以前大约一直使用这种粗疏的历法。

在研究太阳、月亮的运动过程中，印度人创立了二十七宿的划分方法。将黄道分成二十七等分，称为"纳沙特拉"，有"月站"之意。我们在《鹧鸪氏梵书》中可以找到二十七宿的全部名称，印度也有二十八宿的划分方法，增加的一宿位于人马座 α 和天鹰座 α 之间，名为"阿皮季德"，梵文意为"麦粒"宿。

随着希腊天文学的传入，印度天文学开始蓬勃发展，涌现了一批著名的天文学家，其中出现了著名的天文学家阿耶波多。阿耶波多主要的天文著做《阿耶波提亚》，他较为精确地计算了日月五星以及黄白道的升交点和降交点的运动，说明了日月五星的最迟点及其迟速运动，并且提出了推算日月食的方法。

印度天文学在历法计算和宇宙理论上独具特色，但不重视对天体的实际观测，因而忽视天文仪器的使用和制造。在一个很长的时期内仅有平板日晷和圭表等简单仪器。直到 18 世纪才由贾伊·辛格二世在德里等地建立了天文台，置有十几件巨型灰石或金属结构的天文仪器。

在阿耶波多以后，出现了天文学家伐罗诃密希罗，他的主要著作《五大历数全书汇编》，几乎汇集了当时印度天文学的全部精华，全面介绍了在他以前的各种历法。编入书中的 5 种历法以《苏利亚历数书》最为著名，该书中引进了一些新的概念，如太阳、月球的地平视差，远日点的移动，本轮等，并且介绍了太阳、月球和地球的直径推算方法。该书成为印度历法的范本，一直沿用至近代。

人类数学研究水平的崭新高度
——古印度算术与代数方面的成就

数学最集中、最深刻、最典型地反映了人类理性和逻辑思维所能达到的高度。为此，11 世纪大数学家、物理学家和天文学家高斯说："数学是科学之王"。

古印度在数学方面成就突出,在世界数学史上占有重要的地位。透过一个民族数学发展水平,我们就可以窥见其文明繁荣的程度。同样,早期数学是同一个地区的生产发展情况紧密相连的,所以某地区数学水平的高低往往也可以作为其生产的发展,特别是农业生产发展水平的一个重要的指标。

古印度人对古代数学的贡献,就像佛掌上的明珠那样耀眼和光彩夺目。自哈拉巴文化时期起,古印度人用的就是十进位制,但是早期还没有位值法。大约到了公元7世纪以后,古印度才有了位值法记数,不过开始时还没有"0"的符号,只用空一格来表示。公元9世纪后半叶才有了零的符号,写作".。"此时,古印度的十进制位值法记数就很完备了。后来这种记数法为中亚地区许多民族采用,又经过阿拉伯人传到了欧洲,逐渐演变为现今世界上通用的"阿拉伯记数法"。所以说,阿拉伯数字并非阿拉伯人所首创,他们只是起了传播作用,真正对阿拉伯数字作出贡献的是印度人。

约成书于公元前5世纪～前4世纪的《准绳经》是现存古印度最早的数学著作,这原本是一部讲述祭坛修筑的书,其中包含有一些几何学方面的知识。从书中可以看到,那时的印度人已经知道了勾股定理,并且已经将圆周率 π 的值精确到3.09。

在公元前200年～1200年之间,古印度人就开始应用包括0在内的数字符号,这些符号在很大的程度上已经接近我们今天所使用的数字。另外印度数学又创立了十进制,这样就大大简化了数的运算,并使计数法更加明确。古巴比伦的记号"▼"既可以表示1,也可以表示1/60,而在古印度人那里,符号1只能表示1个单位,要表示十、百等,必须在符号1的后面加上相应个数的符号0。这实在是个了不起的发明,以至于到了现代,人们在计数的时候依然沿用这种方法。

印度人很早就会用负数表示欠债和反方向运动。他们还接受了无理数的概念,在实际计算的时候,把适用于有理数的计算方法和步骤运用到无理数中去。另外,他们还解出了一次方程和二次方程。印度数学在几何方面没有取得大的进展,但古印度人对三角学贡献很大,这也是他们热衷于研究天文学的副产品。例如在他们的计算中,用到了三种量——一种相当于现在的正弦,一种相当于现在的余弦,还有一种称为"正矢",在数量上等于 $1-\cos\alpha$,这个三角量现在已经不用了。他们还知道一些三角量之间的关系,比如"同角正弦和余弦的平方和等于1"等等，古印度人还会利用半角表达式计算某些特殊角的三角值。

由此可见，印度的算术成就是惊人的，而且有证据表明，早在公元前3世纪，印度就采用了一种数码，而这种数码竟然是我们今天所用的数码的源头。

辉映千秋的古希腊科学成就

亚里士多德之后，古希腊还有很多领域属于思辨猜测，但在某些领域已进入理论科学的范畴。自然哲学的理论思辨、逻辑推理所得出的大量关于自然现象的定性结论，尽管虚无缥缈、错误百出，但也不乏天才猜测。它作为古代科学中一种知识形态，促使人们更加重视理论思维，为理论科学的诞生奠定了基础。古希腊的科学成就广泛体现在天文学、数学、力学、医学、生物学、地理学和物理学等方面。其中，尤以数学最突出。他们把埃及人和巴比伦人的经验和智慧提炼和升华为一种新的体系，有了这一体系，后人便不再必须通过经验而只需通过书本和逻辑就能掌握几何学了。欧几里得是希腊数学的集大成者，又是古希腊最具成就的数学家，因此被称为"几何之父"。他最著名的著作《几何原本》是欧洲数学的基础，被公认为历史上最成功的教科书。

演绎逻辑与几何学的开山鼻祖
——毕达哥拉斯的"数是万物的本原"

毕达哥拉斯这个名字我们一定并不陌生！我们在数学课本上会学到以毕达哥拉斯的名字命名的定理。毕达哥拉斯是有史以来最具影响力的思想家之一，他生于希腊的萨摩斯岛（Samos）。据说在意大利的希腊城市巴豆（Croton）创办学校前，他曾游历埃及（Egypt）和巴比伦（Babylon）。关于毕达哥拉斯及其追随者的众多传说中蕴含着丰富的毕氏思想。

毕达哥拉斯学派在学术上的成就主要是数学领域，他们大大推进了演绎方法在几何学上的运用，并按照逻辑顺序建立某种体系，证明了著名的毕达哥拉斯定理，就是我们称为的勾股定理。如果我们将伊奥尼亚学派看做最早的物理学研究者的话，那么兴起于公元前6世纪中叶的毕达哥拉斯学派就是最早的数学研究者。当然两者也不乏共同之处,这一点表现在他们都曾经试图从各自的视角出发,对世界的本原作出某种恰如其分的言说。

我们知道,伊奥尼亚学派大体上是将世界归结为单一的物质形态,并且凭借物质的可变性,规定了物质世界的多样性。而毕达哥拉斯学派则是将数目众多、固定不变的数作为万物的本原,并且凭借数字之间的相互关系和数字对现实世界的象征意义表达了世界的存在与变化。比如一首乐曲,它的美感与和谐性完全来自"1、2、3、4、5、6、7"这些音符数字的有机组合,而这些数字则分别表征了不同的声音。

同样,在分析物质世界产生的过程时,毕达哥拉斯学派所采用的方式仍然是求诸于数字属性的。任何事物都具有一定的几何形状,而数字是先于这些几何形状而存在的。如:1代表点,2代表线,3代表面,4代表体等等。正是在这些数字的变化过程中,物质世界的面貌才得以逐渐凸现于我们眼前。

毕达哥拉斯学派用数字作为世界的本原,表明了他们已经能够站在数学意义的角度上,以一种更为抽象的方式思索世界的真实面貌。其中虽然不免存在着大量的臆断与猜测,但是也不乏合理的数学操作。这本就暗合了一种科学研究的模式及其必要因素。

古希腊自然哲学的代表作
——亚里士多德的《物理学》

亚里士多德是古希腊历史上一位坐标式的人物,古希腊科学的集大成者。其哲学思想是对过去哲学的综合与超越,因而呈现出极大的包容性和不可避免的矛盾性。其思想中的科学成分也对后世的科学发展产生了支配性的影响。

在亚里士多德的著作里,物理学(physics)这个词乃是关于希腊人所称为"phusis"(或者"physis")的科学;这个词被译为"自然",自然属于作为事物的原因而起作用的那一类范畴。亚里士多德明确提出,真正的第一本体应该是自在自为的东西,即自然。它不是数,也不是同个别事物相区别相分离的共相,而是我们凭借经验可以知觉的个别事物。

在著名的《物理学》中,亚里士多德系统地讨论了自然哲学的基本原理。其中包括物质与形式的关系、时空与运动的统一以及存在的基本原理。"四因说"是亚里士多德用来说明自然本体的理论根据。在他看来,自然事物是凭借其自身本性而存在并展开运动变化的,这体现了自然事物区别于其他事物的特殊本性。所谓自然事物运动的四因是指质料因、形式因、动力因和目的因。亚里士多德认为,任何事物都是形式与质料的统一的。我们定义某个自然事物,比如说"高个子的人",必须既要涉及其质料,又要涉及形式。至于动力因,我们只要通过亚里士多德所表明的"自然是运动和变化的本原"就可以知道自然事物的运动归根到底都是一个自在自为的过程。同样,自然就其自在性而言又是目的。在这里,亚里士多德将思想的目的性同运动的方向性有机地结合在一起。在他看来,自然的目的性同人的目的性一样,是为了实现一个终极的目标而存在的。在达到预期的终点之际,一种事物得以完成和实现。自然的意识不同于人的意识,它是一种客观的意识。人的意识性和目的性归根到底是对这种自然意识的摹写,所以人的活动实际上是自然活动的一部分。

关于事物的运动,亚里士多德告诉我们说,运动就是潜存着的东西正在实现。这一观点不但有许多缺点,并且也与移动的相对性不相容。当 A 相对于 B 而运动的时候,B 也就相对于 A 而运动;如果说这两者之中有一个是运动的而另一个是静止的,这乃是毫无意义的话。

"给我一个支点,我就可以举起整个地球"
——阿基米德的"支点"理论

有这样一个故事:阿基米德在久旱的尼罗河边散步,看到农民提水浇地相当费力,经过思考之后他发明了一种工具,利用螺旋作用在水管里旋转而把水吸上来,大大减轻了农民的负担。后人称这个工具为"阿基米德螺旋提水器",两千年后的埃及依然还有人使用这种器械。这个工具成了后来螺旋推进器的先祖,于是阿基米德的名言"给我一个支点,我就可以举起整个地球。"也就应运而生了。

随着古希腊哲学的系统化、多元化的发展,其中蕴涵的科学精神也逐步地显露出来。当古希腊式的思辨在这片土地上盛行的时候,也有越来越多的人试图用一种科学的、实证的方式来思考宇宙和自然。古希腊伟大的思想家阿基米德当属其中的佼佼者,他在大量实践的基础上,对传统的力学和静力学进行了一番数学和哲学式的阐发,从而使得这门科学焕发了勃勃生机。

阿基米德平生最重要的两次发现当属阿基米德定律和杠杆原理,也正是这两项发现建立了古代力学的雏形。阿基米德定律即浮力定律,其原理是:一个浮于液体中的物体所排开的液体的重量恰恰等于该物体自身受到的浮力。据说希罗王请匠人打造一个黄金皇冠,事后却又疑心匠人在黄金中掺了杂质,便命令阿基米德负责鉴别。阿基米德一度百思不得其法,但是在一次洗澡的时候突然悟到了问题的关键。阿基米德的伟大之处在于他勇于运用数学语言对经验直观作出理论化解释,从而赋予自己的发现以强大的理论生命。

作为静力学理论真正的创始人,阿基米德的功绩在于他大胆地将杠杆实际运用中的一些经验型规则作为自明的公理使用,然后以这些公理为起点,运用严密的逻辑证明推导出必然的原理。杠杆原理的主要内容是:同样重的物体在力臂相等的情况下,会保持平衡;否则会出现不平衡的现象——力臂短者上扬,力臂长者下落。

阿基米德在静力学方面所取得的成就不只是为古代静力学理论的发展开辟了道路,他将经验的方法、逻辑的方法结合在一起的做法已经现实地预见了近代科学的研究方法与研究模式,从而为人类的物理学研究树立了榜样。

古希腊医学的巅峰
——希波克拉底的医学成就

古希腊哲学花园的枝叶繁茂,为古希腊人在思想上提供了自由的气氛、求真的态度和理性的、科学的精神,从而使得古希腊人在诸多领域都取得了不朽的成就。医学也正是在这个时候逐渐以一种科学的姿态屹立在古希腊文明的殿堂。

在古希腊特有的理性精神的引领下,当时的医学研究者们对传统的民间医学以及宗教医学进行了审视,并作出了系统、合理的改造。在这方面成就最突出的莫过于以希波克拉底为代表的希腊理性医学派,他们一直致力于使传统医疗知识更加理论化和系统化。纵观历史的发展,欧洲后来各个阶段的医学发展无不从希波克拉底学派那里有所获益。希波克拉底在医学方面著作颇丰,其中包括有 70 卷之多的《希波克拉底文集》。该著作涉及了解剖学、病理学、临床诊断、妇科、儿科、外科、药物治疗等各个方面的内容，在医学理论的严谨性、系统性等方面都堪称医学研究作品的典范。希波克拉底的另外两部著作《骨折》和《关节复位》，是他在外科研究方面的理论总结，书中涉及了各种骨折病例以及脱臼复位的方法，其中不少内容都是独创性的。

同时，希波克拉底又是极具创造性的医学研究者，他总是能够以一种变化的眼光去应对具体病人的病情发展，针对患者自身的实际情况，结合病症的时间性、阶段性采取适当的救治措施。作为一名医生，他强调不必一味地用药治疗，而是要关注病人的身心状态。他认为自然疗法从某种意义上不失为一种治本的治疗手段，可以说希波克拉底的这一观念是极富现代精神的。

希波克拉底及其团体的工作，结束了希腊医学纯粹经验性的面貌，开辟了一个系统化与理论化的发展前景。同时，为欧洲现代医学的发展创造了良好的前提性条件，他们在医学道德等方面的理论尝试也为欧洲医学的良性发展指明了方向。

科学演绎法的一座不朽丰碑
——欧几里得的《几何原本》

爱因斯坦对《几何原本》这样评价："如果欧几里得未激发你少年时代的科学热情，那你肯定不是天才科学家"。徐光启在评论《几何原本》时也这样说过："此书为益能令学理者祛其浮气，练其精心；学事者资其定法，发其巧思，故举世无一人不当学。"其大意是：读《几何原本》的好处在于能去掉浮夸之气，练就精思的习惯，按一定的法则，培养巧妙的思考。所以全世界人人都要学习几何。徐光启同时也说过："能精此书者，无一事不可精；好学此书者，无一事不可学。"

由此可见《几何原本》一书对人类科学思维的影响是何等巨大。欧几里得的方法（称为公理化方法）为人们提供了一种研究问题的方法，标志着人类思维的一场革命，是科学思想史上具有划时代意义的里程碑。

《几何原本》是亚历山大里亚前期第一个大数学家欧几里得综合古希腊数学家泰勒斯、毕达哥拉斯再到柏拉图学派的数学成就写成的几何学著作。《几何原本》的问世，充分表明古希腊在数学研究中的理论综合已达到了前所未及的高度。它与古希腊地区社会、思想文化的发展是一个同步的过程，对于整个西方社会的数学研究而言,无疑是一部开创性的著作。

欧几里得的成就源于历史的机遇,更源于他本人对数学研究孜孜不倦的追求。在对前人的数学成就进行综合的过程中,欧几里得个人精深的数学造诣和一丝不苟的科学态度是《几何原本》得以流芳千古的决定性因素。

《几何原本》全书一共13篇,476个命题。这些命题无不是经由定义、公设等合理地推演而来。《几何原本》的第1篇至第4篇涉及包括平行问题在内的5个公设和一些基本的定义,并且还谈到了圆和直线的基本性质;第5篇分析了比例关系;第6篇主要是论证了相似形的问题;第7到第9篇是关于倒数的一些基本问题;第10篇是无理量的分类;最后3篇则是详细讲述了立体几何与穷竭法的一些问题。全书内容全面,并且各个部分的内容搭配合理,错落有致,为古代理论科学研究最高峰的代表,也对后世产生了积极而深远的影响,以至于这部著作始终没有从人们的视野中走开。

作为古希腊几何最高水平的集中体现,《几何原本》为世人提供了一种通过逻辑推理探求真理的求知模式。我们观察近现代历史可以发现,这种模式本身是近现代科学乃至当下的时代精神中不可或缺的清晰原则,这就足以证明《几何原本》有着无可辩驳的科学价值。同样,它所昭示的理性主义精神在经历了欧洲历史千余年的浮沉之后,一旦升华为一种时代的强音,无论对科学的发展还是对社会的整体进步,都具有不容忽视的启蒙性力量。因此,欧几里得的《几何原本》被科学史家们称为古代科学的最高峰,是科学演绎法的一座不朽的丰碑。

主导西方天文学长达千年之久的地心说体系
——托勒密的天文学著作《至大论》

托勒密集古希腊天文学之大成,但对于他的师承关系,古希腊有这样一种猜测:《至大论》中曾使用了塞翁(Theon)的行星观测资料,有人认为塞翁可能是他的老师,但这仅是猜测而已。希腊天文学发展史在《至大论》问世之前几乎没有任何第一手史料留传到今天,那么托勒密的巨大成就又是如何取得的呢?让我们一起去了解这位对世界发展的进程产生了重要影响的天才人物——托勒密。

托勒密是古希腊天文学家、地理学家、地图制图学家、数学家,约在公元

145 年写成《至大论》(又名《数学汇编》)一书。托勒密在书中提供了宇宙的几何模型,并对日、月和五大行星等 7 种天体的运动给出相当精确的预先推算。"地心说"是托勒密对前人认识的概括总结,其主要内容是:地球位于固定不动的宇宙中心,其他所有天体都沿着圆周轨道围绕地球转动;宇宙按次序分成 9 层:地球、月亮、水星、金星、太阳、火星、木星、土星和恒星天,恒星天以外是最高天。地心说在解释行星的运动、预报行星的位置上起过较好的作用。

《至大论》第 1、2 卷谈到了地圆、地静、地在宇宙中心、地与宇宙尺度相比以及论球面三角学等基本内容。托勒密利用球面三角学处理黄道、赤道以及黄道坐标与赤道坐标的相互换算。他确定黄赤交角之值为 $23°51'20''$。他还给出了太阳赤纬表,表现为太阳黄经的函数,这样就能掌握一年内太阳赤纬的变化规律,进而可以计算日长等实用数据。第 3 卷对太阳的运动进行了详细说明,主要是解决太阳周年视运动的不均匀性,即速度的变化。《至大论》第 4、5 两卷讨论月球的运动原理。托勒密采用两种几何模型来处理月球运动,建立精确可用的月球运动表。

在第 6 卷中讨论了交食理论,这是对上述几卷所涉及内容的实际运用。第 7、8 两卷专论了恒星。托勒密用大量的篇幅登载一份恒星表,即著名的"托勒密星表",这是世界上最早的星表之一。表中共记录 1 022 颗恒星,分属于 48 个星座,每颗星之下都注有该星的黄经、黄纬、星等 3 项参数。

从《至大论》第 9 卷起转入对行星运动的研究,用去 5 卷的巨大篇幅,在这一部分中托勒密非凡的创造性得以充分体现。托勒密分别阐述了他所构造的地心宇宙体系、外行星的各项参数、五大行星的黄经运动、外行星在逆行时段的弧长和时刻以及内行星的大距表。

在《至大论》第 13 卷中,托勒密专门讨论行星的黄纬运动。诸行星轨道面与黄道面并不重合,而是各有不同的小倾角。这一事实从日心体系的角度来看十分简单,但要在地心体系中处理这一事实则并非易事。在《至大论》中,托勒密也未能将这一问题处理好。

托勒密的地心体系流传了约 14 个世纪之久,对发展天文学研究方法有一定的积极意义。托勒密在研究天体运动时建立了新的坐标参考系和某种几何学模型,例如恒星位于被称为"恒星天"的固定球壳上。迄今为止,人们在观测天体时,仍保留了假想的"天球"概念。托勒密的模型是作为科学理论提出来的,但它后来为基督教所利用。神学家们宣扬地球是"上帝选定的宇宙中心","最高天"是上帝居住的天堂。直到 17 世纪初,地心说仍被教会势力奉为神圣不可侵犯的信条。

解剖学的鼻祖
——盖伦及其"三灵气说"

盖伦是古罗马时期最著名最有影响的医学大师,作为一名医生和解剖学家,他一生专心致力于医疗实践解剖研究、写作和各类学术活动,被认为是仅次于希波克拉底的第二个医学权威。盖伦生于小亚细亚爱琴海边一个建筑师家庭,17 岁开始学医,曾经追随柏拉图学派的学者学习。

盖伦一生著作丰富,其中《论解剖过程》和《论身体各部器官功能》两书阐述了他在人体解剖生理学上的诸多发现,既反映了他的学术成就,也反映了他敏锐的观察能力和实践能力。他通过对猪、山羊、猴子和猿类等活体动物实验,在解剖学、生理学、病理学及医疗学方面有许多新发现。他考察了心脏的作用,并且对脑和脊髓进行了研究,认识到神经起源于脊髓,认识到人体有消化、呼吸和神经等系统。他对植物、动物、矿物药用价值也颇有研究,在他的药物学著作中记载了植物药 540 种、动物药 180 种及矿物药 100 种。

盖伦的最重要成就是他建立了血液的运动理论和对三种灵魂学说的发展。传统的古希腊观点认为人体由生长灵魂、动物灵魂及灵性灵魂共同构成。位于脐部的生长灵魂是人、动物和植物所共有的,位于心脏、主管感觉和运动的动物灵魂是人和动物所共有的,位于脑部的则是主管智慧理性的灵性灵魂。盖伦则把这三种灵魂的说法与人体的解剖学、生理学知识创造性地结合起来,提出了所谓"自然灵气"、"生命灵气"和"动物灵气"的三灵气理论。他认为这三种灵气位于人的消化系统、呼吸系统和神经系统,它们都发源于一个被称之为"纽玛"的中心灵气。这种"纽玛"存在于空气中,人体通过呼吸,吸进"纽玛"从而获得活动。盖伦认为肝是有机体生命的源泉,是血液活动的中心。已被消化的营养物质由肠道被送入肝脏,营养物在肝脏转变成静脉血并带有自然灵气。血液从肝脏出发,沿着静脉系统分布到全身,将营养物质送至身体各部分,并随之被吸收。肝脏不停地制造血液,血液不停地被送至身体各部分并大部分被吸收,不作循环的运动。盖伦认为心脏右边是静脉系统的主要分枝,从肝脏出来进入心脏右边(右心室)的血液,有一部分自右心室进入肺,再从肺转入左心室。盖伦以为,另有部分血液可以通过所谓心脏间隔小孔而进入左心室,流经肺部而进入左心室的血液,排除了废气、废物,获得了生命灵气,从而成为颜色鲜红的动脉血。带有生命灵气的动脉血,通过动脉系统,分布到全身,使人能够有感觉和进行各种活动;有一部分动脉血经动脉而进大脑,在这里又获得了动物灵气,并通过神经系统分布到全身。

盖伦认为血液无论是在静脉或是动脉中,都是以单程直线运动方法往返活动的,它犹如潮汐一样一涨一落朝着一个方向运动,而不是作循环的运动。

罗马科学的昙花一现
——儒略历法和卢克莱修的《物性论》

科学史上一般认为,希腊化时期的科学到盖伦时代就基本上结束了,从此,科学史进入古罗马时期。由于古罗马和古希腊无论在地理位置和历史文化方面都有着千丝万缕的联系,也正是因为古希腊有着太耀眼的光芒,因此,古罗马时代仅仅被看做是希腊文明向"黑暗的中世纪"过渡的时代,它的科学发展也只是昙花一现。

公元前265年,正当古希腊的科学在托勒密王朝的亚历山大城达到全盛时,罗马人兵不血刃地统一了意大利半岛。他们从旧石器时代一跃而进入了铁器时代,并且陆续征服了雅典、马其顿,叙利亚和亚历山大,成为横跨欧、亚、非三大洲的庞大的罗马帝国。

古罗马人优先重视应用技术,极少关注哲学,对理论自然科学也不重视,古希腊灿烂的文化到罗马时期开始衰落,在罗马帝国的高压统治下,亚历山大时期的科学繁荣逐渐消失,只是在东罗马的拜占庭帝国还残存着希腊文明的影子。

正是因为古罗马人从古希腊得到的科学成果太容易、太直接而使古罗马人滋长了对科学研究的惰性,致使他们的科学发展缓慢。当然,他们也并非一无是处,至少他们的儒略历法和卢克莱修的《物性论》等成就对当时科学的发展产生了一定影响。

儒略历法是罗马人在历法上对人类的一大贡献。公元前 46 年,独裁者儒略·恺撒根据太阳的周期制定了这种历法,结束了古罗马历法的混乱局面。而儒略历就是我们今天通用公历的前身。

卢克莱修是古罗马时期最伟大的思想家和诗人,也是古希腊原子论的继承者和发扬者,他的主要著作是《物性论》。他还对人类和文明的起源有过认真的研究。他用自己的方式叙述了"适者生存,不适者被淘汰"的自然选择的思想。这种现代人的潮流思想能在中世纪以前就提出来是很难能可贵的。

总之,在古罗马时期,自然科学已从亚历山大时期的那种繁荣景象中跌落下来,古罗马人走上了偏爱实际,重视实用技术的道路。罗马统治者根本不懂得科学与技术的相互依赖关系,他们为了眼前利益,只注重短期的技术成果,而不顾长远的科学发展,这就使古罗马的科学一落千丈。尽管他们在政治上、军事上、经济上取得了骄人的成就,但是在科学思想、科学理论和科学方法上不但没有继承古希腊的科学传统,甚至把弥足珍贵、极具价值的手稿付之一炬,到公元前 200 年左右,古希腊的文化已全部消亡。随后,西方世界进入了长达千年的漫漫长夜,这就是所谓"黑暗的中世纪"。

二、阴霾重重：中世纪的科学技术

公元1世纪时，古罗马帝国的版图达到顶峰，但北方的日耳曼等蛮族部落一直拒不降服，并不断袭击这个帝国。公元330年君士坦丁大帝把首都东迁到拜占庭，减弱了对帝国西部的控制，公元395年罗马帝国分裂为西罗马帝国（首都罗马）和东罗马帝国（首都拜占庭）。公元410年罗马被蛮族军队攻陷，从此一蹶不振，不久，公元476年西罗马帝国灭亡。东罗马帝国继续保存了古希腊和古罗马时期的文明，一度发展了拜占庭文明，直到7世纪时被阿拉伯人征服。从公元5世纪西罗马帝国的灭亡到公元15世纪意大利文艺复兴这1 000多年的时间称之为中世纪。

学界也有另一种观点，认为从公元5世纪西罗马帝国灭亡到11世纪西方第一次学术复兴，是欧洲的"黑暗时代"，介于"黑暗时代"和文艺复兴之前的四百年称之为中世纪。无论如何划分，蛮族入侵导致西罗马帝国的灭亡是欧洲文明走向衰落的开始。但从另一个角度，正如科学史学家W.C.丹皮尔所说："与其说是野蛮人摧毁了文明，倒不如说是把已经败灭倾颓的废墟打扫清楚，让将来的崭新大厦建筑起来。"

中世纪的欧洲留给后人太多的疑惑。一方面，它制造了欧洲大陆上万马齐喑的困局，另一方面，近代科学又恰恰是在中世纪的阴霾中悄然降临的。从这个意义上来说，对待中世纪的欧洲，我们不能不持理性与审慎的态度。

特别指出的是，中世纪的黑暗仅仅是针对欧洲来说的，而在这一千年的时间里，处于欧亚交汇处的阿拉伯世界积极吸收了东西方文明成果，迅速创造出了璀璨的阿拉伯文明，并为后世欧洲的文艺复兴播下了种子。该时期的中国在科学技术方面，也独立地创造出了影响世界文明进程的辉煌业绩。

科学徐行的西欧

经院哲学从兴起到高峰,再到没落的漫长过程中,人类社会的心理也发生了重要的转变。那就是,人们在苦难中造就了神,希望神能拯救自己,结果却受到了神的统治,反而招致无穷的灾难。于是,人们开始怀疑神的存在,一批先进的科学家站出来,引导人们从神的压迫下解放出来,从信仰走向科学,去真正地研究和认识自然。黑暗的中世纪,同样涌动着科学暗流!

科学种子的撒播
——神圣罗马帝国的建立

西罗马帝国灭亡之后,国家长期处于分裂状态。公元 8 世纪末,法兰克国王查理用武力统一了西欧大部分地区。公元 800 年,查理接受罗马教皇利奥三世的加冕,成为神圣罗马帝国的皇帝。神圣罗马帝国的建立实际上是军事征服的结果,并不具有坚实的经济文化基础。查理接受教皇利奥三世的加冕,表明世俗皇帝的权威是倚重于教皇的权威的。但是,此后教会与世俗权力之间的矛盾却越来越尖锐。神圣罗马帝国,全称为德意志民族神圣罗马帝国或日耳曼民族神圣罗马帝国,是 962 年至 1806 年在西欧和中欧的一个封建帝国。早期是由拥有实际权力的皇帝进行统治,中世纪时演变成承认皇帝为最高权威的公国、侯国、宗教贵族领地和帝国自由城市的政治联合体。

欧洲封建社会的传统特征,决定了神圣罗马帝国根本不可能将权力高度集中。封建主们为了保障自己的权力,往往坚持:一方面反对教会的教权从而意欲加强中央集权;另一方面,又要依靠着教会的支持取得合法的统治地位。所以在神圣罗马帝国建立以后的很长时间,地方封建势力、最高封建君主、教会之间的矛盾冲突愈演愈烈。在这种无休止的冲突当中,本来就不怎么强大的封建势力进一步被削弱,封建帝国也越来越缺乏向心力,西欧实际上被分裂成越来越多的地方政权。伴随着封建势力的逐渐削弱,一些新兴的城市逐步兴起,并在封建势力钩心斗角的夹缝中如同雨后春笋般不断成长壮大。在这些新兴城市中,孕育着新的生产方式、新的社会阶层、新的思想和新的价值观念,因而新兴城市成为未来资本主义萌芽的滥觞,也为近代科学播下了思想的种子。

多元文明的重塑
——十字军东征的历史影响

1096～1291 年,十字军 9 次东征运动历时将近 200 年,动员总人数达 200 多万人,最终以失败而告终。这不得不说是一场空前的浩劫,东征虽以维护基督教"圣地"和保护信徒为名,实质上却是为了扩张天主教的势力范围。诚如《欧洲的诞生》一书所言,十字军"提供了一个无可抗拒的机会去赢取名声、搜集战利品、谋取新产业或统治整个国家——或者只是以光荣的冒险去逃避平凡的生活。"

11 世纪以后的西欧社会,随着生产力的发展、城市的兴起、新的阶层与阶级的出现和新思想的产生,中世纪封建制度的种种弊端越来越明显地暴露出来,社会矛盾也日益尖锐。在当时西欧缺乏统一的中央集权的社会中,土地兼并愈演愈烈,再加上封建领主的残酷剥削,广大农民频频暴动、战争不断,社会动荡不安,令以罗马教皇为首的西欧封建统治者忧心忡忡、恐惧万分。为转移社会矛盾,维护统治,罗马教会从宗教的教义出发,指出欧洲的动荡是因为圣地耶路撒冷被伊斯兰教徒长期占据惹怒了上帝,这是上帝对欧洲人作出的惩罚,因而有必要发动一场收复耶路撒冷的"圣战",以捍卫上帝的荣光与尊严。

借助深入人心的宗教信仰,罗马教廷煽动起席卷整个西欧社会的狂热的民族仇恨,一场"圣战"一触即发。另外,随着威尼斯、热那亚等商业重镇的兴起,一大批商业资本家壮大起来。他们迫切需要打通被阿拉伯人控制的海上航线,建立起一系列海上商业据点,因而他们也在狂热地呼唤着这场战争的到来。

最终,在罗马教皇的号召下,欧洲的封建统治者以"圣战"的名义,对地中海东部的伊斯兰教地区发动了规模浩大的侵略战争。他们带着对富庶东方的强烈向往,一度攻下耶路撒冷,并且在东方建立起一系列的殖民地。但是随着战争的持续,广大人民饱受伤害,对"圣战"失去了兴趣,加之队伍成员的繁杂,尤其是战争缺乏正义性等原因,侵略者以失败告终。

作为一场侵略战争,十字军东征给伊斯兰教地区带来的伤害与破坏是不言而喻的,它在基督教徒与伊斯兰教徒中间播下了仇恨的种子,并对后世产生了深远的影响。但它却在客观上推动了欧洲学术的复兴。通过十字军东征,意大利的威尼斯、热那亚、比萨等城市在东部地中海所起的作用日益扩大,同东方的贸易也兴盛起来。随着东西方交往日益密切,东方先进的科学技术、农业技术陆续传到了西方,大量译成阿拉伯文的古希腊著作以及阿拉伯人的科学成果陆续被带回欧洲。新城市的兴起和东方科学技术的传入,一扫欧洲文化死气沉沉的氛围。为了适应崭新的社会形势和新兴市民阶层的需要,西欧各地先后建立了一批世俗学校,最终形成了现代大学的雏形。大学里聚集了一批有才华的学者,形成了自由探讨、自由研究的学术气氛。这些大学逐渐成为欧洲学术的中心,许多理论科学,如数学、物理学、基础医学等学科的发展都与大学的兴起有直接的关系。在欧洲社会经济与文化的缓慢进步中,欧洲人逐渐恢复了对自然科学的兴趣。

思辨时代向教会哲学的合理过渡
——中世纪的自然神学

中世纪时期西欧社会思想中的一个重要概念就是自然律。这里所说的自然律并不是所谓的自然规律,而是指人类的自然本性,铭刻在人们心灵中的上帝所颁发的永恒律令,它往往是通过人的天然禀赋和自然倾向得以表达的。自然律直指人类心灵的最深处,是深藏于人类心灵永恒的不成文的规定。它以自然而然的方式引导着人们的思想与行为,从而为人们的生活提供根本的理性指导。但是仅靠这些还不足以使人们一定能够过上合法的生活,还需要成文法的补充。所谓的成文法就是《旧约》的摩西十诫和《新约》中耶和华的登山宝训,而且成文法还来自人类的理性与信仰。人们借助理性的力量,借助语言的工具,寻求对自然规律的理解和把握的途径。

中世纪的自然神学将自然视作人类自身包含的永恒规律,并且把理性与语言作为发现这种永恒规律的强有力的手段,因而为人类指明了一种独立于信仰的认识路线。尽管这种认识路线存在于基督教的思想体系之中,无疑也表明了中世纪对理性、对科学精神逐渐采取了一种较为宽容和温和的态度。

随着自然神学的逐步发展,基督教哲学不得不对自身的理论进行必要的调整。也正是坚持了这一路线，才使得基督教哲学成为能够与自然科学相融通的近现代哲学形式；而自然神学在中世纪时期的确立，则为当时科学思想的萌芽提供了相对宽松的生长环境。

希腊精神的复苏
——托马斯·阿奎那的《神学大全》

托马斯·阿奎那是中世纪经院哲学神学家，他把理性引进神学，用"自然法则"来论证"君权神圣"说，死后被封为天使博士（天使圣师）或全能博士。他是自然神学最早的提倡者之一，他所撰写的名著《神学大全》被认为是神学和法律的权威。托马斯·阿奎那的重要贡献之一，就在于他沿着亚里士多德的传统，对传统的基督教哲学进行了大刀阔斧的改革。

《神学大全》写于公元1265～1273年，是托马斯·阿奎那为大学学生编写的一部未完成的著作，书中涉及政治、哲学、神学、伦理等许多研究领域，是中世纪天主教官方思想体系的综述。全书共三编，第一编论神的存在、神的属性、神的三位一体、创世、天使、世人及万物由神而来等问题；第二编前半部论人生的目标、达到目标的方法、人的行为及其道德意义、人的行为准则、情欲、善习与恶习、律法、神的恩典、超世生活的原理，后半部论人归向神的道路，具体分析人的德行及恶行，这部分可独立为基督教的伦理学；第三编论救主、圣母、圣事、最后审判。阿奎那在本书中放弃传统的柏拉图哲学，接受当时流行的亚里士多德观点，以存在、本体为出发点，以感官及理智为对世界知识的来源，区分理性与基督教信仰的不同领域，开始以世界作为哲学研究对象，以理性作为达到真理的方法，对经院哲学加以革新。

阿奎那调整了神学与哲学的关系。他指出，神学与哲学有着共同的研究对象，如上帝、天使等。差异在于两者的认识方式不同，哲学运用理性，而神学则是依靠天启。哲学与神学共同的部分构成了一门独特的学问，即自然神学。自然神学就是用理性的方式去认识神学的道。

阿奎那进一步表示，自然神学的理性是以第一原则为起点进行推理的演绎系统，为科学和理性争取了一片立足之地。但他又指出，哲学的理性需要受制于神学的信仰，认为尽管理性是人类的天然禀赋，但并非每个人都能任意使用这一禀赋。理性、哲学只能是少数人的危险游戏，所以需要借助天启的力量使人们顺利地获得知识。他对哲学和神学的这种区分,无疑在很大程度上解放了理性精神。他允许人们按照自然赋予的理性去探索自然的真理,从而为人们的思想从中世纪的宗教枷锁中解放出来提供了可能,为科学的发展开辟了道路。

阿奎那在书中还探讨了一些认识论方面的问题。他指出,人的认识能力有三等,分别是感觉、天使的理智、人的理智。他还具体分析了人类的认识过程,他认为,人的认识经历了由感觉到理智的发展过程。在这一过程中,人们依次认识到有形事物、可感形式和抽象形式,这三个阶段分别由外感觉、内感觉和理智来完成。托马斯高度评价了感觉对于认识的巨大作用,他将感觉看做人类的自然能力,指出"有感觉才能有理解"、"理智之中没有不被感觉先行知道的东西"。可见在托马斯那里,感觉无疑是知识的一个重要的来源。当然,他还坚持认为,理智和感觉共同构成人类认识的一般过程。理智活动产生于感觉活动自身,是人类自然性质的一个特殊的表现。在中世纪的背景之下,托马斯的这些思想成了以后宗教神学反对科学进步的理论武器。

但是阿奎那的哲学思想在科学方法论和逻辑推理方面对自然科学家建立科学理论体系具有一定的启发意义。因而一定程度上,阿奎纳的经院哲学思想还是具有某种进步性的。

逻辑体系的日臻完善
——基督教义蕴含的科学方法

诚如爱因斯坦所言,"宗教和科学有着非常微妙和复杂的关系"。一般说来,宗教和科学之间存在着鲜明的对立,然而近代科学又确实是在中世纪基督教文化背景下产生的。这足以说明,基督教哲学内部存在着某些滋养科学思想的必要元素。

从奥古斯丁时代开始,基督教思想便同古希腊哲学传统特别是柏拉图的哲学传统密切地结合在一起。理性因素成为基督教神学的一个重要组成部分。到了阿奎那时代,尽管哲学与科学都被视作神学的婢女,但是我们应该看到,理性主义毕竟已经开始发挥其不可替代的作用,这也意味着理性精神在黑暗时代已经无可争议地取得了自己在科学发展过程中的独特地位。

基督教神学坚持了一种追求因果性的传统。可以说，对事物的发展做出因果性分析是近代科学的基本特征之一。早在古希腊时代，亚里士多德就把寻求事物的因果性作为哲学的宗旨，他著名的四因说就是从哲学意义上对因果性作出的全面分析。阿奎那通过糅合基督教神学与亚里士多德哲学所开创的经院神学，其要义就是从自然事物着手，借助因果分析的方式追求终极意义。不难看出，这种思维方式同自然科学中从因果关系的意义上，对经验材料作出理性分析的方法有着内在的一致性。

再就是，基督教神学中保持了重视逻辑的传统。中世纪的中后期，以亚里士多德为代表的古希腊逻辑思想重新回到了欧洲，并得到了大多数神学家的重视，逻辑成为证明神学的重要手段。比如托马斯的著名作品《神学大全》，就是运用三段论进行论证的。中世纪的学校中所教授的"七艺"（即文法、修辞、辩证法、算术、文学、音乐等）中，逻辑学占有很大的比重。所以古希腊的逻辑不仅仅得到了较好的继承，而且还有所发展。我们知道，近代意义上的自然科学的基本特点，就是数学与实验方法的有机结合，而数学的实质不过是一种符号化的逻辑。可见逻辑对于近代自然科学的产生有着举足轻重的意义，因而逻辑传统在中世纪欧洲的重新确定，与近代科学在欧洲的产生不能不说是有着必然联系。

另外，怀疑精神的种子孕育在中世纪的神学思想之中，并从此得到了长足的发展。科学讲求破除迷信，打破权威，这是近代自然科学思维方法中的一个显著特征。随着古希腊哲学在中世纪欧洲的流传，理性精神也逐步在基督教神学中扎下根来，理性精神成为证明上帝存在的最有力工具。但是反过来说，一旦上帝的存在都是有待于理性证明的，那么还有什么不是值得怀疑的呢？可以说，恰恰是不容置疑的上帝，为普遍怀疑的精神提供了可能。

基于上述原因我们可以看到，随着基督教神学体系的逐步完善，一些孕育近代自然科学的基本要素也确立了下来。

科学发展的优质土壤
——中世纪大学的创立

随着欧洲战乱的终止，社会环境逐渐安定了下来。大约从1050年开始，欧洲进入了社会的繁荣时期。发达的农业生产强化了社会分工，促使手工业者脱离农业而独立存在,并逐渐成为新兴城市的基础。社会对手工业制品的需求不断增长以及手工业的迅速发展,使新兴的城市在欧洲大地上不断涌现。中世纪欧洲文化的两大标志性成果:激发文学艺术思想的大教堂和发展科学技术的中心——大学,便是伴随城市的涌现破茧而出的。

十字军东征以后,欧洲人从阿拉伯人那里重新找回了遗失的古希腊文明,东征迫使拜占庭许多学者纷纷逃往意大利的西西里以及西班牙等地,这些地方一度成为古希腊文明在欧洲的复兴之地,大批旨在传播古希腊文化的翻译机构在这些地方建立起来,以亚里士多德主义为核心的古希腊思想在欧洲的广泛传播,推动了大学在欧洲的诞生。

12世纪后期,在欧洲的各个大城市中,大学陆续出现。大学是指教师和学生的行业工会,原先属于教会,旨在传授神学和宗教道德,培养为教会服务的僧侣。随着工商业的发展以及市民阶层的壮大,学校教育逐渐冲破了教会的禁锢,转变为服务于世俗社会的世俗学校。欧洲的第一所大学波伦亚大学在意大利建立以后,牛津、剑桥、巴黎等知名学府便如同雨后春笋一般涌现出来。

这些大学一般都实行明确的分科,并且不同的大学往往会有所侧重。早期的欧洲大学一般都设立艺学院、神学院和医学院几个部分,其中巴黎大学和牛津大学以神学著名。而且在学科划分的基础上,大学中已经开始授予硕士、博士学位,大学教育制度至此已经初具规模。中世纪大学制度的建立,确立了科学、哲学的独立地位,进而为它们创造了充分发展的空间。大学成为广大市民阶层学习科学文化最为重要的阵地,大学的建立为科学的复兴和发展创造了必要的条件。

实验科学概念的第一次提出
——僧侣科学家罗吉尔·培根的实验科学思想

在牛津大学圣芳济修道院里,有这样一块碑石,上面的部分铭文是:"罗吉尔·培根,伟大的哲学家……通过实验方法,他扩大了……科学王国的领域……在漫长的一生的孜孜不倦活动后,在公元1294年,他安息了。"这个对曾在此修行的僧侣科学家罗吉尔·培根的中肯的评价,其实来的并不早。他一直被后人称为"悲惨博士",主要因为他是一位不幸的天才,其不幸就在于他的思想超越了他的时代。在那个被他称之为"无知、愚昧"的时代,他第一次提出要以实验和数学为主体的新的实用科学,来全面改造经院哲学。

在中世纪,基督教会统治下的欧洲弥漫着一种沉溺于神学玄思、不求事功、藐视理性的风气,发端于古希腊的科学态度遭到旷日持久的压抑,欧洲人思想中固有的自由与奔放的气息也无处可寻。到了 13、14 世纪的时候,英国经院哲学继承了英国重视数学与自然研究的传统,发展了一种与传统的阿奎那哲学不同的思想体系,极大地扭转了当时的思想状况。罗吉尔·培根可谓是其中最伟大的代表之一。

罗吉尔·培根全面改造经院哲学的第一步就是对人类认识的错误进行根除。他将人类认识的错误根源归于四大障碍:即世俗的权威、习俗的惯性、众人的无知及对无知的刻意掩饰。"四障碍说"的提出,猛烈地抨击了经院学术体系。他指出,针对人类认识的"四障碍",应全面发展以数学、语言学、透视学、实验科学和伦理学为主要内容的哲学。罗吉尔·培根指出数学是最基本的科学,是开启其他科学大门的钥匙,人类对自然作出的任何研究都要以数学作为关键的工具。

罗吉尔·培根是使用"实验科学"这一说法的第一人。恩格斯称他为"近代科学的始祖"。他认为实验科学是最重要、最有用的科学,这是因为人类获取知识的手段不外乎推理和经验两种方式。尽管推理可以让我们获得某种结论,可是我们却不能不对该结论带有某种怀疑,除非该结论是经受了经验的检验和证明的。可以说没有经验,任何东西都不能够被充分地认识,一切事物都必须被经验所检验。

罗吉尔·培根认为,实验科学具有三方面的优越性。一是实证性,实验是证实科学理论的唯一手段,科学推理与实验所获得的经验事实分别构成了科学认识的必要条件和充分条件;二是实验科学具有工具性特征,科学研究要达到特定的目标,必须要借助特定的实验手段,实验科学高于其他的一切思辨和工艺,要成功地探索自然界的奥秘,掌握事物发展的规律,"凡是希望在现象背后获得无可置疑的真理的欢乐的人,都知道如何献身于实验";再就是实验科学具有实用性,实用性不仅是科学的有效工具,而且是人们实现自身目标的必要工具和手段,比如我们借助医学实验可以找到延长生命的途径。

罗吉尔·培根的科学思想在充满了玄学思辨的中世纪可谓是空谷足音,其思想直到 17 世纪才得到普遍认可,这足以表明罗吉尔·培根作为一位跨世纪的思想巨人的历史地位。

欧洲学术复兴的一抹亮色
——唯名论与唯实论之争

有人曾感慨:欧洲中世纪的人们在唯名论与唯实论问题上进行争论所耗费的时间,比恺撒大帝征服世界用的时间还要多。的确,自 12 世纪以后,随着古希腊思想中的理性精神、辩证方法与逻辑思维方法的逐步渗入,许多神学家不得不对个别与一般、共相与殊相等问题作出必要的思考。比如,要解释圣餐制度的合理性,就有必要解释清楚独立于饼和葡萄酒的普遍存在是如何可能的。围绕着类似的问题,唯名论与唯实论之间展开了旷日持久的争论。

唯名论认为存在的事物都是个别的,并不存在任何独立于它们的类别或处于它们之上的普遍本质。唯实论则认为在个别事物之外实实在在存在着一般的本质,其极端观点则认为一般本质是处于个别事物之上、决定着个别事物的意义和存在的东西。

中世纪唯名论的主要代表是罗色林和阿伯拉尔。他们的唯名论思想大致如下:所谓的共相实际上只是一个词,词所能够承载的只是其作为一个词本身所具有的东西,不能代表它之外的任何事物。真正存在的东西只是个别的事物,词是对个别事物的表达。比如说殊相就是表示具体事物的个别概念,而共相则是表示由若干个体构成的集合。人们由此表示事物,只是为了认识和交流的需要。所谓的共相是指事物的名称,共相并不表示个别事物之外的实在。所以它的意义在于表示众多事物的存在状态,这种状态是对事物共同性质的一种表述,因而不可能脱离事物而存在。因为事物的状态并非事物本质,所以唯实论者所强调的共相的实在性也就毫无意义。阿伯拉尔所说的"我们不求助于本质",就是这个意思。比如说我们分析"花儿是香的",那么"是香的"就是花儿的状态而非本质。

针对唯名论的观点,唯实论的主要代表人物安瑟尔谟指出,感觉和印象不能作为我们认识和理解的出发点。人类的认识要以抽象的观点为起点,否则我们甚至无法将颜色从它所附属的事物中抽离出来。具体的事物并不能简单地构成我们这个丰富多彩的生活世界，它们需要借助普遍的原则才能成为一个统一的整体。通过唯名论与唯实论的争论，中世纪时代的人们此时正试图走出单纯的宗教神学思维模式的束缚，走向一种以理性和逻辑为工具的辩证思维中去。在唯名论与唯实论的争论中，理性精神、科学精神将因其无可辩驳的雄辩力被人们认同与接纳。

亚里士多德物理学说的瓦解
——布理丹、奥雷斯姆的冲力学理论

中世纪欧洲封建社会有其重要的特殊性，就是在于它同基督教的密切结合。由于教会极力宣扬神秘主义和有神论思想，因而严重阻碍了科学特别是物理科学的发展。当时亚里士多德的观点是符合宗教需要的，在教会的支持下，一度被奉为至高的权威。所以说中世纪物理学的发展肇始于对亚里士多德思想，特别是其力学思想的批判。

亚里士多德认为，自然状态是有上下、有方向的，重物下落，轻物上升，这是事物运动的自然趋势。但是"虚空是不存在差异的"，"虚空里不存在这样的地方：事物倾向于往这里运动而不倾向于往那里运动。"否认真空状态的存在是亚里士多德力学理论的一个重要的起点，也是后来的物理学家们攻击的入口。

牛津大学的威廉·奥康发现磁力的作用是一种不需要物体直接接触的超距作用。因而他认为，即使在真空的状态之下，这种作用力也会发生，所以虚空的存在是可以允许的。巴黎大学的校长让·布理丹称呼促使物体运动的性质为冲力，这冲力是由推动者传送给物体，促使物体运动。他否定了冲力会自己消耗殆尽的想法。认为永存不朽的冲力是被空气阻力或摩擦力等等逐渐抵消，只要冲力大于阻力或摩擦力等等，物体就会继续移动。而且，从日常观察中，布理丹想出许多反例来反驳亚里士多德的理论，例如：思考石头与羽毛这两种物质，空气应该比较容易推动羽毛。但是，为什么同样地分别将石头与羽毛抛射出去，石头移动的距离比羽毛远了很多？他列举了一个关于陀螺的旋转运动。他认为陀螺的持续旋转并没有排开空气介质，因而亚里士多德所说的介质填补真空以维持物体运动的说法是不能成立的。

其实只要一个物体给予另一个物体一定的冲力,那么后者就能够持续地运动。

随着讨论和尝试的不断深入,在中世纪的欧洲逐渐形成一个固定的学派,该学派对问题的探讨已经不再局限于地面上的事物,而且还涉及天上的事物。普遍的观点认为,天上物体的运动也是冲力的缘故,有所不同的是,天上的物体不会遇到阻力,因而可以始终保持着运动状态。

另外一个冲力派的代表人物奥雷斯姆还大胆地设想了地球的自转。他说:"没有任何经验可以证明天体每日周转而不是地球每日周转。"他认为,地球由于受到一个最初的冲力而一直自转下去。

冲力派的出现与发展,预示着亚里士多德力学体系已经面临着终结的命运,同时他又为牛顿力学体系的建立开辟了一条理论道路,它预示着新一轮的科学革命正蓄势待发。

迅速崛起的阿拉伯文明

正当欧洲处在中世纪之初最黑暗的 500 年的时候,东方的阿拉伯半岛,崛起了一个对后世人类文明进程影响深远的大帝国,这就是阿拉伯帝国。这个公元 7 世纪 30 年代至 13 世纪中叶由阿拉伯人所建立的伊斯兰哈里发国家,在中国的史书上称为"大食",在西方史籍中称为萨拉森帝国。

与中世纪欧洲的封闭、保守不同,此时的阿拉伯帝国以其开放与包容的胸怀吸纳着来自世界各地的文明成果。古希腊文明正是依靠阿拉伯人的传承与坚守,才能够在欧洲大地上再次绽放耀眼的光辉。同时,阿拉伯人一以贯之的开放态度,也为希腊文明的科学精神增添了异彩。于是,希腊精神以一种崭新的面貌重返欧洲。

现代化学诞生的前夜
——炼金术的发展

公元 9 世纪,随着阿拉伯医学的发展,原始的化学在炼金术的基础上发展了起来。炼金术有两个来源:一是工匠来源,因为他们从长期的活动中逐步认识到,自然界的物质形态是可以发生改变的;二是哲学家来源,希腊古典哲学家为炼金术提供了理论来源。另外炼金术的出现与发展缘于两种动因：一是将贱金属炼制成黄金，二是炼制出能治百病的药剂。这样的目的，当然最终都不可能成功，但是最早的化学却因此产生并得到了初步发展。阿拉伯人的炼金术研究有着悠久的历史，他们研究炼金术的中心分别处于伊拉克和西班牙地区。正是在那里，随着西欧人不断东进，在阿拉伯人那里发展起来的原始化学又经由炼金术士们之手发展成为近代意义上的化学。

阿拉伯前期最著名的炼金术士是贾比尔·伊本·哈扬（约公元 721～815 年），他生于伊拉克，大约有 100 多部论著传世。在这些著作中，约有 22 部是关于化学的，它们被翻译成包括拉丁文在内的多种欧洲语言，并在欧洲的大学里被讲授，对欧洲化学研究的发展起到了重大的促进作用。哈扬发明的一些化学术语，今天还在各种欧洲语言中使用。他确立了实验法的重要地位，不但首先发现了几种化合物，还掌握了一些化学物质的制备技术。在哈扬的努力下，一些基础性的化学方法得以确立，从而迈出了将化学从炼金术发展成一门科学的重要一步。基于这些卓越的工作，哈扬被后人奉为近代化学的先驱。

阿拉伯的第二位炼金术大师是阿尔·拉兹（约公元 850～925 年），生前是巴格达的一位很著名的医生，他继承了贾比尔的炼金术传统，即注重化学实验而少谈神秘之术。他的著作《秘密的秘密》记下了不少化学配方和化学方法，发展了贾比尔的化学组分理论。其汞、硫、盐的三组分理论一直流行到 17 世纪波义耳的《怀疑的化学家》出版为止。

12 世纪中叶左右，阿拉伯人大量的炼金术著作被翻译成拉丁文。不管是西欧的封建统治者，还是新兴的商业资本家，都对黄金怀着强烈的渴望，从而对炼金术都十分重视。然而，如同阿拉伯人的命运一样，炼金术在欧洲同样四处碰壁，原因是它并不能满足封建主和商业资本家们的奢望。但是，炼金家们的长期努力却积累了相当丰富的化学知识，这为日后化学的发展提供了重要的技术支持。

现代数学体系的雏形
——花拉子密和《代数学》

你是否想象过，如果我们生活的世界中没有了数字，会是怎样的情形？我们的思想观念、我们的行为在很大程度上都同具体的数字有着莫大的关系。今天我们习惯使用的阿拉伯数字无疑是最方便、最先进的数字体系。如果没有了这些看似简单的数字，我们眼中的世界绝对不会像现在这样有着如此明晰的秩序感。这些数字是通过周游世界各个角落的穆斯林人在东方与西方之间不断传递的。确切地说，同阿拉伯数学家花拉子密有着莫大的关系，他在著作中对古印度人发明的数字作出了深入明了的说明，从而促进了人们对它们的认可与接受。

花拉子密，一般认为他生于阿姆河下游的波斯北部城市花拉子模（今乌兹别克境内的希瓦城附近），故以花拉子密为姓。花拉子密早年在家乡接受初等教育，后到中亚细亚古城默夫继续深造，并到过阿富汗、印度等地游学，不久成为远近闻名的科学家。花拉子密是智慧馆学术工作的主要领导人之一。马蒙去世后，花拉子密在后继的哈利发统治下仍留在巴格达工作，曾任阿拉伯王子的教师，直至去世。花拉子密生活和工作的时期，是阿拉伯帝国的政治局势日渐安定、经济发展、文化生活繁荣昌盛的时期。花拉子密科学研究的范围十分广泛，包括数学、天文学、历史学和地理学等领域，并撰写了许多重要的科学著作。

《代数学》一书，是花拉子密于公元 825 年左右编辑著成。在《代数学》中，花拉子密用十分简单的例题讲述了解一次和二次方程的一般方法。他的作法实质上已经把代数学作为一门关于解方程的科学来研究，只是其研究形式与现代的不同。该书包括三部分：第一部分讲述现代意义下的初等代数，第二部分列举各种实用算术问题，最后一部分是关于续承遗产的应用问题。

除了比较完整地讨论了一次、二次方程的一般原理，花拉子密还首次在《代数学》的解方程中提出了移项和合并同类项的名称，书中还承认二次方程有两个根，容许无理根的存在。他把未知量叫做"根"，从而把解方程叫做"求根"，西文"Algebra"（代数）就是从这本书的书名演变而来的。

《代数学》作为人类历史上第一部关于代数学的论著，有多种版本流传至今。比较重要的有两种：一种是抄录于 1342 年的阿拉伯文手稿，现存牛津大学图书馆；另一种是 L. Ch. 卡平斯基根据著名翻译家切斯特的罗伯特 1145 年翻译的《代数学》拉丁文译本编译的，一直作为教科书在欧洲的大学中被广泛使用。20 世纪最具影响力的科学史学家乔治·萨顿对花拉子密的评价是："他是那个时代最伟大的数学家，迄今所有时代最崇高者之一"，"在数学上，从希腊人的静态宇宙概念到伊斯兰的动态宇宙观，第一步是由现代数学的奠基者花拉子密迈出的"。

现代天文学研究的滥觞
——阿拉伯天文学

阿拉伯天文学是继承了各个文明形态和科学遗产的结晶，古代希腊、罗马、波斯甚至印度的天文学，都是它智慧的源泉。中世纪时期，阿拉伯天文学拥有巴格达、开罗和西班牙三个研究中心，这些地区在天文学研究方面都取得了辉煌的成就。

8世纪中叶阿拔斯王朝建立后，巴格达逐渐成为世界天文学的中心，此时巴格达的智慧宫便已集中了世界上最杰出的天文学家。他们已经能够娴熟地运用诸如星盘、等高仪、象限仪、日晷仪、天球仪和地球仪之类的天文仪器从事天文学研究。

巴塔尼（约公元858～929年）是对欧洲影响最大的天文学家，曾在艾尔—拉卡做了长达41年的天文观测，通过观测发现了托勒密《天文学大成》中的一些错误，发现了太阳远地点的运动，还精确地测定了年长度、周年岁差和黄赤交角，并为球面三角形引进了一套巧妙的新解法，发展了球面三角学。

巴塔尼撰有长达57章的巨著《萨比历数书》（萨比是他冗长的阿拉伯全名中最后一个词的音译），内容涉及当时天文学的各个方面。该书曾被译成拉丁文和西班牙文，更名为《论星的科学》的西班牙文译本于1537年出版。第谷、哥白尼、开普勒、伽利略等著名科学家都曾多次引用过《萨比历数书》中的内容。

马舍尔是巴格达学派最初的著名天文学家，他测定了纬度相差1°时子午线被截得的长度。在他编撰的《木塔汗历数书》中，水星、金星已被视为太阳的卫星。

苏菲著作的《恒星图像》是伊斯兰天文学观测的三大杰作之一，作者根据自己的实际观测，在书中确定了48颗恒星的位置、星等和颜色，并且绘制了精美的星图和列有恒星的黄经、黄纬及星等的星表。他还为许多天体进行了名称鉴定，提出许多天文术语，现在世界上通用的许多天体名称都来源于苏菲的命名。国际天文学会还用他的名字命名月球的一处环形山来纪念他。

瓦法(公元 940～998 年)是巴格达天文学派最后一位影响巨大的人物,他曾测定过黄赤交角和分至点,他还曾提出过"地球出差"说法,这是天文学史上的第一次。

比鲁尼在他著名的百科全书《马苏迪之典》中,测定了太阳远地点的运动,并且首次指出其与岁差变化存在略微的差别。

尤努斯是开罗学派的代表人物,他总结前人长期的天文观测,完成了著名的《哈基姆星表》,在球面三角函数问题上,他开创性地使用正交投影的方法予以解决。尤努斯以计算精细准确著称于世,他对月食的观测记录是极其可靠与可信的,其 30 次月食报告,为近现代天文学家研究月球的长期加速度,提供了珍贵的天文资料。

西班牙的阿拉伯天文学,主要致力于对托勒密本轮学说的否认,并试图建立一个全新的宇宙体系。他们这种不屈服于权威的态度,对几个世纪后天文学冲破托勒密体系的羁绊起了积极的作用。西班牙的阿拉伯天文学的一个重要作用在于,它成为伊斯兰天文学进入欧洲的最主要渠道,对统治欧洲大部分地方的基督教神学,形成了巨大的冲击。

可以肯定地讲,阿拉伯天文学对于宇宙天体的认识,是人类天文学史上由托勒密到哥白尼之间最重要的衔接。

物理学研究崭新的一页
——力学与光学交相辉映

阿拉伯帝国时期,穆斯林在物理学方面取得的成就主要在于力学和光学。在力学方面,他们对运动与惯性、时间与空间、抛物运动和重力作用等方面,进行了深入细致的研究,其成就无疑为后来经典物理学的产生奠定了良好的基础。在光学上他们提出,可视物体之所以能够被我们观察到,是由于物体表面的光线以球面的形式从光源发射出来,这是对光的反射与入射现象解释的最早尝试。

在力学研究中,金迪以学术著作丰厚著称,他对比重、潮汐、光学等都有所研究。塔比特是静力学的奠基人,他的著作《杠杆的平衡》,成功地证明了杠杆原理。比鲁尼研究了流体静力学与物体的瞬间运动与加速度,他断言光的传播速度快于声音。在精确地测定不同物质比重的基础上，他制定了一个复合物与物质元素的比重表。哈兹尼是继塔比特之后研究杠杆平衡的最重要的科学家，他曾经设计了一种能测量物质重量和比重的"智慧秤"，他还发现空气具有一定的重量，从而扩大了阿基米德定律的适用范围。阿拔斯·伊本·弗纳斯是飞行动力学的先驱，公元 875 年，他乘坐自己设计、制造的"飞行器"在科尔多瓦城进行飞行试验，堪称人类"飞行第一人"。

在光学研究中，哈森为光线的物理学特性及几何光学奠定了基础，被誉为"光学之父"。他对光的直线传播以及光速的有限性等问题，已经有了正确的认识。在光的反射与折射问题中，哈森提出入射光线与反射光线在同一平面内。他设计出测定入射光线与折射光线的方法，并且通过实验证明了垂直穿透不同介质之间界面的光线是不弯曲的；他对大气折射问题的研究也是卓有成效的，在实验中他研究了平面镜、球面镜、柱面镜和抛物面镜的成像问题，而且对球面像差和透镜的放大作用也有了恰当的认识。难能可贵的是，哈森已经开始将数学的方法运用于具体的光学研究中，哈森的一项重要贡献是对视觉原理的阐释。在哈森以前，长期流行着源自古希腊的"流射说"，即"视觉是由于眼睛发射出光线照射于物体上而产生的"，哈森提出"双眼视觉"学说，他指出，视觉是反射的光线通过眼球的玻璃体后落在视网膜上才得到的，而图像则最后产生于大脑。哈森所提出的这些学说，对于正在酝酿中的近代科学而言，都是可资借鉴的宝贵资源。

近代地理学的肇端
——阿拉伯地理学的发展

伊斯兰先知默罕默德曾经说过："知识即使远在中国，亦当往求之。"这充分表明了阿拉伯民族求知的决心与勇气，也暗示了地理学在阿拉伯人那里发展的可能性。

阿拉伯帝国地理学丰富而又翔实，他们在绘图学、海上探测、地貌的记录等方面，都取得了很大的成就，这些对以后航海时代的到来具有重要意义。巴比伦、印度、波斯与希腊的地学研究成果都对阿拉伯人产生了深远的影响，绘制地图的思想是继希腊人之后对世界的最重要认知，并具有质的进步。

阿巴斯王朝被视为"科学的地理学"的发端时期，穆斯林学者将印度的长度计算方法,同希腊与波斯的地理学思想结合在一起,建立了"定量加描述性的地理学"。这一思想的建立,标志着人类的地理学研究达到一个崭新的高度。

在大地测量学方面,阿拉伯人的建树颇丰,他们已经能够准确地测定城市的方位、山峰的高度等,甚至在地球的半(直)径、周长、经度的测量方面,也取得了一定的成就。

比鲁尼是科学地理学(定量加描述性地理学)的先驱,他对地理学的贡献主要在于:发明了采用三角测量法测量大地及地面物体之间的距离的技术。他运用这项技术测量了地球半径,其测量结果是 6 339.6 千米,与现在我们所掌握的数值(赤道半径 6 378.140 千米,极半径 6 356.755 千米,平均半径 6 371.004 千米)已经相当接近。另外,他还对地球的经、纬度作出精密的测量,改进了经、纬度的测定方法,发明了山峰和其他物体高度的测量方法。

摩洛哥人伊本·白图泰在 21 岁的时候就离开家乡丹吉尔,进行了长达近 30 年的旅行,号称是在蒸汽机车产生之前累计旅行距离最长的旅行家。他的足迹遍布西亚、北非和西班牙的所有伊斯兰国家和地区以及撒哈拉以南的非洲地区和东部非洲,还到过南亚的印度、孟加拉国、斯里兰卡、马尔代夫,欧洲的拜占庭、南俄,以及中国等地。伊本·白图泰的行动,为穆斯林地理学在实践方面作出了重大的贡献。

从公元 10 世纪开始,伴随海上贸易的发展,海洋地理学也揭开了新篇章。穆斯林航海家、水手、商人与传教者扬帆远航,除了前往欧洲之外,他们越过今天的印度洋,进入太平洋,抵达南洋群岛的爪哇、苏门答腊、吕宋,最后来到中国,甚至可能先于哥伦布 500 年,从西班牙及西非到达美洲。穆斯林人的航海经历,使他们积累了丰富的海洋地理学知识,为日后大规模的航海事业提供了宝贵的经验。

伟大的医学圣经

——伊本·西那和他的《医典》

阿拉伯帝国建立以后,其文明长期保持着很高的水平,包括医学在内的科学、技术及文化成就。即使在帝国之后的很长时期内,都始终保持着领先的地位。帝国在科学文化上一贯抱有宽容的态度，从而大大推动了当时医学的进步和发展。阿拉伯帝国的医学成就在人类社会的发展史上烙下了不可磨灭的印记。其中被称为"医者之尊"的伊本·西那，与古希腊的希波克拉底、盖伦并称医学史上的三位鼻祖，可算是阿拉伯医学研究史上的一位标志性人物。

伊本·西那，生于布哈拉城附近，他不但被尊称为神医，而且还是一位哲学家、博物学家、天文学家、数学家。他的巨著《医典》，是对阿拉伯乃至整个世界医学研究事业的伟大贡献。《医典》一书包括五部分，分别讲述医学总论、药物学、人体疾病各论及全身性。伊本·西那重视人身体以外可能诱发疾病的因素，指出"原体"可能是产生疾病的原因，肺结核即属"原体"引起的疾病。他还认为，水与土壤可以是传播致病物质的媒介，所以强调了"消毒"在保持身体健康方面的重要性。

伊本·西那在医学方面造诣精湛，其医学理论不乏具有现代意义的闪光点。他指出对待恶性肿瘤，应该在早期阶段就着手医治，以确保对所有病变组织予以根除；他非常重视膳食营养对身体健康的重要意义；他提出，疾病的产生与气候、环境有着内在的联系；他描述和记录了有关心脏病药物的提炼，描述和记录了皮肤病、性病、神经病与精神疾病等病症；介绍了用烧灼治疯狗咬伤、针刺放血、竹筒灌肠以及音乐疗法等。

《医典》从 12 世纪被译成拉丁文起，始终被欧洲的医学院校作为医学教科书。仅在 15 世纪的最后 30 年内，这部著作就用拉丁文出版过 15 个版次。它在西方医学史上的影响是空前的，著名医学教育家奥斯勒在评价《医典》时指出："它被当做医学圣经的时间比其他任何著作都要长"。可以说，《医典》是现代医学产生的重要基础之一。

希腊精神与阿拉伯文化的交融
——伊斯兰教经院哲学的出现

古代阿拉伯人在其文化发展的过程中，较为全面地接受了东西方文化，尤其是古希腊的理性主义与科学精神，更是在穆斯林人的手中得到了完整的保存。亚里士多德主义和新柏拉图主义在穆斯林地区的广泛流传具有极其深远的影响力，逐渐促使阿拉伯人塑造出一种独特的自然观。

阿拉伯人坚持认为,世界运行的规律性、可知性以及数学方法,与哲学思维之间具有互补性。阿拉伯人这种面对自然世界开放的胸襟以及理性的生存态度,无疑为科学的发展注入了活力。穆斯林经院哲学的建立尤为典型地表现了这一点。

穆斯林经院哲学始于波斯人阿尔·加扎,经由科尔多瓦的阿维罗伊最终确立下来。穆斯林的经院哲学家们十分推崇亚里士多德的思想理论,并试图对科学与宗教的关系作出重新界定。他们认为宗教同实证性的科学事业有所不同,不可以将它们混为一谈。宗教不是一种包括命题和教条理论体系在内的知识分支,而是一种存在于人的灵魂内的天启力量。传统神学的弊端就在于将宗教和哲学相混杂,这样既损害了宗教又贻害于科学。

不难看出,阿拉伯的经院哲学与中世纪欧洲经院哲学的路线大体上是一致的,都是试图以一种积极的方式,将古希腊的科学精神引入宗教。客观上,这种理论对科学的发展是极为有利的。

呼之欲出

中世纪后期,当近代科学的号角在欧洲大地上吹响的时候,意味着人类文明史已经完成了一次伟大的整合,即将迎来一场学术的复兴,其主要标志为罗吉尔·培根的实验科学思想的提出,大学的创立以及经院哲学的衰落。而著名的唯名论者奥康从德国的监狱里逃走,并得到当局的庇护,则从侧面证明了教会的大一统局面行将终结,此时的欧洲已颇有山雨欲来风满楼之势。正是在这种形势下,一场席卷欧洲的社会大变革就此拉开了帷幕。

传承与创新
——中世纪几大文明的汇流

当基督教的黑暗氛氲笼罩在欧洲的上空之时,以伊斯兰文化为代表的阿拉伯帝国的文明光芒四射,璀璨夺目。纵向看,它在古代文化史上承前启后,是不可或缺的一环。古希腊、古罗马与文艺复兴时代的文明成就,在这里浑然天成,有机地联系在一起;横向看,东西方文明在这里互相碰撞,彼此交融。

正是通过广大阿拉伯科学家与学者的创造性劳动,古代印度、希腊及波斯的科学巨著得以保存与传播。欧洲文艺复兴的大师们从阿拉伯语书写的科学巨著开始,点燃了文艺复兴的火炬。中世纪欧洲的基督教黑暗势力,几乎摧毁了一切古代希腊的科学文化典籍,如果没有崇尚科学的穆斯林的辛勤劳动,今天就不会有人仍能够读到欧几里得的《几何原本》。而衰败的拜占庭可能也只剩下了典籍中的片言只语。由希腊人所开创的注重对资料系统整理的传统,正是因为阿拉伯人对它们的保存与传承才得以复兴。亚里士多德精神和亚历山大博物馆所珍藏的文明火种,曾一度被遗忘,但在阿拉伯人的手中却重现生机。

当苟延残喘的拜占庭帝国几乎完全隔断欧洲通向东方的道路之时,中国的"四大发明"经由当时在阿拉伯伊斯兰文明影响下的西班牙、西西里和法国部分地区,传往整个意大利乃至欧洲,而奠定今日科学基础的文艺复兴,正是始于欧洲的这些地区。

在以上基础上,阿拉伯人迅速创立了一种与以往许多文化大异其趣的新文化。由于这种文化良好的包容性,使许多民族愉快递接受了它。连具有古老文明的埃及人、印度人也不例外,他们接受了阿拉伯人的宗教信仰、传统习惯和建筑艺术。全世界都应该感谢阿拉伯人在传播和发展科学知识方面所发挥的作用,甚至可以说,如果没有阿拉伯人,现代的欧洲文明将难以出现。正是在阿拉伯文化的感召下,真正的文艺复兴才得以发生。

三、一声惊雷：近代科学的诞生

恩格斯在评价近代科学诞生的时候这样说过："这是一次人类从来没有经历过的最伟大的、进步的变革，是一个需要巨人而且产生了巨人——在思维能力、热情和性格方面，在多才多艺和学识渊博方面的巨人的时代。"众所周知，发生在 14、15 世纪的文艺复兴运动，在欧洲历史上泛指一个特定的时期。在这个时期中，欧洲经历了一次从未有过的伟大变革，由此拉开了从中世纪向近代历史过渡的序幕，这一时期通过人们的求索与创造，在某种意义上也构成了科学技术史上的一场重要变革的开端。1543 年 5 月，哥白尼完成了《天体运行论》，与维萨留斯的《人体结构》一书，共同宣告了近代科学的诞生；伽利略、布鲁诺、开普勒、牛顿，把近代科学革命推向高潮；笛卡儿、弗兰西斯·培根，为近代科学方法奠定了基石；意大利社、英国皇家学会的科学组织的成立，初步完成了近代科学的体制化。这一时期，以意大利为中心，近代科学如雨后春笋般，在欧洲大陆展现出了它的勃勃生机。

山雨欲来

欧洲的文艺复兴是近代科学积蓄力量的时代。文艺复兴使欧洲大地迎来了阳光普照的春天，科学抽出了新绿的嫩芽。它以复活古希腊艺术为名，试图终结中世纪沉闷、保守和压抑的社会氛围，提倡清新、自由和富足的生活方式。为此，文人墨客、志士仁人为求思想的解放而奔走呐喊，而新兴资产阶级为攫取更多的财富，不惜漂洋过海、远渡重洋，开拓海外殖民地。凡此种种，最终从精神与物质两方面为近代科学的兴起奠定了坚实的基础。

找回迷失的人性

——文艺复兴时代的到来

文艺复兴是指 13 世纪末在意大利各城市兴起,随后扩展到西欧各国,16世纪盛行于欧洲的一场思想文化运动。它带来一场科学与艺术的革命,揭开了近代欧洲历史的序幕,被认为是中古时代和近代的分界。更有马克思主义史学家认为的,它是封建主义时代和资本主义时代的分界线。

中世纪后期,封建制度逐步解体,资本主义慢慢发展起来,在意大利出现了前所未有的艺术繁荣。这时,在拜占庭灭亡时抢救出来的手抄本以及罗马废墟中发掘出来的古代雕像,向中世纪西方文明展示了一个新世界——古希腊文明。时代精英们在古典文化中,发现了消失已久的人性、人权、个人自由和世俗生活。从此,在他们的诗歌、绘画、雕塑、技艺和日常生活中,无不体现出这种古老而又新鲜的信仰。就这样,一场伟大的思想启蒙运动——文艺复兴运动开始了!

文艺复兴运动最早开始于意大利的热那亚、威尼斯、米兰和佛罗伦萨等地,因为那里最早出现了资本主义的萌芽。新兴的资产阶级需要扩大业务范围,改进经营方式,提高生产、经营效率,因而需要具有渊博知识的各类人才。他们崇尚优裕的物质生活和高雅的艺术品味,需要艺术家、建筑师和医生等职业的专业人士来满足个人的需求。由此可见,文艺复兴不是复古而是兴今。

中世纪的欧洲社会是一个以神为本的社会,神是一切的主宰。所有的人,甚至包括他们的皇帝,都是神的子民,受神的统治。由于神和天堂是唯一的追求,所以人们的眼界狭小,思想受到禁锢。为了改变这一现状,文艺复兴运动高举人文主义的大旗,关注人间的世俗生活。他们开始用以人为中心的宗旨来思考问题,以人性来代替神性,以世俗的财富、艺术、爱情、享受代替禁欲主义。他们的口号是"我是人,人的一切特性我无所不有。"他们强调人的价值,关心个体的幸福,要求把目光从天堂转向尘世。这种用人而不是用神的观点去衡量一切,实际上它是资产阶级要建立符合他们标准的道德观念、文学艺术和经济制度等方面而人为建立的标准。

文艺复兴运动很快推行到了整个欧洲。它所高扬的人文精神,如同甘露一样,滋养着世人的心田。人们开始崇尚理性,开始以自己的双眼和双手来探寻,用自己的大脑和心智来思考,近代科学的一系列拓荒者随之出现。在探寻和思考中,他们提倡毕达哥拉斯主义,坚持对事物进行尽可能精确的定量分析,而这些都是科学发展所必需的条件。文艺复兴后,近代科学开始大踏步前进。

开疆拓土探新途
——远洋航行和地理大发现

"四大发明"的直接后果就是催生了地理大发现和远洋航行。由于新兴资本主义的发展,日益发达的贸易要求摆脱介于东西方之间的阿拉伯人的控制。资本家和统治者们为了寻找更广阔的发展空间,同时面对《马可·波罗游记》对中国繁荣富足的描述的诱惑,更是激起了他们涉足东方寻找财富的欲望。

有记载表明,最早开始的大规模远航是葡萄牙亨利亲王支持的。他们沿非洲西海岸远航,于1445年到达非洲最西端的佛得角,但由于亨利亲王的去世,远航一度中止。40年后,在裘安国王的支持下,航海事业得以继续开展。1487年,航海家迪亚士到达非洲最南端,并将其命名为"好望角",意为"通往东方的希望之角"。1488年,葡萄牙王室支持达·伽马开始新的远航,成功绕过好望角,到达印度港口卡里库特,并获得大量香料、丝绸、宝石、象牙和黄金等贵重的物品。这次航行打破了阿拉伯人的贸易垄断,使多年来支持和践行远航的探险家们看到了胜利的曙光。

看到葡萄牙王室所支持的远航取得胜利后,西班牙人开始认识到这一事业的重要意义。恰在此时,一位葡萄牙人极力鼓动西班牙王室支持他率队远航,并向西班牙王室献上他通过大西洋到达黄金和香料之国的西行远航计划。王室经过周密论证,决定支持他的这一行动,此人就是伟大的航海家哥伦布。1492年哥伦布率船队从巴罗士港出发,37天后到达陆地,哥伦布认为自己到达的是《马可·波罗游记》上记载的印度群岛,只是没有发现黄金和香料,船队于1493年3月5日返回西班牙。后来,哥伦布在西班牙王室的支持下,又进行了三次远航,来到北美大陆,但是依然没有发现黄金。1506年,这位伟大的航海家逝世,只是至死他也没有认识到他曾四次到达的地方其实是一块新大陆。后来,意大利航海家亚美利哥发现,哥伦布到达的不是亚洲大陆,而是一块新大陆,在新大陆和亚洲之间还有一个大洋的存在。

哥伦布逝世后,航海事业并没有停止,1519 年,西班牙王室又支持另一名葡萄牙人麦哲伦开始新的远航。麦哲伦的远航船队由圣罗卡起航,向西经过大西洋,沿巴西海岸南下,经南美大陆和火地岛之间的海峡(后人称之为麦哲伦海峡)进入太平洋,于1521 年 3 月到达菲律宾。麦哲伦在那里因参与当地居民的争斗被杀,余众继续西行,于 1522 年返回西班牙,完成了人类史上第一次环球航行。

从 1419 年开始的一个多世纪的近代远航,是一个地理大发现的时代。远航者们不但发现了美洲新大陆,还打开了东西方的通道,刺激了欧洲航海事业的发展,证实了地球是圆形的重要科学推断。远航事业致使西方财富急剧增加,给科学事业的发展奠定了物质基础。

风起云涌

文艺复兴、四大发明和远航事业的巨大推动力,为近代科学的诞生做好了充分的准备。这一时期人们思想自由、财力充足,因此他们可以拥有更多的思考空间和闲暇时间从事对大自然的研究。几乎在整个 16 世纪里,佛罗伦萨、波伦亚和威尼斯成为整个欧洲青年才俊和有志之士的"朝圣"的地方,大量的高端技术人才流向意大利,他们创造了辉煌的科学成就。从 16 世纪20 年代到 17 世纪初,近代科学在意大利进入了首个丰产期,尤其是在天文学方面,以日心说为中心,取得了革命性进展。

独立科学家角色的诞生
——以达·芬奇为代表的意大利艺术家

英国科学史家 W. C. 丹皮尔曾说过:"如果我们要在古今人物中选择一位,来代表文艺复兴的真精神的话,我们一定会指出列奥多·达·芬奇这位巨人。"列奥多·达·芬奇不仅是大画家,而且也是大数学家、力学家和工程师,他在物理学的不同分支中都有重要发现。

古代科学之所以没有发展起来，一个关键的因素就是没有出现独立的科学家角色。文艺复兴孕育了近代科学，而文艺复兴中最有科学气息的当数那些艺术家了，达·芬奇、米开朗琪罗、拉斐尔……他们是近代科学的拓荒者。若要从这些人物中选取一位作为他们的代表，那么达·芬奇当之无愧。作为一位工程师、发明家和科学家的达·芬奇，他亲自设计过许多机械，画出了许多草图，如碾轧机、挖河机、模拟飞行器等，并提出重建米兰教堂和连接佛罗伦萨与利古里亚的运河计划，他还主持过城市建筑和军事工程的实施。达·芬奇主张，古代各种伟大的思想和技术成果，应当作为当代人研究的起点，但不能当成定论。他提倡从实验入手探索科学，并身体力行。他亲自解剖尸体，研究人体构造；亲自做实验，研究静力学和动力学。他认为，事物的实际情况要比传统意见重要得多，亚里士多德不能给我们解决问题的武器，古老的哲学或神学演绎不出现代的科学精神。只有充分发挥数学、天文学、解剖学和其他实验科学的作用，才能探索自然的秘密。达·芬奇注重实验和定量研究，他认为真正的科学产生于实验，数学是使其达到确定性的工具。

达·芬奇所表现出的科学精神为人所叹服，但我们不能认为这些都是他的首创。在他之前，阿尔贝提、托斯堪内里、迪雷尔等人，已从不同角度论述过这些精神。而在实验方法方面，达·芬奇本人更是推崇阿基米德，他把阿基米德看成是物理学的真正鼻祖，认为阿基米德开创了一种科学精神。达·芬奇曾有过一句名言：能创造发明的和在自然与人类之间做翻译的人，比起那些只会背诵旁人的书本而大肆吹嘘的人，就如同一件对着镜子的东西比起它在镜子里所生的印象，一个本身是件实在的东西，而另一个只是空幻的。可以说，以达·芬奇为代表的文艺复兴时期的艺术家们不仅继承了古代已有的研究精神，也吸收了当时文艺复兴的精华，开启了近代科学的发展之门。意大利科学就是围绕这些艺术家一度繁荣起来的。

自然科学的独立宣言
——哥白尼的《天体运行论》

童年时期的哥白尼对外面的世界充满了好奇，他常常独自一个人仰望繁星密布的苍穹。在他10多岁时，父亲不幸病逝，于是，他住到了叔叔家中。

有一次，哥哥不解地问哥白尼："你整夜守在窗边，望着天空发呆，难道这表示你对天主的孝敬吗？"哥白尼回答说："不。我要一辈子研究天时气象，叫人们望着天空不害怕。我要让星空跟人交朋友，让它给海船校正航线，给水手指引航程。"当时，没有人将这个小孩子的话当真，更没有人想到，他的志向最终成为了现实。

哥白尼的日心说的创立，是近代科学史上开天辟地的大事。从古罗马到文艺复兴，天文学中占统治地位的学说一直是托勒密体系，即认为地球是宇宙的中心，万物围绕地球旋转。这一理论基本上可以解释当时条件下的许多自然现象，但在解释某些恒星的特殊运动时遇到了困难。尤其是行星的驻留和逆行的物理意义，对天文学家来说始终是一个谜。同时，随着航海运动的兴起，为了确保船只航行的方向和编写航海历法，天文学受到了空前的重视。而托勒密地心理论体系庞大，计算复杂，已经无法满足编制精密历法的需求。

1496年，23岁的波兰青年哥白尼来到了意大利的艺术中心波伦亚，成为意大利文艺复兴时代人文主义运动的领袖之一、天文学家诺瓦腊的学生。在学习期间，哥白尼研究了托勒密的地心说，并且查阅到古代有关日心说的一些构想。他发现：托勒密的地心说太复杂，根本不符合数学上的"和谐原理"。在毕达哥拉斯主义和谐思想的指导下，开始了他的天文学研究工作。

1505年，哥白尼回到波兰，在波罗的海岸边的佛劳恩堡总教堂任职，并在那里度过了一生余下的30年。在这30年里，他一面完善他的学说，一面进行天文观察，用观察和计算对他的学说加以核对和修正。在这一时期，哥白尼构想了他的行星体系的细节，对大量复杂的计算做了整理，使他的理论日渐成熟。1543年，当他生命垂危时，他的著作《天体运行论》终于得以出版。这本书当时的名字叫《托伦的·尼古拉·哥白尼论天体运行轨道》（共三册），据说当样书送到哥白尼手中时，他就去世了。

在《天体运行论》一书中，哥白尼全面阐述了他的日心说理论。其要旨是：地球是一颗普通的行星，和其他行星一样围绕着太阳运行，运行一周为一年；地球在公转的同时还绕地轴自转，旋转一周为一天。太阳是宇宙的中心，月球是地球的卫星。这样便较为正确地描绘了太阳系的构成，成功地解释了周日视运动和周年视运动，解释了行星顺行、逆行、驻留现象和岁差。

这个理论也以数学上的简单性,赢得了对托勒密体系的最终胜利。

应该说,在我们今天看来,日心说在知识上的错误并不比托勒密体系少。但是,正是由于日心说的出现,近代科学才率先在天文学上取得突破。它宣告了神学宇宙观的破裂,第一次把科学从神学中解放出来。从此,人们开始明白:既然有关上帝的天文学都是可以改变的,那么我们的世界又有什么不可以怀疑呢?怀疑——科学进步的灯塔从此被点亮并释放出耀眼的光芒!正如恩格斯指出的那样,哥白尼那本不朽的著作,是自然科学向宗教权威发出的挑战书,是自然科学的独立宣言。

科学史上的"第一位近代人物"
——伽利略及其科学贡献

1564 年 2 月 15 日,伽利略·伽利雷出生在意大利西海岸比萨城一个没落的贵族之家。17 岁那年,他进了著名的比萨大学,按照父亲的意愿,做了医科学生。但是,他的兴趣根本不在医学,他孜孜不倦地学习数学、物理学等自然科学,并且以怀疑的眼光看待那些自古以来被人们奉为经典的学说。伽利略生活的时代,正是欧洲历史上著名的文艺复兴时代,而意大利又是文艺复兴的发源地。当时,意大利的许多大城市,如佛罗伦萨、热那亚和威尼斯都发展成东西方贸易的中心,建起了商号、手工作坊和最早的银行,出现了资本主义生产关系的萌芽。加上贸易往来的发达,印刷术的发明,新思想的传播比以往任何时候都更加迅速。

伽利略的第一贡献是他制造了望远镜,他从荷兰眼镜商那里得知了望远镜的原理,就自己动手制作了一架精密度较高的望远镜,并把它指向了星空。他的这一举动标志着天文学新时代的到来——人类由肉眼观察进入了望远镜时代。透过望远镜,他看到了激动人心的景象:月球表面的环形山、金星的盈亏、太阳黑子等等,他的观察给日心说提供了有力的证据。

伽利略的第二大贡献在力学方面,这与当时的社会需求非常吻合。此时意大利分化出了许多诸侯国,各自为政、占地为王,为了加强"国防"需要解决大量的炮术、兵器和城防方面的技术问题。作为一名军事工程学教授,他对大炮发射炮弹的抛物线轨道非常清楚。在此基础上,他研究了物体的降落问题,发现了落体定律,有力地反驳了亚里士多德的观点。在静力学方面,他研究过物体的重心平衡和材料的强度问题,制造过流体力学天平。动力学方面,他发现了钟摆的复时性。在综合静力学和动力学的基础上,他提出了经典力学的一个基本原理——力学相对性原理。

伽利略的第三大贡献是,他成功地把几何学和代数学知识用于力学研究。在此之前,人们对力学的研究没有系统的方法和手段。当他把代数学和几何学带入力学研究时,便开创了一种新的研究方法。伽利略的研究成果非常丰富,他制成了第一支温度计,著有《关于彗星的讨论》、《黄金计量者》等。他对哲学和原子论也颇有研究,可以说,他是那个时代当之无愧的百科全书式的人物。

伽利略是亚里士多德时代的终结者,是牛顿时代的奠基人。他把望远镜指向天空,宣告了亚里士多德月上世界和月下世界界线的消亡;他的斜面实验,打碎了亚里士多德的断言;他的力学研究,引领了牛顿经典力学体系的诞生;他对钟摆的研究,为惠更斯的工作奠定了基础。伽利略的科学发现,不仅在物理学史上而且在整个科学中都占有极其重要的地位。他纠正了统治欧洲近两千年的亚里士多德的错误观点,创立了研究自然科学的新方法。伽利略在总结自己的科学研究方法时说过,"这是第一次为新的方法打开了大门,这种将带来大量奇妙成果的新方法,在未来的年代里,会博得许多人的重视。"

为此,著名英国科学史家丹皮尔赞誉伽利略是科学史上的"第一位近代人物"。

捍卫真理的殉道者
——布鲁诺的"异端"思想

1600 年,52 岁的布鲁诺在熊熊烈火中英勇就义。他被宗教裁判所判为"异端"烧死在罗马鲜花广场,临刑前他正义凛然地说:"你们对我宣读判词,比我听判词还要感到恐惧"。当刽子手举着火把问布鲁诺:"你的末日已经来临,还有什么要说的吗?"布鲁诺满怀信心庄严地宣布:"黑暗即将过去,黎明即将来临,真理终将战胜邪恶!"他最后高呼:"火,不能征服我,未来的世界会了解我,会知道我的价值。"他死后,教会甚至害怕人们抢走这位伟大思想家的骨灰来纪念他,匆匆忙忙把他的骨灰连同泥土一起抛撒在台伯河中。

乔尔丹诺·布鲁诺是意大利文艺复兴时期伟大的思想家、自然科学家、哲学家和文学家。这位勤奋好学、大胆而勇敢的青年人,一经接触哥白尼的《天体运行论》,便激起了火一般的热情。从此,他便摒弃宗教思想,只承认科学真理,决意为之奋斗终生直至为此献出了宝贵的生命。

布鲁诺因信奉哥白尼学说,被指控为异教徒并革除了教籍。1576年,年仅28岁的布鲁诺不得不逃出修道院,四海为家,他长期漂流在瑞士、法国、英国和德国等地,到过日内瓦、图卢兹、巴黎、伦敦、维登堡等许多城市。尽管如此,布鲁诺始终不渝地宣传科学真理。他到处作报告、写文章,还时常地出席一些大学的辩论会,用他的笔和舌头毫无畏惧地积极颂扬哥白尼学说,无情地抨击官方经院哲学的陈腐教条。布鲁诺的主要著作有《论无限宇宙和世界》,书中明确指出:"宇宙是无限大的""宇宙不仅是无限的,而且是物质的"。他还指出,千千万万颗恒星都是如同太阳那样巨大而炽热的星辰,这些星辰都以巨大的速度向四面八方疾驰不息。它们的周围也有许多像我们地球这样的行星,行星周围又有许多卫星。生命不仅在我们的地球上有,也可能存在于那些人们看不到的遥远的行星上……

由于布鲁诺在欧洲广泛宣传他的新宇宙观,反对经院哲学,进一步引起了罗马宗教裁判所的恐惧和仇恨。1592年,罗马教徒将他诱骗回国,并逮捕了他。刽子手们用尽种种刑罚仍无法令布鲁诺屈服。他说:"高加索的冰川,也不会冷却我心头的火焰,即使像塞尔维特那样被烧死也不反悔。"他还说:"为真理而斗争是人生最大的乐趣"。

布鲁诺的一生是与旧观念决裂,同反动宗教势力搏斗,百折不挠地追求真理的一生。他以生命作为代价捍卫并发展了哥白尼的日心说,使人类对天体、宇宙有了新的认识。布鲁诺曾在《论英雄热情》中对那些激情满怀、点燃理性之光、进行创造活动的伟大人物评价道:"他们虽死在一时,却活在千古!"其实,这也是他对自己最好的评价。

揭开大自然的神秘面纱

——探索真空问题的"托里拆利实验"

真空问题在古代就早已有之。在亚里士多德理论述里,真空就是没有任何东西的空间,他认为这是不可思议的,因为"自然界厌恶真空"。因此,给大自然蒙上了一层神秘的面纱。到了 16 世纪末期，由于采矿时需要把水从矿井中抽出，当时人们凭经验制作了一些简易的设备——水泵。按照亚里士多德的理论，水之所以被抽上去，是因为自然界不允许真空的存在，水是用来填补被抽走的空气的。然而经验告诉人们，水只能上升到 10 米高。面对这种现象，水利工程师及其他科学工作者开始关注这一问题。

在这一问题上的领路人当数意大利科学家、伽利略的学生托里拆利。1608 年 10 月 15 日他出身于贵族家庭，幼年时即表现出非凡的数学才能，20 岁时到罗马在伽利略早年的学生卡斯提利指导下学习数学，毕业后成为了他的秘书。在伽利略生命的最后三个月中，托里拆利和他的学生担任了伽利略口述的记录者，成了伽利略的最后的学生，同时继承了伽利略的衣钵。

1644 年，托里拆利和伽利略的另一位学生维维安尼在佛罗伦萨做了著名的"托里拆利实验"。他在一根约 1.2 米长的一端封闭的玻璃管内注满水银，用手堵住开口一段，放入水银槽中。管中的水银柱开始向下流，但是当流到水银柱约高 760 毫米的时候，水银柱的高度就开始保持平衡了。托里拆利认为这种现象不是什么自然界排斥真空的原因，而是空气压力的原因。能把水银升高到 760 毫米的是大气压力，而水银柱中剩下的那一段空间就是真空，由此便证明了真空的存在。

托里拆利在给罗马 M. 里奇的信中说："我们是生活在大气组成的海底之下的。实验证明它的确有重量……""我们看到：一个真空的空间形成了……它是外在的并且是来自外界的""它们的设计不仅要造出真空，而且要造出可以指明气压变化的仪器。"这一实验之所以能率先在意大利做成功，还因为罗马和佛罗伦萨在当时的吹制玻璃器皿的技术最先进。

这个实验传到西欧后随即引起了帕斯卡、波义耳、盖利克等人对大气压的研究热潮。帕斯卡把托里拆利的实验进一步推广，他认为水银柱在不同的水平面上高度是不同的，于是他让人把仪器带到高山上去试验，水银柱果真下降了。帕斯卡在空气静力学的基础上进一步研究了液体的静力学，他发现作用于密闭液体中的压力可以完全传递到液体内部的任何一处，且垂直作用于容器壁，这就是著名的帕斯卡原理。英国的波义耳和德国的盖利克，也在这一领域取得了巨大的成就。波义耳发现了著名的波义耳—马略特定律，即在压缩空气时，压强越大体积越小，压强与体积成反比。盖利克做了有名的马德堡半球实验,用以测量空气的压力,使得人们清楚地认识到了空气的压力有多大。真空问题的解决,有力地回击了亚里士多德的捍卫者,还给大自然一个清晰的面目。

狂风乍起

作为宗教改革运动的发源地,德国几乎与意大利同时兴起了近代科学。在16、17世纪,德国的科研成果无论从数量还是从质量上来说,都处于十分突出的地位。这一时期,刚刚兴起的德国科学的主要特点是:全面向意大利学习;传承哥白尼精神,以天文学为中心;重视科学与社会需求的结合。具有代表性的成就有:广泛传播科学思想,发现行星运动三定律,创立医药化学和冶金化学等。

通向自由的改革之路
——马丁·路德的宗教改革运动

至今在德国仍流传着这样一则马丁·路德的小故事:一年夏季,马丁·路德在返乡探亲途中突遇暴风雨,电光闪烁,火球落在他的脚前。他自念死期临到,仆倒在地,大呼:"圣安娜,救我!我愿意成为一位修士。"瞬间雨过天晴,他最终平安归家。为了守此誓约,虽遭到家人大力反对,他仍坚决投进奥古斯丁修会,专心侍神。进入修道院后,他从事最卑贱的工作,例如开关大门、敲钟扫地、清理房间,甚至在额富德城街上逐门逐户乞食。正是这位虔诚的天主教徒却在后来敢于挑战教皇的权威,走上宗教改革的道路,在欧洲引起轩然大波。

近代科学诞生的时代也是世界大变革的时代,这种变革在意大利叫做文艺复兴,在紧随其后的德国叫做宗教改革。中世纪末期的罗马教廷广发赎罪券,占有大量土地,横征暴敛。教会的腐败,引发了社会各界的强烈不满。

1517年,德国教士马丁·路德在德国维腾贝格教堂贴出了著名的"九十五条论纲",矛头直指赎罪券和罗马教廷。他严厉批评教会的腐败,一针见血地指出,赎罪券仅仅是教会聚敛钱财的手段,根本不是上帝的旨意,更无法赎罪。他提出信仰第一的原则,只有《圣经》才是唯一的权威,只要你心中有上帝，就可以直接与上帝对话，根本不需要教士。他认为人们有解读《圣经》的自由，《圣经》不是死板的教条。他反对教皇的权威和各国教会的控制，反对教会拥有土地，提倡建立一个廉洁的教会。

以马丁·路德为首的宗教改革派是温和改革派，代表了广大平民的利益，他们的努力使当时统一的教会统治分化出了不同的派别。

以托马斯·闵采尔为首的宗教改革派是强硬派，代表了农民和贫民的利益，他们领导了农民战争，号召人们拿起武器反抗剥削者。他们提出均分财产和完全平等的口号，有力打击了教会和地主阶级的势力，震撼了整个西欧社会。

综观宗教改革，虽然有两种不同的路线，但是总的来看，他们重在要求放松教义控制，准许个人在一定程度上自由地解读《圣经》。这对科学在德国的兴起，产生了至关重要的影响。这一目标一改上帝愤怒惩罚的形象，使人们可以自由地理解上帝。上帝是可以理解的，上帝创造的自然万物更是可以理解的。这一推断给人以探索自然、理解自然的勇气和理由。自然是上帝的杰作，理解自然就是对上帝的颂扬。同时，人们自由地解读《圣经》，造成了教会的分化，不同教派的成立，客观上给人们提供了更多的自由空间，有利于科学的发展。

领导宗教改革的马丁·路德派，并不比罗马教廷开明多少，宗教改革后的德国人民依旧生活在水深火热之中，但是这场运动带来的自由的气息再也无法被抑制了，从此，德国打开了一扇通往科学的窗口。

行星运行三定律的发现
——第谷与开普勒的师徒接力

日心说自哥白尼提出后，虽然经过布鲁诺冒着生命危险的传播和伽利略所提供的观测证据，产生了重大影响，但作为一个重大的科学学说亟待理论上的进一步完善。这个历史任务就落在了第谷和开普勒师徒身上。

第谷是当时最伟大的天文观测家，他拥有受丹麦皇室保护的最大的天文台和最好的天文观测设备。他为了满足修订历法和航海技术的需要，进行了长达21年的天文观测，积累了大量的精确观测资料。他立下宏志要在有生之年观测1 000颗星，然而事与愿违，直到他去世也只完成了750颗星的观察记录。这位伟大的天文学家在弥留之际,把最珍贵的资料毫无保留地赠予了他的学生开普勒。若干年后,事实证明了他的选择是正确的。

当开普勒接过第谷遗赠的观测资料后,他才真正开始了他的天文学研究。开普勒发现,无论是哥白尼的日心说还是托勒密的地心说,都不能与第谷的观测资料相吻合。于是,他自己首先进行了一系列的观察。他把火星作为突破口,因为以前的理论都不能圆满地解释所观测到的火星的日心视差,也不能解释所观察到的这颗行星与黄道面的偏差。他认为问题出在以前的理论总认为行星的轨道是圆形的这一信念上。当他把行星的运行轨道看做椭圆时,问题便迎刃而解了!在梳理第谷和自己的观测资料的基础上,他把这一假设推广到其他行星上,提出了行星运行三定律,即:① 行星运行的轨道是椭圆的,太阳处在椭圆的一个焦点上;② 行星绕太阳旋转的线速度不是均匀的,行星运动服从面积定律,即单位时间内行星的向径所扫过的面积相等;③ 行星在轨道上运行一周的时间的平方和它到太阳的平均距离的立方成正比。

开普勒关于行星运行三定律的发现,打破了以往天文学家头脑中用正圆和匀速构建行星运行的轨道模式,为以后的天文学研究树立了一个正确的运行图景。可以说,在当时没有现代化航空和观测工具情况下,这是一个天才的壮举!行星运动三定律的创立,也使得哥白尼日心说进一步数字化和系统化,它标志着哥白尼日心说的最终确立。

开普勒在完成了三定律之后并没有停留在原地不动,而是进一步对行星运动进行研究。后来,他出版了《火星的运动》一书。在书中,他首次提出了天体间的引力现象,正是这一现象,引起了牛顿的兴趣,并且发现了具有划时代意义的万有引力定律。开普勒于1627年发表了以他们的保护者鲁道夫的名字命名的《鲁道夫星表》,最终完成了他的恩师第谷·布拉赫的遗愿。

1630年11月15日开普勒这位终生为科学事业奋斗的巨匠,死于索薪的途中。这个在贫困交加时却仍然孜孜不倦追求真理的人,永远值得人们怀念。

"炼金术"的新发展
——医药化学和冶金化学的原始形式

炼金术是企图把普通的金属变为黄金等贵金属或炼制"长生不老药"（丹药）的方法，恩格斯称之为"化学的原始形式"。炼金术传到欧洲后，正逢欧洲资本主义萌芽，基于社会对贵金属的热烈渴望，便迅速流传开来。到了后来，炼金术分化为三个方向。首先，沿着老路继续探求炼制贵金属。其二，把炼制长生不老药的理想转向医学。尽管它没有完全脱离这种思想，但却在客观上促进了医药化学的发展。其三，在炼金的过程中尽管没有发现黄金，却炼制了其他金属，这种思想同当时的采矿和冶金相结合，走向了冶金化学的道路。

第一条道路是死胡同，随着时代的发展，渐渐退出了历史舞台。

第二条道路导致了现代医药化学的诞生，在这条道路上代表人物是瑞士医生帕拉·塞尔苏斯。他认为炼金术的要旨不在于炼出金子，凡是加入天然物质，改变原来性能，以适应新要求的方法，均可称为炼金术。从这种认识出发，他利用炼金术研制了大量的药物来医治疾病，其中既有失败也不乏大量成功的例子。他指出，不可能存在包治百病的灵丹妙药，针对一种病的药物的疗效是最好的。据说他曾当众烧毁盖伦的医书，抛弃了盖伦和阿维森纳的学说，从新的角度来思考人体。他认为人体是一个有组织的体系，当体系内部的物质增加或减少时人就可能生病，所以需要加以调节。他在制药的过程中发现了空气不是单一的物质，而是混合物。他开始利用乙醚来麻醉病人。从化学的角度，帕拉·塞尔苏斯同样相信一切物质是由汞、硫、盐三种成分组成的观点。可以说，他们这一批炼金术家的工作，已经使炼金术走向化学的道路。

第三条道路是由于当时资本主义初兴，手工业规模增大，社会对金属的需求量增加，采矿、冶金等工艺技术的需求促进了一些炼金术家转向了这一方向。其中成就较大的有意大利人毕林古乔和德国人阿格里柯拉。毕林古乔的《烟火术》一书详细总结了当时炼制金属、非金属和火药的方法，为冶金业提供了理论基础。阿格里柯拉的遗作《金属学》影响更为深远，他在该书中总结了当时各种金属的原料配方和制作工序，并提出改造意见，对传播先进的冶炼方法和保存近代工艺起到了不可估量的作用。正是由于他们的努力,冶金业从炼金术中分化出来,并发展成一门独立的学科。

那些医药化学家和冶金学家,成为各自领域的引路人。尽管他们的工作还处在一种尝试的阶段,但正是这种尝试性的努力,为后继的医药业和冶金业的研究者奠定了牢固的基础。

近代科学发展的动力
——英格兰清教主义的影响

加尔文的宗教改革流传到英国,掀起了一股新的宗教运动——清教运动。清教运动所倡导的清教主义,滋养了整个英国科学的生长历程。美国科学社会学的创始人罗伯特·金·默顿提出过这样一个观点:"17世纪中叶以后,科学之所以在英国由一种自由职业者的业余爱好转变为一种有组织的、职业性的社会活动,即实现了科学的体制化,不是偶然的,期间必定有其文化上的独特根源。而17世纪英国社会中,清教主义所激发并塑造出的思想感情渗透在当时人们活动的各个方面,清教明显与占主导地位的文化价值相吻合。"这个观点表达了默顿本人一个著名的命题,"由清教主义促成的正统价值体系无意之中增进了现代科学",即清教主义是英格兰科学不可或缺的因素。尽管他的这一命题并没有得到学界的一致认可,但是清教主义对当时的科学发展产生了影响这一事实是不可否认的。那么,具体地说,清教到底是怎样对科学产生影响的呢?默顿的观点最能说明这一问题。

第一,清教主义认为,颂扬上帝是存在的目的和存在的手段。上帝创造了人类和自然万物,所以我们人类要用自己的智慧去探索、发现自然的秘密,用以颂扬上帝的伟大功绩。研究自然现象是赞颂上帝的一种有效手段,科学成就反映了上帝的辉煌,增进了人性之善。因此,在颂扬上帝方面,科学家比那些偶尔的观察者更加训练有素。这样,清教主义就为科学从道义上找到了一个支撑点。第二,清教为人们提供了一种刻苦勤奋的工作精神。清教认为,通过系统的、有条理的、坚持不懈的劳动取得事业成功,本身就是一种救世的标志,是一个值得追求的目标。第三,清教为人们选择科学作为自己的事业,提供了充足的理由。同样是颂扬上帝,我们就应该选择最有效的方式为上帝服务。而在清教主义者据此选择职业的排行榜中,学识型职业(其中科学占很大比例)名列前茅。科学能使人类的生活变得更甜蜜,能够改善人类的物质生活,在上帝眼里这是最大的善行。第四,清教注重对理性的偏爱。理性是控制肉欲和情欲的有效手段,同时,理性能够帮助人们更好地欣赏上帝的杰作。在清教主义那里,理性与信仰同在,上帝是信仰之本,科学是发现上帝之路。理性是科学的灵魂,清教主义对理性的偏爱无意之间传播了科学精神。第五,清教主义重视功利教育。教育是培养理性的有效手段,清教偏爱理性,势必要发展教育,但他们讨厌那些不能获利的研究。他们注重数学和物理,因为数学的用途特别广泛,而研究物理一直被认为是在上帝的作品中研究上帝。

由此可见,清教主义为英国科学的发展提供了权威的支持和指导原则。"清教与科学暗含共同的基本假设:相信存在着一种事物的秩序,特别是一种自然界的秩序……清教主义促成的正统价值体系无意之中增进了现代科学。清教不加掩饰的功利主义、对世俗的兴趣、有条不紊和坚持不懈的行动、彻底的经验论、自由研究的权力乃至责任以及反传统主义——所有这一切的综合都是与科学中同样的价值观念相一致。清教主义在超验的信仰和人类的行为之间架起了一座新的桥梁,从而为新科学的发展提供了一种动力。"

近代生理科学的奠基
——哈维和血液循环理论

关于人体内的血液是如何流通的问题,在哈维创立血液循环理论之前,一直盛行的解释是盖伦的"三灵气说"。盖伦认为,肝脏产生血液,通过与"天然灵气"结合通过静脉血管流向身体各部分,有部分血液进入左心室与来自肺部的空气混合生成"生命灵气",生命灵气通过动脉传送到身体各部分,其中有一部分动脉血在"生命灵气"推动下流经大脑而变成"动物灵气"。在盖伦看来,无论是在静脉或是动脉中,血液都是以单程直线运动的方式往返运行,而不是作循环的运动。

直到16~17世纪,西班牙的塞尔维特和意大利的法布里修斯才开始有所突破。塞尔维特发现血液并不是通过心脏中的隔膜由右心室直接进入左心室,而是由肺动脉进入肺静脉,与这里的空气相混合后流回左心室。这一发现有力地揭示了盖伦理论中左右心室相通的错误观点,但他因异端的罪名于 1553 年被加尔文判处了火刑。法布里修斯在 1603 年出版的《论静脉瓣膜》一书中描绘了静脉的一个奇特现象:在静脉内壁存在一个只朝向心脏方向打开的小瓣膜。这说明在静脉内血液只能流向心脏,而不能向相反方向流动。

法布里修斯的发现极大的启发了他的学生哈维,作为英国第一批赴欧洲先进国家留学的科学家,曾就读于意大利帕多瓦大学。在法布里修斯发现的基础上,哈维猜想:既然静脉瓣膜使血液只能从静脉流向心脏,而心脏中又有瓣膜使血液只能从心脏流向动脉,这就意味着存在一个血液由静脉流入心脏再从心脏流入动脉的单向流动过程。

为了验证这一猜想,哈维进行了多年的解剖实验,更进一步认清了血液循环和心脏的真实情景。1616 年,在为学生授课时,哈维公布了他发现的血液循环理论。1628 年,他出版了血液循环专著《心血运动论》,系统论述了人体血液循环全过程。他认为,血液从右心室流入肺,在肺里吸收氧气后流向左心室,进左心房,在左心房内通过大动脉流向全身,最后通过大静脉流回右心房。哈维的血液循环理论,在大方向上是正确的,但是他没有说明动脉和静脉是如何衔接起来的。他曾猜想在人体内有血管网,可以沟通动脉和静脉,可是在当时的条件下,根本无法发现人体内的毛细血管,直到复式显微镜出现,这一疑点才得以解决。

哈维血液循环理论的创立,使生理学成为一门独立的学科,因此,哈维被后人尊称为近代生理学之父。在血液循环理论的正确引导下,后人经过长期研究,终于搞清楚人体内部的结构和功能,使人们走向了科学认识自身内部世界的道路。同时,哈维的科学工作,拉开了英国从欧洲大陆引进先进科学思想和科学知识的序幕,极大地推动了本民族科学事业的发展。

近代科学体制化的肇始
——英国皇家学会

英国皇家学会全称"伦敦皇家自然知识促进学会",是英国资助科学发展的组织,成立于 1660 年,并于 1662 年、1663 年、1669 年领到皇家的各种特许证,英国国王是学会的保护人。学会宗旨是促进自然科学的发展,它是世界上历史最长而又从未中断过的科学学会，在英国起着全国科学院的作用。

据说英国皇家学会的成立，受到了弗兰西斯·培根的《新大西岛》的启发。皇家学会的最初形式，是一个非正式的民间组织，大约在1645年开始在伦敦定期集会。但是，随着战乱迭起，这种集会活动曾一度中断。

17世纪中叶，英国逐步发展起来，要求建立科学组织的呼声也日益高涨。1660年11月，著名的建筑师雷恩在格雷山姆学院招集大部分哲学学会成员，倡议成立一个新的学院。这一倡议得到英王查理二世的支持，并在1662年正式批准成立"以促进自然知识为宗旨的皇家学会"。

皇家学会很快发展成欧洲诸国中最为强大的科学组织，会员的共同目标就是实现培根的理想。年轻的科学家胡克很快成为学会的中心人物，他亲自起草了学会的纲领，提出了皇家学会的宗旨："皇家学会的任务和宗旨是增进关于自然事物的知识和一切有用的技艺、制造业、机械业、引擎和用实验从事发明（神学、形而上学、道德政治、文法修辞学或者逻辑，则不去考虑）……在自然界方面、数学方面和机械方面……编成一个完整而踏实的哲学体系。"从这段话我们可以看出，皇家学会的研究目标更加清晰，研究的方法和手段更加明确。同时，在这段话中，我们也可以领会到学者们对实用技术的关注，这也是英国科学的一大特点，这一特点直接影响到其后的第一次技术革命和大不列颠帝国的崛起。

皇家学会创立之初，英国还没有太多职业科学家，皇家学会的会员除少数几个大学教授外，大部分都另有职业，他们对科学的热爱完全是兴趣使然。尽管英王为学会选派了领导人，但是学会的经费是由会员交纳的，学会的研究和活动均有会员选出的理事会自由安排，不受政府控制。这种科学体制一直延续到现在，成为英国科学研究体制的一大特色。为了更好地指导科学研究的进行，学会逐步成立专门的专业委员会，协调各专业内的科学研究。这样，不但使科学研究范围更为广泛，而且使研究的层次更加深入。皇家学会成立几年后，各学科研究成果众多。为了保存并向世人展示这些研究成果，昌明科学之伟大，皇家学会在1663年成立了一个陈列室，该室也是欧洲乃至世界上最有价值的博物馆。为了方便会员之间交流研究成果和研究心得，学会主办了《皇家学会哲学学报》。《学报》主要刊登会员的论文、实验报告、研究心得，同时对国外科学动态和科学书籍进行介绍和推广。

《学报》创造了一种全新的学术交流形式,并流传至今。

皇家学会的出现,为英国科学繁荣储备了充足的"种子选手",也标志着英国作为世界科学技术中心地位的确立。

"波义耳将化学确立为科学"
——"化学之父"波义耳

"我们所学的化学,绝不是医学或药学的婢女,也不应甘当工艺和冶金的奴仆,化学本身作为自然科学的一个独立部分,是探索宇宙奥妙的一个方面。"这是英国著名化学家波义耳在他的名作《怀疑的化学家》中的一段话。正是由于波义耳的巨大贡献,化学才最终挣脱从属于炼金术或医药学的束缚,发展成为一门专门探索自然界本质的独立科学。革命导师恩格斯也认为是"波义耳将化学确立为科学"。

罗伯特·波义耳1627年生于爱尔兰,曾就读于伊顿公学,后周游欧洲诸国。1688年移居伦敦,并在那里建立一家私人实验室,从事化学研究。1691年逝世于伦敦。波义耳在1661年出版的著作《怀疑的化学家》中,提出了化学上最重要的概念之一——元素的概念,书中写道:"我们可以把凝结物所提供或组成凝结物的那些互相截然有别的物质,叫做这些凝结物的元素或元质……"尽管后来化学学科迅猛发展,然而这一概念所表述的基本意义一直没变。在波义耳之前,近2 000年里一直流行着"四元素说",四元素是木、火、土、气。波义耳所提出的元素的概念与它们的意义有着本质的不同。波义耳的元素指的是实在的、可察觉到的实物,它们是用一般化学方法所不能再分解的更简单的某些实物。在波义耳的元素概念里体现了实在、无法再分解这样的关键词,已经点出了化学元素的本质之处。

波义耳的元素概念的提出,标志着近代化学学科的确立,化学从此走向了计量化的道路。人们对物质基本组成的认识进入了一个全新的阶段,物质世界从此在世人的眼里变得更加清晰可辨。

波义耳把毕生的精力都献给了化学事业,他在对火的研究中认识到混合与化合的不同,最早区分了物理变化与化学变化的不同,并对物质的分离与分解做出了精细的区分。在对燃烧现象的研究中,他已经走到了发现氧的边缘。正是由于波义耳的突出贡献,后人在他的墓志铭上刻上了"化学之父"。

经典力学体系的建立
——划时代的科学巨人牛顿

一个很谦逊的智者这样说道，"我不知道在别人看来，我是什么样的人；但在我自己看来，我不过就像是一个在海滨玩耍的小孩，为不时发现比寻常更为光滑的一块卵石或比寻常更为美丽的一片贝壳而沾沾自喜，而对于展现在我面前的浩瀚的真理的海洋，却全然没有发现。"

如果很多人并不清楚上一段话的出处，那么"如果说我比别人看得更远些，那是因为我站在了巨人的肩上。"我们一定都知道这句话是著名科学家牛顿的至理名言。

英国科学在经过了两代科学家的奋斗之后，迎来了以牛顿为代表的辉煌时代。

近代科学自诞生以来，主要是沿力学和天文学两条路线发展，牛顿在这两方面进行了第一次知识大综合，建立了经典力学体系。牛顿首先创立了一组具有内在逻辑性的运动三定律。第一定律是惯性定律，又叫伽利略惯性定律，是牛顿在伽利略的基础上进一步发展起来的。此定律讨论的是力与物体运动变化的关系，指出力是物体运动形式改变的原因。紧接着，在第二定律里，牛顿给出了这种关系的具体数学表达式 $F = ma$，即一个物体所受的力等于其质量乘上它所产生的加速度。第三定律是作用力与反作用力定律，对力的存在形式做了说明，指出自然界没有孤立存在的单个力，力总是存在于两个相互作用的实体之间。

牛顿在总结了地面上的力学理论之后，又转向了天体。牛顿对开普勒行星三定律深信不疑，所以他一直试图找出这些定律背后的最终原因。牛顿猜想：既然地球可以对其周围的物体产生吸引，那么太阳肯定也可以，所以在太阳与行星之间必然存在一种吸引力。牛顿从运动三定律出发，推出开普勒第二定律与"行星受指向太阳的力"相等效。如果要满足开普勒第一定律，那么这个指向太阳的力必须与行星离太阳的距离成反比。在这三个条件的基础上，牛顿又做了两条假设：① 两物体间的吸引力与两物体间的质量乘积成正比。② 两物体之间的吸引力与其之间的距离成反比。进而，牛顿尝试性地推导出了万有引力定律。

在运动三定律和万有引力的基础上，牛顿建立了经典力学理论体系。牛顿在《自然哲学的数学原理》一书的第一篇里，系统地总结了自己的力学思想。牛顿规定了力学基本概念的含义，以物体运动三定律为核心，勾画了一幅脉络清晰的力学理论图示。从此，我们的日常生活变得有理可循。在后两篇里，牛顿在万有引力理论的基础上，勾勒了新的宇宙体系。在第二篇里，牛顿批评了当时流行的宇宙漩涡理论，认为漩涡理论不符合开普勒定律。第三篇，牛顿从宇宙体系的原因、月亮、潮汐、岁差和彗星五个方面来详细论述他的宇宙体系。在这里，他开辟了一个全新的、清晰而有条理的宇宙，为人们理性地认识世界提供了理论支持，向人们昭示了前进的勇气和信心。

牛顿在许多学科都做出了巨大的贡献。牛顿经典力学体系的建立，标志着英国科学进入鼎盛时期。

电闪雷鸣

宗教改革传到英国，就形成了独具特色的清教运动。在17世纪之初，清教主义在英国得到普遍信仰。而清教主义中暗含的与科学相同的价值取向，则导致了科学兴趣在英国的广泛传播。这种兴趣不但体现为英王查理二世对皇家学会的鼎力支持，还体现在英国的上层社会中出现了大批的业余科学家和科学爱好者，这些人有的亲自参加科研，有的为科学事业奔走呐喊。这样，宗教信仰上的支持、上层社会的认可和舆论宣传的推动，致使大量的优秀人才涌向科学领域，出现了科学的第一个春天。这一时期的英国科学界出现了哈维、波义耳、牛顿等科学家，促使英国在17世纪后半叶一跃成为新的世界科学中心，至此科学终于成长壮大，以其雷霆万钧之势，摧枯拉朽，不可阻挡地进入了快车道。

近代医学开端的标志
——维萨留斯的《人体结构》

文艺复兴与宗教改革很快就传遍了整个西欧各国，英国、法国、西班牙、葡萄牙、荷兰……从王公贵族到平民百姓，无不感觉到社会的动荡不安。西欧本是一个整体，文艺复兴这把希望之火，一经点燃，便从意大利向四周蔓延开来。文艺复兴的文明成果，通过意大利外交官、军队、各国留学人员和商人传到了其他国家。尤其是书籍等印刷品的大量发行，更是加速了文艺复兴思想的传播，导致科学在欧洲诸国迅速形成了一股不可逆转的洪流。其中，首当其冲的是医学领域里的革命。

维萨留斯是尼德兰医生、解剖学家。他所著的《人体结构》一书与哥白尼的《天体运行论》同年发表，被日本科学史家汤浅光朝称之为医学领域里"近代科学开端的标志"。

维萨留斯生活在盖伦的人体结构学说盛行的年代，该学说是盖伦在解剖动物的基础上提出的，基本上不符合人体的实际情况。但是该学说对"最后因"的追问，暗合了宗教需求，所以被基督教奉为"钦定医书"，广为流传。在大学里教授们讲授盖伦医学，只是照本宣科，解剖的目的只是为了印证盖伦理论的正确性。在巴黎大学就读的维萨留斯正是对这一现状的不满，才私自进行人体解剖实验的。当时，解剖人体是被宗教所禁止的行为，维萨留斯为了解剖需要，曾偷过绞刑架上的尸体，盗过无主坟墓。正是这些艰苦的实验活动，他掌握了丰富的人体解剖知识，发现了盖伦学说的很多错误。由于在课堂上与教授们就盖伦学说发生争论，维萨留斯在没有获得巴黎大学学位的情况下，前往帕多瓦大学任教，并于1543年在帕多瓦出版了他的主要科学著作《人体结构》七卷。

《人体结构》在论述风格上基本沿袭传统做法，首先论述骨骼，然后依次是肌肉、血管、神经和内脏，最后是大脑。他的主要思想也是传统的，既有亚里士多德的观点，也有盖伦的学说。这本书的最大价值在于它的最后一章——人体解剖研究，他在最后一章介绍了人体解剖的方法和器械，绘制了上百张解剖图，纠正了盖伦学说的诸多错误。在这部书中所体现的解剖方法、器械和解剖插图都是划时代的，成为后世解剖学研究的典范。

维萨留斯指出，通过解剖发现，男人和女人的肋骨一样多，都是12对24根，不像《圣经》上所说的男人比女人多一根肋骨；在人体内没有发现《圣经》上所说的不怕火烧、不怕腐烂的复活骨。同时，维萨留斯认为，人的思想器官是大脑，而不是亚里士多德认为的心脏。正是发表这些与当时官方理论不同的见解，维萨留斯遭到了来自宗教和传统学者的双重攻击，被迫于1544

年前往西班牙充当查理五世的御医。然而,维萨留斯终究没有躲过反对者的迫害。由于被诬告解剖活人,维萨留斯被宗教裁判所判处死刑。后因西班牙王室从中调解,改判去耶路撒冷朝圣,最终不幸病死在朝圣途中。维萨留斯成为近代科学革命中为科学献身的第一人。

官办研究机构的先声
——巴黎科学院的创立

17世纪初期,巴黎学界出现了许多非正式的学术社团或学会,这些学术社团或学会大多由个人自由组织的,并且与意大利和英国的科学团体有密切的接触,组成人员基本都是当时法国各学科的顶尖人物,其中包括笛卡儿、巴斯卡、费尔玛和伽桑狄,以及国外学者霍布斯和惠更斯等。

与文艺复兴时期的意大利学会一样,这些科学团体的经费来源成为影响社团发展的重要因素。1663年,蒙特摩向路易十四的财政大臣科尔培进言,请求资助。在经历了3年的接触和联系后,国王和首相认为科学可以为王权增光,加强统治力量。于是,1666年12月22日,批准巴黎科学院成立,其中成员21名,包括了几何学家、天文学家、物理学家、化学家、解剖学家、植物学家和鸟类学家。成立当日举行了第一次会议,与会者们决定,学院的中心任务放在数学(包括力学和天文学)和物理(包括化学、植物学、解剖学和生理学)两方面。学院的地址选在路易十四的皇家图书馆,并决定一周聚会两次,讨论数学和物理问题。巴黎科学院的经费是由政府负责的,同时,政府还有批准新增院士的权力,并向院士提供数额不菲的薪金。这从客观上为科学家腾出了更多的时间和精力,使其全心全意进行科学研究,也吸引了更多的生力军的加入。巴黎科学院成立之初,就确立了与英国皇家学会不同的官办组织方式,体现了英法两国不同的风格。

巴黎科学院在当时的各学科领域,都进行了大量卓有成效的实验研究。在物理学方面,他们用冰块制成了取火镜,加深了对透镜的认识。在物理研究中,外籍科学家惠更斯起了领导作用,他在这一期间写成了《光论》。在化学方面,他们对某些金属焙烧时所表现出来的重量增加,进行了深入的研究。在生物学方面,对动物和植物的器官进行研究,并出版了专著《动物自然史》。在数学领域,在笛卡儿的带领下,对解析几何领域的种种问题进行了深入讨论。在应用力学方面,科学院的主要工作放在了结合当时工业机械,从理论上提出改进方案。在天文学方面,院士们对大气折射的影响进行专题研究,提出了不少合理的见解。

由于巴黎科学院建院之初就受控于政府,所以科学院在规章制度方面比其他国家的要健全,但科学家研究的自由空间也相对狭窄。正是由于科学院的官方背景,科学院变得越来越僵化,法国的科学也就一度缓慢下来。但是,科学院的形式被保留下来,并在 18 世纪发展成一个足以与英国皇家学会相媲美的研究机构。

精确计时时代的到来
——惠更斯的《摆钟论》

自从有了人类,就开始有了计时的需求。从最初的日出而作、日落而息的计时方式发展到日晷、漏壶和沙漏,但计时的精确性一直困扰着人们,虽然伽利略发现了摆的等时性问题,但他没有把这一发现付诸应用就逝世了,伽利略之后与牛顿齐名的大科学家惠更斯完成了这项研究。

克里斯蒂安·惠更斯于 1629 年 4 月 14 日生于荷兰海牙。他曾在莱顿和布雷达读书,很早就对数学、力学、天文、光学表现出浓厚的兴趣。他是当时著名的科学家,既是英国皇家学会会员,又是巴黎科学院院士,牛顿称他为德高望重的惠更斯。

惠更斯在伽利略的基础上进行了进一步研究,发现单摆的等时只是近似性的等时,真正的等时摆动轨迹不是圆弧而是摆弧。惠更斯的解决办法是,使单摆悬线轮番为两个摆线状的夹片所限制,这样摆锤划出的就是一条等时的摆弧了。在这一原理的指导下,惠更斯于 1657 年制作出第一台钟表,并取得相应的专利权。他把这一台摆钟送给了荷兰政府,据说在莱顿大学,至今还存有一台惠更斯制作的摆钟。惠更斯的工作,给我们带来了准确的时间观念。钟表虽是一件普通的日常生活用品,却给全人类的生活带来了极大便利。

惠更斯在制作摆钟的过程中,思考了大量的物理学问题,他把这些问题编辑成册,命名为《摆钟论》。在《摆钟论》中,他详细地介绍了制作有摆自鸣钟的工艺,还分析了钟摆的摆动过程及特性,首次引进了"摆动中心"的概念。他指出,任一形状的物体在重力作用下绕一水平轴摆动时,可以将它的质量看成集中在悬挂点到重心之连线上的某一点,以将复杂形体的摆动简化为较简单的单摆运动来研究。他还讨论了单摆的振动周期与摆长和重力加速度的关系,这个关系进一步推广,就是牛顿的匀速圆周运动向心力公式。他在对心碰撞的讨论中,首次提出了"活力"守恒原理,即在两个物体组成的系统中,物体质量与速度的平方之积称为活力,两物体碰撞前后活力守恒。这一守恒原则,实际上是能量守恒的一个特例。

除了制作摆钟的贡献外,在光学、力学、天文学等诸领域都可以找到惠更斯的名字。在光学上,惠更斯认为光的传播是一种波的振动,并著有《光论》来系统阐述他的理论。在力学上,惠更斯著有《论物体的碰撞运动》,不但论述了"活力"守恒,而且清晰地表述了牛顿第一定律的内容。在天文学上,惠更斯成功地磨制出了高倍望远镜,并用它发现了土星外表被一层薄薄的平面圆环所包围,圆环与其黄道面相倾斜。他还发现了猎户座星云。

微观世界大门的开启
——胡克与显微镜

显微镜的发明,其实是一个漫长的过程。最早的显微镜是单显微镜,就是只有一个短焦距会聚透镜的显微镜,又叫放大镜,早在古希腊时期,就已经开始使用。复显微镜似乎直到16世纪末期才开始出现。最初的复显微镜与荷兰眼镜制作商的工作是分不开的,有资料表明,荷兰的眼镜制作商制作了最早的复显微镜,但是质量非常低下,基本上不能用于科学研究。伽利略似乎在生前也使用过复式显微镜来研究昆虫的复眼。据记载,列文虎克也制作精度非常高的显微镜,并因此还获得了"英国皇家学会会员"和"法国科学院院士"的称号,但是他的显微镜是单显微镜。

第一位制作出高质量复式显微镜的,是当时的大物理学家胡克。据亚·沃尔夫介绍,胡克的复显微镜用一个半球形单透镜作为物镜,一个平凸透镜作为目镜。镜筒长6英寸,但可用一个附加的拉筒来加长。镜筒用螺丝装在一个可活动的环上,后者装在一个立架上。待观察物体固定在一个从底座伸出的针状物上,并用一只灯照明,灯上附装有一个球形聚光器。

胡克用自制的复式显微镜观察一块木薄片的结构,发现它们看上去像一间间长方形的小房间，就把它命名为"细胞"。他还观察了植物组织，于1665年发现了植物细胞（实际他看到的是细胞壁），并命名为"cell"，至今仍被使用。

奠定胡克天才声望的，是他所著的《显微制图》一书，科学界正是由此开始发现显微镜给人们带来的微观世界和望远镜带来的宏观世界一样丰富多彩。该书出版于1665年1月，书中包括58幅图片，在没有照相机的年代，都是胡克将显微镜下所观察到的情景一笔一画描绘出来的。《显微制图》一书为实验科学提供了既明晰又美丽的记录和说明，为后世的科学家们所效仿。当时此书每本定价为昂贵的30先令，从而引起社会极大轰动。后来的英国皇家学会会长塞缪尔·佩皮斯当年就是看到这本书，才对科学产生浓厚兴趣的，他称赞这本书是他一生中所读过的最具天才创造力的一本书。

除了胡克以外，同一时期对复式显微镜作出贡献的还有谢吕贝、列文虎克、赫特儿和斯蒂芬·雷格等人。复式显微镜的出现，加速了这一时期的显微生物的研究。这一时期的科学家利用显微镜，完成了心肺循环的观察；发现了单细胞有机体和细菌；研究了植物授粉的全过程。

胡克制作的复式显微镜，开创了后世显微镜的发展的新方向。在复式显微镜的帮助下，人们开始进入了细胞的微观世界。

变量进入数学
——笛卡儿与他的《方法论》

随着天文学和力学的大发展，圆锥曲线问题开始成为数学界的中心课题。他们发现，单纯用数学的方法或者几何方法都难以解决这些问题，于是，解析几何应运而生了。所谓"解析"，实际上就是"代数"的意思，解析几何就是代数的几何。在这一领域取得开创性成就的首推法国哲学家和数学家笛卡儿。

笛卡儿在代数的基础上引入直角坐标系。他规定，平面上直角坐标系上的任一点对应于一组数对，即坐标 (x, y)，所以可以用数对表示平面上的一点，也就可以用坐标所满足的方程代表一条曲线。由此，曲线的性质可以通过考察代表它的方程而得，曲线之间的关系也可以通过方程之间的代数关系来预测。这样，刻画某条曲线的方程一旦由它的几何定义导出，那么这条曲线的其他几何性质的寻求,就成为一个纯粹的代数学问题。这样一来,先前由代数学所创立的符号技术,被成功地运用到了几何学上,从而形成了新的学科——解析几何学。笛卡儿在 1637 年发表的《方法论》中,以附录的形式发表了他的这一成果。

笛卡儿在《方法论》一书中探讨了四条科学方法论原则,而作为附录的解析几何,正是他的方法论最好的体现。解析几何的第一价值在于,使原来靠思维的突现解决的问题变得可以用体系的步骤求出结果,它标志着数学开始从关于客观世界的知识转变为处理客观世界的方法。同时,解析几何的创立不但实现了代数与几何的结合,创立了一个新的数学分支,而且实现了数学向描写运动量的迈进,从此,变量被引入了数学。正如恩格斯所说:"数学中的转折点是笛卡儿的变数。有了变数;运动进入了数学;有了变数,辩证法进入了数学;有了变数,微分和积分也就立刻成为必要的了。"

近代自然科学的哲学基础
——机械自然观及其功过

机械自然观,是整个 16、17 世纪乃至 18 世纪科学思想的哲学基础。站在 18 世纪的入口回顾近代科学自诞生 200 年来的蓬勃发展,我们不难发现,这种观念正是隐藏在这些重大发现背后的共同东西。哥白尼的日心说、维萨留斯的人体结构论、开普勒行星运动三定律、伽利略的抛物运动、哈维的血液循环理论、牛顿的经典力学体系……这些理论无不表现出论述上的数学化、方法上的还原论、内容上的力学倾向等风格。特别是在方法论上表现为机械还原论,这种方法又对近代科学研究产生巨大影响。波义耳以及后来的拉瓦锡、道尔顿等化学家,成功地把化学反应还原为原子的机械运动,建立了物质结构的机械论图景;笛卡儿把空间中每一点的位置还原成三维坐标分量,建立了解析几何。机械自然观支配了整个近代科学的发展。

机械自然观作为一种全新的自然观,是与中世纪盛行的亚里士多德的自然观相对立的而产生的。它的发展表现为两条路线,一条是以培根、洛克为代表的经验主义,另一条是以笛卡儿为代表的理性主义。牛顿经典力学理论的创立,标志着机械自然观的成熟。概括地说,它包含以下四个方面:① 人与自然相分离,② 自然界的数学设计,③ 物理世界的还原说明,④ 自然界与机器的类比。

机械自然观在促进科学发展的同时,也给后世留下了诸多不良影响。恩格斯在其《自然辩证法》一书中对机械自然观进行了严肃的批判。他认为,第一,机械自然观注重分解、还原事物,导致了部分之间的隔离,产生了静止的、片面的思维方式。第二,机械自然观采用力学的机械运动方式来解释一切自然现象,用位置移动来说明一切变化,用量的差异来说明质的差异,形成了一种机械的认识方式。第三,机械自然观不但认为自然界一切都是机械运动,而且认为自然界的所有的规律都是必然的,不受任何偶然因素的影响。第四,由于上述的三条缺陷,机械自然观在唯物主义方面势必不能坚持到底,从而把最后的原因归于上帝,最终陷入唯心主义。

科学革命的年代
——16、17 世纪世界科学鸟瞰

16、17 世纪,是科学的革命年代。在这一时期所发生的每一个科学事件,几乎都带有革命性质,每一门学科都是从无到有、从旧到新、从弱到强发展起来的。总结 16、17 世纪的科学,其主要特点如下:

(1)起始于天文学。哥白尼的"日心说"打开了宗教思想体系的缺口,被称为近代科学的独立宣言。日心说发表之后立即遭到了罗马教廷的禁止,为了传播真知,许多科学家做出了巨大的牺牲。其中,意大利天文学家布鲁诺因传播日心说,被宗教裁判所判为火刑并死于罗马鲜花广场。丹麦天文学家第谷·布拉赫是那个时代最著名的天文观测家,他的观测资料直接滋养了他的学生开普勒。开普勒在老师的观测基础上提出了著名的行星运动三定律,被后人誉为"天空立法者"。

(2)成熟于力学。天文学的发展直接催生的就是力学。力学经过伽利略和牛顿的发展,成为当时最为成熟的学科。伽利略是实验科学的奠基人,他在自由落体运动的基础上区分了质量和重量,研究了抛物体运动,发现了惯性定律。牛顿是近代科学史上的第一伟人,他在开普勒和伽利略的基础上,系统总结前人成果,发现了万有引力。他创立的经典力学,回答了前人在这个领域中的所有疑问。

(3)人体研究异军突起。在人体结构方面,维萨留斯的工作奠定了近代

解剖技术的基础。哈维发现了人体血液循环的基本过程，使人们开始真正地走进人体世界。

（4）深层科学文化初步成型。深层科学文化包括科学精神、科学思想和科学方法，科学方法的精髓是以定量的实验观测结果以及已有理论间的逻辑一致作为研究的出发点和检验理论真理性的标准；科学精神的根本是不懈追求真理的精神；科学思想的核心是科学观。科学文化中最基本的是科技知识，更根本的是科学方法，二者的升华是科学精神，科学思想与科学精神同等重要。科学的进步，必然包括科学知识、科学精神、科学思想和科学方法的进步。在这些方面，以培根和笛卡尔、牛顿等人为代表的科学先驱们都做出了杰出的贡献。培根提出"知识就是力量"，他重视经验，强调以实验为基础的归纳法是真正的科学方法；笛卡儿一生都在探索利用自然之光来获取真正知识的正确方法，，提出了演绎推理法；牛顿的经典力学体系的建立正是科学各关键因素发挥作用的集中体现。

纵观近代科学，起始于 16 世纪中期的文艺复兴，首先在意大利得到了长足发展。到了 17 世纪初，随着意大利城邦势力的逐步强大，国家陷入分裂状态。新兴的资产阶级逐步蜕变为贵族，失去了对科学的兴趣，科学在意大利开始衰败了，科学兴趣开始发生第一次转移。随着到欧洲大陆留学人员的陆续回国，先进的科学知识、科学思想和科学方法被带到了英国，并与这里的清教理念整合在一起，于是英国科学开始发展起来。从 17 世纪中叶到 18 世纪初，英国一跃成为世界科学技术中心。

四、晴空万里：18 世纪的科学技术

18 世纪是科学积蓄力量的时代。英国依然保持了将近 30 年的领先优势，伴随英国工业革命的发展，英国的智力精英们开始把科学的兴趣转移到更加实用的技术上来。18 世纪中后期兴起的启蒙运动成为继文艺复兴之后的第二次思想解放运动，法国成为这一运动的中心，继而在科学方面逐渐取代了英国成为世界科学中心，同时涌现了一大批划时代的科学巨匠。后起之秀的德国和美国科技精英们在这一时期也开始崭露头角。

引领工业革命的英国科技

18 世纪的英国科技继续沿着自己的传统继续发展。皇家学会的绅士们继续在物理学、天文学和地质学等方面表现出极大的兴趣，牛顿力学的发展及应用，使得科学理性传统处在自在自为的发展中。从探索万有引力常数到探测空气成分，从观察恒星周年视差到天王星的意外发现，从地质成因的水火不容到地质学英雄辈出，各门自然科学呈现出多彩的发展态势。

另一方面，生产和技术的发展，使得工匠传统对于现实生产力表现出巨大的推动作用。起始于纺织行业的技术革命，引发了一连串的反应：工业发展促进煤矿技术的进步；为解决矿井抽水问题，蒸汽机应运而生，热力学方面的研究又助长了蒸汽机的改进，最终迎来了蒸汽时代。社会需求推进了科技的发展，科技的发展又在改变着社会。

修理工的革命
——瓦特与改良蒸汽机

　　一壶水将要烧开,壶盖被水蒸气顶着噗噗作响,旁边一个小男孩在全神贯注着这个已经被人们司空见惯的生活小细节,好奇心促使他陷入思考,水蒸气怎么会有这样的力量能够把壶盖顶起来? 这个机械工匠的儿子也许不会想到,20多年后,作为格拉斯哥大学教学仪器修理工的他,将面对类似的问题,即去改良一台纽可门式蒸汽机,以提高工作效率,这一改进工作花去了他20年的时间,直到1790年,完善了的旋转式蒸汽机最终成为"万能动力机",这个人便是瓦特。

　　当时,正值英国工业革命时代,也即第一次工业革命时代。17世纪后期英国首先完成了资产阶级革命建立了君主立宪制政体,早期工厂主和商业资本家伴随海外殖民扩张和贸易,积累了大量资本,开拓了广阔的殖民地和商品市场,由于圈地运动而失去土地的农民被迫沦为早期城市无产者,不得不在资本家工厂中谋得生路。这一切条件使英国工业获得了突飞猛进的发展,机器代替人力成为工业发展的必然。

　　英国的工业革命最初是从它的传统手工业即纺织业开始的。1733年机械师约翰·凯发明了飞梭织布机,1764年哈格里夫斯发明了"珍妮机"提高了纺纱效率,1769年阿克赖特发明了水力纺纱机,1779年克隆普顿发明了"骡机"使得纺纱技术得到广泛的应用,1785年牧师卡特赖特发明了水力织布机,到1800年英国纺织业基本实现了机械化。伴随纺织业的技术革新和产业发展,在其他行业(如采矿、冶炼等行业)引起了一连串的反应,寻找自然力之外的动力系统成为当时较为紧迫的社会需求,而热力学的研究及早期蒸汽机的发明为瓦特蒸汽机的诞生准备了条件。

　　蒸汽机的发明最早可追溯到公元50年希腊发明家希罗设计的球形汽轮机,近代以来,法国工程师巴本于1690年设计了第一台单缸活塞式蒸汽机。英国工程师萨弗里于1698年制成的蒸汽泵成为第一台投入使用的蒸汽机,主要用来解决矿井排水问题,被称之为"矿工之友"。英国工程师纽可门在前两者的基础上进一步改进了蒸汽机设计,1705年制成的纽可门蒸汽机大大提高了热效率,减小了高压蒸汽的危险性,马上投入使用,效果非常好。

在瓦特改良蒸汽机出现之前，纽可门蒸汽机一直是矿山抽水的主要机器。

1763年，瓦特在修理一台纽可门机时，对它进行了精细的研究，发现这种机器活塞运动的不连续性造成了极大的热能浪费，为此他陷入了长期的思考。1765年，瓦特想到了增加一个冷凝器的办法来解决这个问题，为此，他投入了大量的经费和精力，但是开始的几个样机并不理想，这使得他债台高筑。幸运的是，企业家罗巴克慷慨解囊，为他解决了经费和场地问题。经过3年的努力，瓦特终于在1769年制造出了带有冷凝器的蒸汽机，并申请了专利。瓦特并不满足于这些成就，他不断改进自己的蒸汽机热效率。1781年把活塞由直线往复运动改为轮轴旋转运动，1782年他又设计出双向气缸，瓦特改良的蒸汽机正式完成。

瓦特改良的蒸汽机迅速在纺织、冶炼、化工、机械制造和交通等行业得到广泛应用，成为名副其实的"万能动力机"，整个世界开始进入到了蒸汽新时代。瓦特也因这一成就，被选为英国皇家学会会员和法国科学院外籍院士。后人为了纪念他，以他的名字作为国际单位制中功率的计量单位。

风琴手的发现

——赫舍尔与天王星

1781年3月的一个平常的夜晚，由于一位风琴手仰望星空而变得极其不平常，这个风琴手就是赫舍尔。1733年出生在德国汉诺威的弗里德里希·威廉·赫舍尔，在他14岁的时候子承父业成为了一名军乐手，成年之后为了不想当兵而来到英国成为一名教堂的乐手，音乐教师仅仅是他谋生的手段，他真正的爱好却是天文观测。他对这种枯燥无味的业余爱好如此痴迷，以至于他的妹妹卡罗琳·赫舍尔也受到他的感染，爱上了天文观测，最终成为历史上第一个女天文学家。

此时，赫舍尔把自己精心磨制的镜片放在自制的望远镜上，仔细、耐心地注视着宁静而浩瀚的星空。赫舍尔坚信使用伽利略观测方案，定能观察到恒星周年视差，而在3月13日晚上的观测却意外地发现了一个不寻常的现象。当他用那台当时最好的反射望远镜在金牛座搜寻恒星时，发现一颗恒星出现了圆面，这表明这颗恒星距离地球并不遥远。过了几天，他发现这颗恒星相对于其他恒星出现了移动。赫舍尔推测这应当是太阳系中的一颗彗星,但后来的观测表明这颗星具有明朗的边缘和近似圆形的轨道。皇家天文学家马斯基林认为这是一颗围绕土星的卫星,但赫舍尔在充分观察的基础上否定了他的假设,指出这应当是土星之外独立运行的一颗行星。后来更多的证据表明,赫舍尔观测到的这颗星就是围绕太阳运行的第六颗行星,依照前五大行星命名传统(即用希腊神话中天神的名字命名),称之为乌兰纳斯,中文名字就是天王星。

天王星的发现,在天文学界引起了极大轰动,为赫舍尔带来了无上荣耀,也从此也改变了赫舍尔的人生,使他从一位天文观测爱好者一跃而成为专业天文学家。在发现天王星的 1781 年,赫舍尔被英国皇家学会接纳为会员,获得了科普利奖。1782 年英王乔治三世封他为国王私人天文学家,专门从事天文学研究。赫舍尔被称之为 18 世纪最伟大的天文观测学家,创立了恒星天文学。1821 年他与儿子约翰·赫舍尔一起创建了英国皇家天文学会,并担任了第一任会长。1822 年逝世,享年 84 岁。巧合的是,天王星的公转周期也是 84 年。

赫舍尔其他的贡献还包括观测和记录双星,并发现了物理双星的本质,揭示了万有引力定律在远离太阳系的恒星系统中也是适用的。其实这一发现也与发现天王星一样带有偶然性,是他在试图借助双星测量恒星周年视差的过程中得到的意外发现。这也证实了巴斯德的那句话:机遇总是偏爱那些有准备的头脑。赫舍尔还是第一个给银河系画像的。他关于银河系的实测虽然在假设和结论上都存在错误,但重要的并在于它的精确性,而在于它的开创性,为后人继续研究打下了基础。他的关于星云和恒星演化的观点虽然也存在一些错误,重要的是给后人带来了更多的启发性。

火与水之争
——赫顿与火成论

1785 年英国爱丁堡皇家学会,年近 60 岁的业余地质学家赫顿在向听众宣读他的论文:"在一般情况下,形成的力量是在独立的物体内部。这是因为,这个物体被热激活以后,是通过物体的特有物质的反应,形成了构成脉络的裂口……"这篇很长的论文并没有引起大家的注意,原因很简单,听众们几乎听不懂他在说什么。朋友们建议他把论文展开一下,说得更清楚一些。赫顿为此花了 10 年时间准备他的巨著，最终在 1795 年出版了两卷本的《地质学理论》。但是更糟糕的是，朋友们还是没弄明白他到底要说些什么。就连 19 世纪最伟大的地质学家莱尔也承认，这本书实在是读不下去。幸亏他的密友、爱丁堡大学数学教授普莱弗尔于 1802 年（在他去世 5 年之后）出版的《关于赫顿地球理论的说明》，运用优美、流畅的文字予以阐述，才使得他的理论得到广泛传播，从而确立了他"近代地质学之父"的地位。

赫顿 1726 年出生于苏格兰的爱丁堡。曾经在爱丁堡、巴黎、莱顿等地方学习过化学、药物学、医学和法学，还当过许多年的律师和医生，矿物学和地质学只不过是他的业余爱好。当年他关于地质学方面的论文，其基本思想是说地球内部热量是造成地质变化的主要原因，即地质学研究中所提到的火成论。这一观点可以说是一石激起千层浪，因为该观点与当时如日中天的水成说针锋相对。以维尔纳为代表的水成说认为，地球最初是一片原始海洋，所有的岩石层都在海水中经过结晶沉淀而形成。同时，火成论又与《圣经》中所提到的大洪水不相符合，因此赫顿的学说受到了来自宗教和科学界各方面的质疑和批评。

"水"与"火"的论战一开始便充满了激烈的争论。在爱丁堡的一次理论讨论会上，争论的双方从观点的交锋发展到相互谩骂，直至动手相打，科学讨论会演化成了一场闹剧，最终只好不欢而散。这场争论一直持续到 19 世纪中期，其间成就了一大批优秀的地质学家。这一时期也被称之为地质学上的"英雄时代"。

相比较而言，水成论的代表人物维尔纳虽然比赫顿更为年轻，但要比赫顿成名更早。维尔纳 1749 年出生于德国萨克森地区与采矿业有着 300 年联系的矿业世家，26 岁便成为德国著名的弗赖堡矿业学院的地质学教授。他把伍德沃德的洪水冲积说发展得更为系统和精细，得到学术界很高的评价。他那口若悬河的演讲吸引了一大批青年学生，成为水成论学说忠实的传播者。

赫顿火成论的异军突起，起初并没有为大多数人所接受。但是伴随时间和实践的检验，情况开始发生逆转。1798 年，实验地质学家创始人霍尔用实验方法证实了自然界的暗色岩就是熔融的岩浆缓慢冷却的产物，支持了火成论的观点。更具戏剧性的是，使火成论战胜水成论的关键是维尔纳的得意门生们的纷纷"倒戈"。德国地质学家洪堡和布赫，通过各自实地考察，最终放弃了自己原来的观点,变成了火成论学派的重要成员,以至于布赫的同伴们无奈地攻击他说"1789年,他以一个水成论者离开了德国;1802年,他却以一个火成论者回到了家中。"

严格来说,赫顿并不是一个单纯的火成论者,他没有完全否认过水在各种地质现象中的重要作用,更没有否定过水成岩的存在。更为可贵的是,虽然赫顿坚持火成论,但他又认为地质结构是地球在逐渐演化的过程中,经过各种力的作用缓慢起作用的结果,并且还会一直继续演化下去。他的这个观点成为日后渐变论的先声。

乡村医生的奇迹
——琴纳与预防医学

1796年5月17日英国格洛斯特郡,乡村医生琴纳熟练地用洁净的柳叶刀在一个叫菲普斯的8岁小男孩胳膊上划破几道,然后又轻轻地挑破挤奶姑娘尼姆斯手上的牛痘疮疹取出浆液,小心地接种到菲普斯的胳膊上。候诊室里好奇的人们注视着这一庄重的时刻,他们相信这位医术高明的医生定能使这个小男孩免于天花的感染。而小男孩菲普斯所能想象的就是最好不要落下满脸麻子。幸运的是,他的勇敢使他成为世界上第一个接种牛痘的人。此时,琴纳的心情是复杂的。这次实验不仅使他承担莫大的风险和责任,而且是对他免疫理论的验证,更是对千百年来无人能彻底克服的病魔的挑战。琴纳是自信的,两个月后当他使用真正的天花接种到这个孩子身上时,小男孩并没有感染上天花,他通过接种牛痘获得了免于感染天花的抵抗力。

天花是一种急性传染病,人类是天花病毒的唯一宿主。天花病毒可以通过感染者咳嗽、呼吸或打喷嚏迅速扩散开来,首先侵入鼻腔或胸腔的表皮,然后蔓延至全身各处,直到皮肤表面出现很多充满病毒的水泡。历史上,从有记录开始,感染天花病毒的患者有1/3最终以死亡告终。千百年来,天花一直是人类无法克服的病魔。古代中国、印度和埃及都有相关记录,17、18世纪天花在西半球肆虐,夺去了至少1亿人的生命。人们通过长期实践得知,患过一次天花而康复的人对天花就有了免疫力。17世纪末期,英国和欧洲大陆开始流行给未感染过天花的人接种天花脓液的方法来预防天花，但风险较大，有可能因感染恶性天花而致命。

爱德华·琴纳 1749 年出生于英国格罗斯特郡的一个牧师家庭。他生性温和，兴趣广泛。琴纳的青年时代，天花正在欧洲肆虐，这种疾病夺去了无数人的生命。目睹这一切，琴纳 13 岁时，便立志根治这种疾病。在哥哥的帮助下，琴纳进入到伦敦大学医学院进行学习，并以优秀的成绩毕业。之后，返回到家乡成为一名医术高明的乡村医生，受到当地人的尊敬，并成为格洛斯特医学会会员。

防止天花肆虐是当时重要的医学课题。正是因为患有这种疾病的人死亡率特别高，每当天花蔓延时，人们往往谈虎色变。即使有幸生存下来的人，身上也会留下难看的疤痕。琴纳通过 20 多年的观察，发现不论是马的"水疱病"，还是牛的"牛痘"都是天花的一种；挤奶姑娘和牧牛姑娘很少感染天花，乃是因为感染牛痘而具有了抵抗天花的防疫力。琴纳的想法遭到了当时同行们的嘲讽，但这并没有阻碍他探究的步伐。他通过向人体接种牛痘预防天花的试验取得了成功，并在此基础上于 1797 年出版了《接种牛痘的理由和效果探讨》，开创了现代人工免疫学的先河。

琴纳的开创性工作一开始就受到同行和教会的联手攻击。英国皇家学会不相信一个来自穷乡僻壤的乡村医生能够克服天花，认为他是个沽名钓誉的骗子。格洛斯特医学会的同行们甚至要开除他的会员资格，教会诅咒他应该下地狱。但在确凿的事实面前，这些非议和责难都不攻自破。琴纳的突出成就很快得到各方面的承认。1803 年英国成立了皇家琴纳协会。琴纳将自己的全部精力投入到研究工作之中，团结和培养了许多青年研究者，而天花所引起的死亡在 18 个月内就下降了 2/3，琴纳也因此受到世界人民的尊敬。法国的拿破仑称他为"人类的救星"，德国巴伐利亚把他的诞辰作为盛大的节日来庆祝。1803 年西班牙医生弗朗西斯科·巴米斯受国王查尔斯四世指派，进行了一次旨在传播牛痘接种法的为期 3 年的环球航行，将牛痘活疫苗带到中国、菲律宾、美洲各国。

1980 年 5 月 8 日，世界卫生组织正式宣布，全球范围内已经消灭了天花。这是人类首次消灭一种传染病。2011 年 5 月 24 日闭幕的第 64 届世界卫生组织大会上，各国卫生部长一致同意，将美俄实验室中仅存的天花病毒样本再保留 3 年，以留给世界更多时间来思考天花病毒的存废问题。

腼腆科学家的辉煌
——卡文迪许与他的实验室

1798 年一位穿着考究但明显已经过时的老贵族,用一架精密的望远镜细心地观察另一间房屋所发生的一切。这个古怪的老人就是卡文迪许,这时的他已经 67 岁高龄了,而他所观察的却是一台看上去就像一个 18 世纪举重机一样的设备。这台设备是他的朋友留给他的,但却引起这个老人的极大兴趣。其实设备的主要部件乃是重达 600 多千克的两个铅球加上各种摆锤、钢丝、砝码等等组合而成的一件仪器。运用这架仪器进行观测需要极高的灵敏度,不得有任何轻微的干扰,哪怕是一个哈欠都有可能干扰读数。因此,卡文迪许不得不反反复复地进行观察和计算。这已经是一年内第 17 次观测了,这次观测极为关键。卡文迪许根据自己观测的结果,耐心细致地计算着,最终,他得出了结论:地球重量应当是略超过 130 万亿亿磅(相当于 6 万亿亿吨)! 这个结果,即便今天看来也是极为精确的,误差率只有 1%,目前最准确的地球重量是 59 725 亿亿吨!

卡文迪许于 1731 年出生于法国尼斯贵族家庭,祖父和外祖父分别是德文郡公爵和肯特公爵。11 岁时进入贵族中学学习,后来进入剑桥大学彼得豪斯学院学习了 4 年,离开剑桥游历欧洲大陆之后,与父亲查尔斯一起生活在马尔特罗大街。查尔斯是一位实验科学家,卓越的实验技巧影响了卡文迪许对科学的热爱。1760 年卡文迪许成为皇家学会会员。在他 40 岁时,继承了父亲和姑妈的两大笔遗产而成为百万富翁,正如法国科学家比奥所说:"卡文迪许是一切学者中最富有,在一切富翁中最有学问"。但是他的性格相当孤僻,而且非常腼腆。曾经有一位从维也纳来拜访他的仰慕者对他赞不绝口,这使得卡文迪许如坐针毡,转身飞奔跑出家门,好不容易才被劝回家。他也曾大胆地参加科学界聚会,但博物学家约瑟夫·班克不得不告诫大家不能太靠近他,以免引起他过激的反应。

卡文迪许由于过于腼腆,终身未婚,一心献身科学研究。他在物理学、化学、电学、热学、引力、大气学等等学科均有重要成就。但他从不关心自己研究成果的发表,也不关心这些成就所带来的荣誉。后人在整理他遗留下来的大量资料后,才发现他的几乎所有研究成果均领先于其他著名科学家们，他最先发现或预见了能量守恒定律、库仑定律、欧姆定律、道尔顿的分压定律、里克特的反比定律、查理的气体定律以及电导定律，还预见了开尔文与 G. H. 达尔文关于潮汐摩擦对减缓地球自转速度作用的成果、拉莫尔关于局部大气变冷的作用、皮克林关于冷凝混合物的成就等等。作为一位卓越的实验物理学家，他不仅因测出万有引力常数而成为第一个称量地球的人，而且是第一个分离氢气和第一个把氢和氧化合成水的人。此外，他还研究过火药库避雷方法、合金的性能、惰性气体等等。尤其在电学方面，半个多世纪之后，1879 年麦克斯韦用他一生中的最后五年整理出版了《亨利·卡文迪许的电学研究》，才使得人们得以了解他的电学贡献，当年他所提出的静电电容、电容率、电势等概念均为当时第一流的成就。

为纪念这位伟大的科学家，1874 年在英国剑桥大学建立了卡文迪许实验室，它是近代科学史上第一个社会化和专业化的科学实验室，也是当今世界最为著名的物理实验室，催生了一大批影响人类进步的重要科学成果。物理学家麦克斯韦被聘为剑桥大学第一任"卡文迪许物理教授"。现如今，"卡文迪许物理教授"已成为科学界最受推崇的学术职位之一。

启蒙运动中崛起的法国科学

18 世纪是法国科学崛起的时代。英国牛顿力学和唯科学主义传入法国，与法国的思想启蒙运动相结合，成为促进科学发展的社会原动力，法国科学呈现出不同于英国的民族倾向，如果说英国科学家主要是些实验家的话，那么，法国科学家则主要是理论家。

科学与社会总是处在相互交织的网络之中，科学家的命运总是与社会的变化发展相连。启蒙运动是一场宣扬科学理性和自由平等思想、反对封建等级和宗教神学的思想解放运动，狄德罗的《百科全书》成为启蒙运动达到高潮的标志。法国大革命中，科学家们不得不对自己的政治立场做出抉择，而各自的命运也因此大不相同：老练的拉普拉斯和居维叶在政治风云中享尽了荣耀，站错队的拉瓦锡被推上了断头台，埋头苦干的拉马克则在贫困中凄然离世。"天若有情天亦老，人间正道是沧桑"，不论他们个人的政治命运如何迥异，但他们的科学功绩无一不是永垂史册！

天体力学界的《至大论》

——拉普拉斯与《天体力学》

在拉普拉斯把他的新书《天体力学》呈献给拿破仑之前，就有人告诉拿破仑，在这本书里没有提到上帝的名字。拿破仑对于这位从前军事院校的老师非常尊敬，但仍然用揶揄的口气对他说："拉普拉斯先生，有人告诉我，你写了这部论述宇宙体系的大著作，但从不提到它的创造者。"拉普拉斯虽然是一个圆滑的政客，但这次针对拿破仑的刁难，却表现得相当刚直不阿。他挺直了身子，率直地说道："我不用那样的假设。"这个带有明显法国唯科学主义传统色彩的回答，活脱脱地表现了拉普拉斯作为科学家的伟大人格。

对于天体运行的力学问题，牛顿的万有引力定律只能解决两个天体之间的问题，而太阳系是多个天体运行的结果，如何解释多个天体在引力作用下的运动是相当复杂而现实的问题，牛顿借助的是上帝之手。牛顿之后，天文学界对于这个问题进行了长期的探索，欧拉和达朗贝尔均作出了理论贡献，但最终给出合理解释的乃是拉普拉斯。

拉普拉斯 1747 年出生于法国诺曼底一个农民家庭，依靠自己的在力学方面的才学受到达朗贝尔的赏识。后者推荐他在巴黎军事学校担任了数学教授。1773 年，年仅 24 岁他以高超的手段解决了当时困扰无数科学家的一大堆难题，由此名声大振，并于当年当选为法兰西科学院院士，从此踏上了漫漫科学之路。在政治上，无论法国政坛如何变化，他均能得到当权者的信任，甚至在王政复辟时成为侯爵，这多少得益于他在数学和天文学方面的成就和威望。

拉普拉斯证明了太阳系的稳定性，他指出太阳系是一个完善的自行调节的机械结构。他在解决了木星轨道收缩和土星轨道膨胀的问题后，陆续证明了行星轨道只有周期性的变化，并非无限发展；太阳总偏心率是保持平衡的，影响行星平均运动和平均距离的长期摄动是微乎其微的；行星轨道面之间的倾角必定总是在很小的范围内波动，并且轨道偏心率也受到类似的限制。这样就证明了太阳系在其漫长的时间里的稳定性。

拉普拉斯还在他 1796 年出版的《宇宙体系论》中，独立地提出了星云假说，这与 40 多年前康德提出的星云假说非常类似，后人将这一假说称之为

"康德—拉普拉斯星云假说"。此外，1812 年他还提出了著名的神圣计算者的观念：这个计算者只要知道世界上一切物质微粒在某一时刻的速度和位置，就能够算出它的过去和未来。

1779 年，拉普拉斯在总结 20 多年研究成果的基础上出版了他的巨著《天体力学》，1825 年第五卷共 16 册出版，补充了前四卷的内容。在书中，他总结了前人关于天体力学的所有研究成果，对自己的理论进行归类并使之体系化，并进一步阐述了晚年的研究思想。这部书汇集了牛顿以来的全部天体力学研究成果，无论其史料价值，还是其科学价值都无与伦比。这部书被誉为天体力学界的《至大论》，在其后的半个世纪里发挥了教科书的作用。

氧的发现
——拉瓦锡与化学革命

1794 年 5 月的法国，正值罗伯斯庇尔执政的"恐怖统治"时期，一个名叫拉瓦锡的包税公司的股东与他的 31 位同事被一起送进了革命法庭。拉瓦锡请求死缓，给他足够的时间去完成他正在进行的关于汗的研究，但激愤的副庭长科芬纳尔决绝地说："共和国不需要学者。"虽然对拉瓦锡恨之入骨的马拉早在一年前就被杀害，当局一些有影响的人也再三要求免除他的死刑，但庭审的结果仍然是死刑。5 月 8 日，拉瓦锡与其他几位包税商们被押送到革命广场，他望着自己的岳父人头落地，然后走上前去接受同样的命运。两个月后，雅各宾派政权被推翻，罗伯斯庇尔也在同样的地方被推上断头台。恐怖统治很快就结束了，但拉瓦锡已经死了。正如数学家拉格朗日所说："砍掉他的头只要一眨眼的工夫，可是生出他那样的头一百年也不够。"

拉瓦锡被称之为近代化学之父。他推翻了当时流行的"燃素说"，提出了燃烧氧化学说。燃素被认为是一切可燃物体的根本要素，当物体燃烧时，燃素从物体中逸出，进入大气或者进入与它化合的物质中，对于燃烧后物体重量增加的问题，被解释为物体由物质和灵气构成，这种燃烧理论包括了早期医疗化学和炼金术士的基本见解。当然这个理论的前提就是，物质是由水、火、土、气四种元素组成的，燃素实际上被当成火元素。但是，实验结果证明，空气并不是人们想象的那样只是一种元素。

在拉瓦锡之前，布莱克证明了空气中有一种气体，他称之为"固定气体",其实就是二氧化碳。卡文迪许 1776 年制造出了"可燃空气",即我们现在所说的氢气。普利斯特列于 1772 年发现了"脱燃素的空气",即现在所说的氧气。舍勒在 1777 年也发现了助燃的氧和不活泼的氮。但是他们都坚信燃素说,最终未能在实验结果的基础上提出革命性的理论创新。

1772 年,拉瓦锡在重复了一些燃烧方面的实验之后,认识到金属物体的增重是由于吸收了空气的缘故,在他的日记中写道:"我觉得这注定要在物理学和化学上引起一次革命。"1774 年普利斯特列访问了巴黎,告诉拉瓦锡他所发现的"脱燃素空气",拉瓦锡认识到这就是他正在寻找的氧。后来他又接受了舍勒的见解,1780 年提出了空气是由氧和氮构成的。1783 年,拉瓦锡终于实现了他在十年前提出的化学革命,指出燃烧过程就是可燃物质同氧的化学结果,物质在重量上的变化,完全是物质同氧化合的结果。

1787 年拉瓦锡与化学家德莫瓦、贝托莱合作编著《化学命名法》一书,摈弃了燃素理论,以新的视角对当时的化学领域的概念、理论和现象进行了系统的总结。1789 年拉瓦锡又独立出版了《化学纲要》一书,对燃素理论进行彻底清算。他在书中建立了以氧气为核心的新的燃烧理论,列出了当时已知的元素和制得这些元素的实验,初步形成了物质守恒思想,写出了最初的化学反应方程式。《化学纲要》被看成化学界的《自然哲学的数学原理》。

用现代的观点来看,拉瓦锡的化学革命并不完备。他把许多没有得到实验证实的性质也归之于氧;他的命名法保留了炼金术中的符号;他在无机界元素中保留了没有重量的热质;他的实验方法不及卡文迪许和普利斯特列先进等。但他提出的新的燃烧理论开创了近代化学的新纪元。化学革命从此开始了!

值得留意的是,科学与社会的关系有时表现得相当奇特。卡文迪许作为英国贵族,生活上的古怪和理论上的保守,并没有影响他的实验科学方面所获得的成就;普利斯特列除了在化学理论上是保守的,但在政治和宗教上却是反传统的,以至于在 1794 年不得不到美国安身立命;拉瓦锡在化学上是革命家,但在政治上却是保守分子,最终被推上了断头台。当然,法国人民是完全懂得拉瓦锡的价值的。在他死去的第二年,巴黎人民就为他立了半身塑像。在他去世 18 年后,他的继承者戴维则被英国封为了贵族。

生物进化论的前奏
——拉马克与他的《动物学哲学》

在巴黎植物园树立着一座拉马克的铜像，在铜像的底座上镌刻着他的小女儿曾经说过的一句话："您未完成的事业，后人总会替您继续的；您已取得的成就，后世也总该有人赞赏吧！爸爸。"这句悼词如此悲凉，正如同拉马克的凄凉的晚年一样，为人们唏嘘不已。现如今，拉马克的遗骨已不知去向，当年 85 岁的拉马克在贫困中去世，他的小女儿买不起坟地，就租了一块地把他埋葬了，租借到期后，他的遗骨就被挖了出来。正如悼词中所预料的，他的事业终究还是被后人所继承，达尔文发扬了他的生物进化理论，成为近代科学的三大理论成果之一；他的成就也得到了后人的赞扬，1909 年为了纪念他的《动物学哲学》出版一百周年，来自全世界的学者们为他募捐，立起了这座铜像，拉马克可以含笑九泉了。

拉马克 1744 年生于法国索姆省，早年从戎，退伍后自学气象学、医学、植物学和动物学。在巴黎医学高等学院学习期间，结识了启蒙思想家卢梭和特里亚农皇家植物园园长朱西厄，并掌握了朱西厄的自然分类体系。1778 年拉马克出版了《法兰西植物志》，受到了巴黎植物园园长布丰的赏识。在布丰的推荐下，拉马克被选为巴黎科学院院士，成为皇家植物学家。布丰还为他安排了为期两年的欧洲科学考察，回国后编写了《植物学辞典》。这为他成为欧洲著名的生物学家奠定了坚实的基础，拉马克从此正式走向生物学研究之路。

在对生物进化理论的早期探索中，博物学家布丰在长达 44 卷的《自然史》中提出了初步的生物演化思想。布丰运用丰富的地质学和化学资料，阐明了生物是地球形成之后产生的，随着环境的变化而发生变化，日积月累便导致了物种的变化。但是，布丰把生物演化解释成为一种退化，例如驴和斑马可能就是由马退化而来的；而且，布丰的演化思想仅仅停留在思辨的层面上。因此他被达尔文称为"进化论不太可靠的同盟者"。

拉马克继承了布丰的科学观念，系统明确地提出了生物进化理论。1794 年拉马克担任国立自然历史博物馆动物学教授，在他 50 岁的时候开始转入当时无人问津的无脊椎动物学研究。在这方面的研究使得他在 1800 年前后提出了把昆虫和蠕虫分为十个不同的纲,成为现代分类学的基础。在多年研究的基础上,1809年发表了他的《动物学哲学》系统地提出了进化学说。他认为,生物的进化遵循一条由低级到高级、由简单到复杂的进化过程。但是这种进化不是直线式的,而是不断同时产生新的品种的树状式的进化图式。他认为促使生物进化的力量有两种,一是生物体内部的进化倾向,这是生物进化的自身意志;二是外部对生物的影响,是生物进化的外部调节,正是外部调节使生物的进化显现出多样性。拉马克指出动物器官存在"用进废退"现象,这种现象可以遗传给下一代,这就是他的著名的获得性遗传理论。他在提出自己的理论后,大量搜集证据,用于证实他的想法,因此被达尔文称为进化论史上第一个得出明确结论的人。当然,在今天看来,拉马克的理论中有一部分是错误的,但是他的工作极大地引发了人们的兴趣,为达尔文进化论的登场拉开了序幕。

拉马克的晚年生活是悲惨的。由于他的进化学说违背了基督教教义,遭到了教会势力的恶毒攻击,学术界保守势力也极力贬低他的研究成果的重大意义。尤其是他的学生,后来被称为"生物学独裁者"的居维叶,基于生物学观念的不同,竭力攻击他的学说,给他的心灵造成极大创伤。他有四次婚姻,但到了晚年却是孤身一人,他有好几个儿女,但都死在他的前面,唯有小女儿柯来丽陪伴身边。由于长时间使用显微镜,77岁时拉马克双目失明,只得在女儿和同事的协助下完成了《人类意识活动的分析》和《无脊椎动物的自然史》。但作为伟大的科学家,他以坚强的意志坦然面对这些苦难,正如他所说过的:"研究自然,不仅能给我们以真实的益处,同时还能给我们提供许多最温暖、最纯洁的乐趣,以补偿生命中种种不能避免的苦恼。"

静电力学成为一门独立的学科
——库仑与库仑定律

1777年法国科学院为改良航海指南针的方法专门设置了一项奖金,这一活动吸引了库仑的注意,这位来自皇家军事工程队的工程师从此开始了电磁学的研究。库仑对于磁力进行细致的研究,不仅发现了温度对磁力的影响作用,还发现了磁针扭力与扭转角度的比例关系,进而设计出了精度极高的扭秤。1782年,为了表彰他在指南针和普通机械方面的贡献,法国科学院增选他为院士。1785年,库仑又用这台精巧的扭秤,经过多次反复地实验和计算,最终提出了著名的库仑定律,使静电力学开始成为一门独立的学科。

电磁学是物理学科中起源较早的一门学科。早在中国东汉的王充就有过"磁石引针"的记载。近代以来对电磁现象最早进行系统研究的是英国物理学家吉尔伯特。对于两个静止电荷相互作用的研究,早在1759年,彼得堡科学院的爱皮努斯发现电荷距离与作用力的关系,1766年德国的普利斯特列猜测电荷吸引力遵从万有引力定律,1769年英国的约翰·罗宾森初步计算出了电荷间的作用力。1771年卡文迪许对电力相互作用规律进行了研究,虽然卡文迪许的研究比库仑更为精细,但他的这一成果生前并未发表。

1785年,库仑根据扭力理论,利用自己独立发明的扭秤对静电力和磁力进行了测量,证明了牛顿的平方反比定律在电的以及磁的吸引和排斥中也适用。他证明这种作用跟电量的乘积成正比。当年他把这个结论写在《电力定律》的论文中,这就是著名的库仑定律。这个定律是电力学第一个被发现的定量规律,成为电磁学史上重要的里程碑。

值得注意的是,在当时没有公认的测量电量方法的情况下,库仑巧妙地用两个相同的金属球互相接触的方法,获得了各种大小的电荷,得出了电荷间的作用力与它们所带电量的乘积成正比的关系表达式。

库仑在电磁学方面的贡献是卓越的。在1789年法国大革命期间,库仑心无旁骛,全神贯注研究电磁学,先后出版发行了他的七卷本的《电气与磁学》。为了纪念他在电磁学方面的贡献,人们把电量的单位称之为库仑。

作为工程师,库仑在工程技术方面的贡献也是令人瞩目的。1773年他所发表的材料强度方面的论文,作为结构工程的理论基础,一直沿用到现在;1779年他研究摩擦力问题,提出了后来以他的名字命名的摩擦定律;在同年出版的《简单机械原理》中他还提出了有关润滑剂的理论;他所设计的水下作业方法类似于现代的沉箱,是水下建筑施工中重要的方法。

在库仑之后,法国数学家泊松和英国数学家格林把数学应用于电磁学中,从而最后完成了静电(磁)学理论体系的建立。1827年安培《电动力学理论》标志着电动力学的形成。1864年麦克斯韦《电磁场的动力理论》发表,标志着电磁场理论体系的建成。

群星闪烁的德国科技

　　18世纪的德国在政治上还处在四分五裂之中,但各诸侯国从自身政治利益出发,竞相效仿英国和法国,大力支持近代科技的引进和培植。由于受到政治、经济等客观条件的制约,该时期德国的近代科技尚属起步阶段。把英法主流科技文化、法国启蒙思想和德国民族文化传统融合起来,构建德国的近代科技研发体制,是当时德国科技发展内在趋势。18世纪早期,德国科技处于停滞状态,但到了后期,德国自然科学家们发展了他们特殊的自然哲学,加之腓特烈大帝的"开明专制"非常注重本国人才的培养,德国的科技才开始加快步伐,进而为下个世纪科技中心的转移开辟了道路。

德国近代科学的堡垒
——柏林科学院

　　在世纪之交的1700年,柏林科学院终于建立起来了,莱布尼茨30年前关于"德国技术和科学促进会或学院"的构想终于实现了,这也是他近五年来为此四处奔波游说最好的回报。柏林科学院的成立,为德国科学事业撒下了一粒种子,使科学在近一个世纪中四分五裂的德国得以传继。

　　莱布尼茨出生于德国莱比锡大学一位哲学教授的家庭,他的博学被世人称之为"欧洲历史上最后一个通才",普鲁士国王称赞他"一个人就是一整个科学院"。他所研究的范围涉及了数学、逻辑学、地质学、物理学、哲学各个领域,尤其在数学方面与牛顿各自独立地创立了微积分,并因此引起英国和欧洲大陆关于微积分优先权长达一个多世纪的争论。

　　微积分早在古希腊的赫拉克利特时就提出了初步设想,到了近代随着自然科学的发展,开普勒、笛卡尔、帕斯卡等人都做出了贡献,最终在牛顿和莱布尼茨手中诞生。牛顿早在1665年就提出了"流数术",但直到1687年他的《自然哲学的数学原理》中才第一次公开发表了微积分的研究成果。莱布尼茨在1673年左右独立地发现了求曲线的切线问题及其逆问题的重要性,1684年发表了微分学原理,1686年又阐述了积分原理。在确立了微积分之后,莱布尼茨又研究了微积分的四则运算法则和最小值法则,并用他自己创立的符号记法,写出了这些法则的数学表达式。他的符号记法和数学公式一直沿用至今。

最初牛顿是承认莱布尼茨在微积分上的成就的。然而,1699年一位瑞典数学家给英国皇家学会写信,声称莱布尼茨在微积分这项发明上借鉴了牛顿的许多重要思想。一石激起千层浪,由此引发了旷日持久的关于发现微积分优先权的争论。这场争论一直上升到两国民族荣誉的高度,直接影响了两国科学界的交往。英国基本断绝与大陆科学家的来往,拘泥于牛顿的"流数术"停步不前,拒不接受莱布尼茨先进的符号体系,数学发展日显颓势。

深谙自然科学发展及其理性精神的莱布尼茨非常清楚,创建一所德国的科学院,把盛行于英法等国的近代科技文化引入到德国民族文化传统的重要性。在莱布尼茨之前,德国已有一些科学组织,其中著名的有艾勒欧勒狄卡学会、实验研究学会和自然研究学会等。然而,这些学会均没有发展成像英国皇家学会和巴黎科学院那样的科研组织机构。为此,在繁忙的外交生涯中,他周游欧洲诸国,了解外界的情况,利用公务间隙详细考察了意大利、法国、英国等国的科学发展情况。他实地考察了英国皇家学会和巴黎科学院,详细了解其科学建制情况,逐步完善了他关于建立科学院的构想。1700年,当他第二次访问柏林时,终于得到了弗里德里希一世,特别是其妻子(汉诺威奥古斯特公爵之女)的赞助,建立了柏林科学院并出任首任院长。

晚年,莱布尼茨还曾担任了维也纳帝国顾问和俄国彼得大帝的宫廷顾问,在此期间不断鼓吹建立科学院的重要性,但是直到他去世之后,维也纳科学院和彼得堡科学院才先后都建立起来。据传,他还曾经通过传教士,建议中国清朝的康熙皇帝在北京建立科学院。

柏林科学院在莱布尼茨的领导下,由于资金短缺等问题,并没有取得显著的科研成果。后来在威廉一世统治时期,学院一度衰落,直到腓特烈大帝实行教育改革,柏林科学院才焕发了新的生机。学院的组织传统,以及自然科学与人文科学相协调的风格长久流传下来,直至今天,德国科研机构中仍然散发着当年浓郁的气息。

哲学家的天文遐想
——康德与星云假说

在康德的墓碑上镌刻着这样的一句话："有两种东西,我对它们的思考越是深沉和持久,它们在我心灵中唤起的惊奇和敬畏就会日新月异,不断增长,这就是我头上的星空和心中的道德定律。"它出自康德的《实践理性批判》最后一章。康德以德国古典哲学的创始人而誉满全球,成为对西方影响最大的思想家之一。海涅说:"德国被康德引入了哲学道路,哲学变成了一件民族的事业。一群出色的思想家突然出现在德国国土上,就像用魔法呼唤出来的一样。"但海涅对他还有另一个褒贬不定的评论:"康德的生平履历很难描写,因为他既没有生活过,也没有经历什么。"这个从来没踏出柯尼斯堡半步,一辈子过着单调刻板生活的哲学家却拥有广阔的精神天空,他在天文学上的杰出贡献,彻底改变了人们对宇宙的认识,恩格斯说:"康德在这个完全适合于形而上学思维方式的观念上打开了第一个缺口,而且用的是很科学的方法。"这个缺口就是康德提出的星云假说。

在文艺复兴后产生的自然机械观,对宇宙万物做出了比较完美的解释。他们从牛顿力学出发,对自然界做了机械的解释,认为自然界是绝对不变的一架大机器,处于简单的循环运动中。然而这种解释到了 18 世纪后期,开始出现全面崩溃的趋势。随着生物学和地理学中出现了进化的思想,德国大哲学家康德也提出了进化、发展的宇宙模型,提出了全新的历史自然观。

康德的星云假说受到马斯·赖特的《宇宙论》的启发,在 1755 年出版了他的天文学著作《自然通史与天体理论》。他认为,物质最初以微粒状态弥漫于空间,由于万有引力的作用,它们产生了相互运动。在运动过程中,由于碰撞或其他原因,有些微粒就失去运动力而落向较大的颗粒,这样就形成了一些凝聚核。凝聚核之间的相互作用,又逐渐形成了一些中心天体。由于天体之间固有的斥力和万有引力的共同作用,在中心天体周围慢慢汇聚了一些凝聚核作涡旋运动。同样的道理,在凝聚核的周围同样汇聚了大量的小凝聚核和弥漫物质作漩涡运动,这样就形成了太阳系和整个宇宙。康德认为这样就可以解释太阳为什么会呈现出现在的秩序,为什么太阳和行星的运动轨道处在同一平面上等问题了。这是科学史上第一个比较完整的天体演化学说。

由于这个科学假说排出了"上帝第一次推动"的可能性，攻击了基督教神学世界观，与当时占统治地位的宇宙不变论相对立，康德也深知这个假说会引起很大的麻烦，最终这个学说以匿名的方式出版了几十本。直到40多年后，法国天文学家拉普拉斯在不知道康德理论的情况下也得出了与康德星云说极为相似的理论，这个假说才引起人们的重视，并将两者的思想合称为"康德—拉普拉斯星云假说"。在整个19世纪，该假说在天文学中一直占据统治地位。

今天看来，康德的这一假说显然非常粗略，其中哲理多于科学，但他的基本思想（即认为太阳系是由原始星云形成的）仍然是正确的，现代太阳系起源的新星云假说就是继承了这些基本思想而发展起来的。更重要的是，他用物质和运动解决了牛顿用上帝的帮助才能解决的问题。康德就把原来那种静止的、不变的宇宙模型，变成了一个历史的发展过程，打破了机械自然观一统天下的局面。

小科学中心的遍地开花

以法国为中心的启蒙运动，对欧洲其他国家也产生了强烈影响。各国的智力精英看到英法两国科学繁荣的景象，纷纷前往伦敦、巴黎等城市学习先进的科学知识，并将其带回国内，发展本国科学。到18世纪中后期，渐成气候，出现了以瑞士和瑞典为代表的一些小的科学中心。与此同时，美国的富兰克林由欧洲学成归国。于是，科学在美国开始崛起。

守恒思想的初步总结
——丹尼尔·伯努利与《流体动力学》

1750年瑞士科学家丹尼尔·伯努利发表著作，对活力守恒进行了全面总结。他清除了惠更斯和莱布尼茨所附加的种种条件，修正了守恒公式，把这一公式推广到更多物体系统中，使之成为一条普遍的规律，丹尼尔断言："自然决不违背活力守恒这条大规律。"这就是我们后来所熟知的能量守恒定律和转化定律的前奏。正如沃尔夫所指出的，丹尼尔与在19世纪促成能量守恒和转化定律(也称之为热力学第一定律)成立的迈尔、焦耳、霍尔姆霍茨的关系,就如同希腊化时期的阿里斯塔克和哥白尼的关系一样,丹尼尔·伯努利被认为是近代能量守恒和转化定律的先驱。

关于活力守恒思想,早在伊壁鸠鲁时就已经模糊地提出过,笛卡尔在 17 世纪复活了这一思想,在他 1644 年《哲学原理》中借用上帝之手提出了动量守恒,1669 年惠更斯在他的《论碰撞作用下物体的运动》中得出了正确的动量守恒原理。但是,1686 年莱布尼茨在《学术学报》中提出了不同于笛卡尔的部分意见,在 1695 年提出"死力"是静力学的力,"活力"是动力学的力,挑起了两派关于运动量度的争论。直到 1743 年达朗贝尔在《论动力学》中指出,整个争端只不过是关于用语的无谓争论。应当注意的是,势能和动能之间的关系以及自然界的力的等当性,尚属于莱布尼茨知识范围以外的观念。丹尼尔·伯努利于 1738 年出版的《流体动力学》把活力守恒原理运用到流体运动的研究中。

丹尼尔·伯努利被称之为"流体力学之父"。在他的《流体动力学》中提出了著名的伯努利方程,即流体速度、压强、势能之和为一常数的流体运动方程,由此方程推导出随着流体流速增加而压力减小的伯努利原理。同样在这部著作中的第十章,伯努利试着对气体实验定律作力学分析,推算出了波义耳定律,丹尼尔也因此成为气体分子运动论的奠基者。

流体动力学仅仅是丹尼尔·伯努利诸多科学成就之一,作为杰出的数学家,他还被推崇为数学物理方法的奠基人。这与丹尼尔·伯努利家族传统和个人的广博爱好是分不开的。伯努利家族是瑞士巴塞尔的数学大家族,从 18 世纪后半期开始,在一个多世纪里,从这个家族涌现出多达十人的数学家。最为著名的就是雅各·伯努利、约翰·伯努利和丹尼尔·伯努利。丹尼尔的伯父雅各·伯努利的《关于无穷级数及其有限和的算术应用》是级数理论的第一部教科书,他的《推想的艺术》是概率论的经典之作。丹尼尔的父亲约翰·伯努利的《积分学教程》第一次对微分做了系统阐述,培养了像欧拉这样的一大批数学家。

丹尼尔·伯努利的知识更为广博,先后担任过彼得堡科学院数学教授、巴塞尔大学解剖学、植物学教授和物理学教授,在概率论、微积分学、微分方程、级数理论、流体动力学等方面都有重要贡献。除数学和流体力学外,他的论述还涉及天文学、地球引力、潮汐、磁学、洋流、船体航行的稳定和振动理论等成果，先后十次获得法国科学院奖金。1747 年他成为柏林科学院成员，1748 年成为巴黎科学院成员，1750 年被选为英国皇家学会会员，他还是波伦亚（意大利）、伯尔尼（瑞士）、都灵（意大利）、苏黎世（瑞士）和慕尼黑（德国）等科学院或科学协会的会员。此外，在他有生之年，一直保留着彼得堡科学院院士的称号。

为植物王国建立秩序
——林奈和他的双名制命名分类法

1738 年冬天的一天，在巴黎皇家植物园内，植物学教授尤苏在用拉丁语给一批参观者讲述各种植物。当他在一种海外植物标本旁边停下来时，这位老教授讲不下去了，因为这是一株连他也解释不清来源的植物。在尴尬的气氛中，一位游客悄悄地对教授说："这是一种美洲植物。"尤苏大为惊讶，立刻问："您是林奈先生吗？"这位游客只好承认，回答说："是的，教授，我是林奈。"尤苏马上热情款待了这位贵宾，因为他知道，自己虽然是植物学教授，但对方却是"植物学之王"。

植物研究是人类最古老的科学之一。早在亚里士多德时代，有记载的植物就有 600 多种。到了 17 世纪，人们已经知道 6 000 多种植物。到 18 世纪时，植物学家可以在各种记述中查到的植物种类已超过 12 000 种。由于命名的混乱，人们往往搞不清对方提到的植物到底是什么，在发表文章时植物名称更是混乱不堪。如何对如此繁多的植物物种进行分类成为了大问题。

人们对物种的分类有两种基本方法，即人为分类法和自然分类法。人为分类法系指依据所达到的认识，从工作需要或方法上的便利出发，选用生物的若干性状或特征作为其分类基础。该分类法把植物看成不连续的和界线分明的类群。人为分类法的好处是简单明了，易于操作，但忽视了物种之间的亲缘关系，不能有效地获得有关自然物种构成的规律。意大利博物学家契沙尔·比诺和马比基尼的分类法即属于此类。自然分类法注重考察物种之间的共同特征，试图找到物种之间的亲缘关系，按此分类，以达到体现物种之间连续性的目的。然而这种分类方法过于繁琐，操作性较差。荷兰博物学家洛比留斯、瑞士博物学家鲍兴和英国人约翰·雷的分类法即属于此类。

为了克服人为分类法和自然分类法的困难,瑞典人林奈在吸收它们各自优点的基础上,创立了双名制命名分类法。在他 1735 年出版的《自然系统》中,林奈首次详细论述了他的命名规则,即每一种动物或植物用两个拉丁文来表示,第一个词是生物的属名,表示它所在的类群;第二个词是种名,与其他生物区分开;在种名的后面,再注上命名者的姓名,一方面表示荣誉归属,一方面表示此人要对这个命名负责。这个简单明了的命名法则一问世,就得到了生物学家们的赞扬和支持,经过两百多年的应用和修订,成为国际上的学者命名新物种的统一准则。双命名法使纷繁复杂的万千种生物被科学地区分,人们一看到某种生物的两个拉丁词,就可以判断这种生物的类别归属。

林奈在他 1751 年出版的《植物种志》一书中,使用双命名法为 7 300 种左右的植物命名。林奈一生收集的植物标本达 14 000 种,他根据植物花的雄蕊特征,把植物分为 24 个纲、116 目、1 000 多个属和 1 万以上的种。如此浩大的工程由林奈一人完成,所以人们称他为"植物学之王"。对于动物的分类,林奈也很有建树,他把动物分成 6 个纲:四足动物纲、鸟纲、两栖动物纲、鱼纲、昆虫纲和蠕虫纲。第一个纲中,林奈将鲸、人、大猩猩等都放入其中,这就是后来人们所说的哺乳动物纲。林奈发现许多生物之间有从属的关系,因此他首先将自然分成植物界、动物界和矿物界;在界的下面,是如阶梯般排列的 5 个等级:纲、目、属、种、变种。林奈将世界上的所有生物,甚至包括矿物,统一在自己的体系之中,实现了自己当年立下的志向。

不过,在林奈的分类法中,由于采用植物的生殖器官来进行分类,因而有些描写被认为"有伤风化"而受到攻击;又由于宗教信仰的缘故,林奈坚持了物种不变的观点。诚然,这些并不影响林奈作为生物分类学家的伟大功绩。林奈的植物分类方法和双名制被各国生物学家所接受,植物王国的混乱局面也因此被他调理得井然有序。他的工作促进了植物学的发展,林奈是近代植物分类学的奠基人。

现代生理学的诞生
——哈勒和他的《生理学纲要》

生理学是研究生物功能的科学，近代以来，哈维在 1628 年发表的《动物心血运动的解剖学论述》标志着现代实验生理学的开端。1709 年博尔哈夫出版了第一部系统的《生理学纲要》。1747 年瑞士生物学家哈勒发表了《生理学纲要》，接着又于 1757～1766 年出版了八卷本的《人类生理学原理》。到 18 世纪末，拉瓦锡研究了呼吸和动物产热等生理学问题，至此，生理学长期从属于医学和解剖学的地位宣告结束。

哈勒被公认为 18 世纪一流的生理学家和生物学家，被称为"近代生理学之父"。他对生理学、解剖学、植物学、胚胎学及科学文献编目等均有贡献。他创立了实验生理学，也被尊称为"实验生理学之父"，他提出的理论也为现代神经病学奠定了良好的基础。科学史家认为《生理学纲要》是新旧生理学的分界线，它标志着现代生理学的创立。

1708 年，哈勒生于瑞士的伯尔尼，小时候就读于伯尔尼的公立学校。后来，他在家中受到叔父约翰·鲁道夫·诺伊豪斯的教育。诺伊豪斯是位内科医生，哈勒跟随他学习了医学和哲学。从此，哈勒对医学和生理学产生了浓厚的兴趣，为他以后的科研之路奠定了很好的基础。哈勒就读于伯尔哈韦大学，被誉为该大学最杰出的校友之一。哈勒在上学期间就仔细研读了历代生理学家的著作，并详细记录下他所发现的不足，为以后进一步从事生理学研究打下了深厚的功底。

1757 年出版的哈勒的《生理学纲要》第一卷被认为"标志着一个时代，给现代生理学和一切以往的生理学划了一道分界线。"这部著作总结了哈勒在此之前的所有关于人体构造和功能的研究成果。他在书中详细说明了人体的每一个器官部位、功能并附有插图，用他自己的生理学理论评论、修订了当时流行的所有观点。在写作过程中，他不断地对比不同观点，从中发现差异，然后亲自动手做实验，用实验结果来验证原理，创立了实验生理学。

哈勒一生著述颇丰，其中与《生理学纲要》影响力相当的，还有他 1760 年发表的《论动物体的敏感和易激部分》。在该书中，他用实验来检验动物对外界刺激的反应，发现了动物运动的基本原理，提出了著名的应激性学说。

哈勒认为力可以分为"死力"和"坚持力","死力"为肌肉所有,可以用来收缩肌肉和使肌肉恢复正常,它有一定的应激性,可以对外界刺激作出反应。"坚持力"为人的生命所固有,人们无法控制它。哈勒在考察了肌肉运动和神经系统后,紧接着进入了对大脑的研究。他把应激性理论运用到对脑的研究中,他认识到大脑和神经都有知觉的功能,这种功能源于心灵对外物刺激的反应。尽管哈勒的研究并不直接涉及神经系统,但还是为后来的神经病学研究奠定了基础。

触摸雷电

——富兰克林的电学研究

1752 年 6 月中雷雨交加的一天,一位中年人带着他的儿子在放风筝。他用杉木和丝绸制作了一个风筝,在风筝上安装了一根 30 厘米长的尖头金属线,在靠近手的风筝线上系上一根丝带,在丝带和绳线连接处系一把钥匙。一阵电闪雷鸣后,风筝线上的毛线头全都竖了起来,中年人脸上浮现出了恐怖的表情。他抑制不住内心的激动,大声呼喊:"威廉,我被电击了!"随后,他又把风筝上的电引导到早已准备好的莱顿瓶中。这位中年人就是本杰明·富兰克林。

富兰克林不仅是 18 世纪美国著名的政治家、外交家,还是美国历史上毫无争议的第一位大科学家,他在电学方面的成就最为显著。1746 年当他观看了英国学者在波士顿的电学实验之后,开始对这门新兴的学科产生了极大的兴趣。当时人们对于雷电的理解是上帝在发怒,学术界则认为是气体爆炸。在一次实验中,富兰克林的妻子丽德不小心碰到了他的莱顿瓶被击倒在地,在家躺了一个星期才恢复健康。这个意外使富兰克林认识到实验室的电与自然界的雷电在本质上是一致的,由此他写了《论天空闪电与我们的电气相同》交给英国皇家学会,但是这篇文章遭到了许多人的嘲笑,并把他看成是"想把上帝和雷电分家的狂人"。但富兰克林并不因此气馁,他决心用实验来证明他的理论,于是就做出了 1752 年的那次著名的风筝实验。

富兰克林是幸运的,他在这次实验中,幸免于难,反而使他在科学界名声大震。英国皇家学会给他送来了金质奖章,聘请他为皇家学会会员,他的著作也被翻译成多种语言,他的电学研究取得了初步成功。在荣誉面前,富兰克林没有停止对电学的进一步研究，仍然坚持实验，最终又制成了世界上第一根实用的避雷针。关于避雷针，在 1780 年的英国还发生了一场激烈的争论，争论的焦点在于是用尖顶的还是用圆顶的避雷针能更好地保护珀弗利特的火药库免遭电击破坏。富兰克林主张用尖顶导体的观点最终被采纳。

富兰克林在电学方面的贡献是多方面的，为了探讨电运动的规律，他创造出的许多词汇如正电、负点、导电体、电池、充电、放电等，成为当今世界通用的科学名词。他借用数学上正、负的概念，第一个用"正电"和"负电"表示电荷的性质，并提出了电荷不能创生也不能消灭的思想，后人在此基础上发现了电荷守恒定律。

富兰克林在其他领域的研究也取得了非常大的成就。在数学方面创造了 8 次和 16 次幻方；在热学研究中改良了取暖的炉子，因而被称之为"富兰克林炉"；在光学方面发明了双焦距眼镜；在制冷方面创造了蒸发制冷理论；在气象、地质、声学和航海方面也都有若干创造性的研究。

富兰克林还是一位科技文化传播者，对于发展北美殖民地时期的科技文化起到了巨大的推动作用。他积极参与创办了费城学院，编辑出版了北美第一份学术期刊，组织创办了第一个公共图书馆——费城图书馆，第一家医院即宾夕法尼亚医院，特别是在 1728 年组建的"共读社"奠定了美国哲学学会的基础。哲学学会在很长一段时间内充当了美国科学院的作用。富兰克林的科研工作，拉开了美国科学事业的序幕，从此美国科学逐步发展起来。

五、风云激荡：19世纪的科学技术

经历了200多年的积累和发展，进入19世纪的科学技术迎来了一个发展的高潮时期。在这一阶段里，经典物理学又实现了两次大的综合：以能量守恒定律为核心的经典热力学体系的建立和标志着经典电磁学理论体系形成的电磁理论的建立。它们同上个世纪的第一次大综合——牛顿经典力学体系的建立，共同支撑起了经典物理学的雄伟大厦。从前只是跟在其他国家后面亦步亦趋的德国科学，在此时期进入了自己的黄金时代，成为新的世界科技中心；18世纪曾经显赫一时的法国科学此时却开始走下坡路；而英国及其他国家的科学则不甘人后，继续扮演重要角色。在科学获得迅速发展的同时，还发生了近代历史上的第二次技术革命，电气化的普及使人类社会进入了一个更为丰富多彩的新时期。

黄金时代

19世纪堪称是德国科学发展的黄金时代。在此之前，与英法等国相比，德国科学长期处于落后状态。但经过科学体制改革，特别是大学改革的成功和现代化实验室的建立，使德国科学具备了腾飞的条件。凭借当时最先进的科研体制，德国培育出了一大批勤奋刻苦同时又有远见卓识的科学家，从而带来了科学的繁荣昌盛。这一时期的德国科学，可谓是遍地开花，细胞学说的创立、天文学的重要成就、有机化学的迅速发展，德国科学家都在扮演主要角色；电磁学研究、能量守恒定律的发现、近代地理学的创立，也都有德国科学家活跃的身影。在电力技术革命中，德国的工程师们也不甘落后，在电动机、发电机以及远距离输电等方面，都作出了重大贡献。

电流揭秘

——发现欧姆定律

19世纪20年代末，德国科学界发生了一桩对一位名叫欧姆的中学教师的批判事件，起因是他发表了名为《伽伐尼电路的数学研究》的著作。有的学者公开进行了这样的指责："以虔诚的眼光看待世界的人不要去读这本书，因为它纯然是不可置信的欺骗，它的唯一目的是要亵渎自然的尊严。"这样的攻击引发了科学界很多人的同声附和，一些学者甚至用了许多令人难以接受的言辞。欧姆在给朋友的信中倾诉自己的伤心："伽伐尼电路的诞生已经给我带来了巨大的痛苦，我真有点恨它生不逢时，那些身居高位的人学识浅薄，他们不能理解它的创立者的感受。"当然，也有不少人为欧姆鸣不平，他们鼓励欧姆要充满信心，要他相信"乌云和尘埃后面的真理之光最终会透射出来"。

欧姆在自己的著作中到底提出了怎样的观点让那么多人视之为洪水猛兽呢？其实说起来很简单，欧姆在书中公布了他所发现的一个电学基本定律，通俗表示即：通过导体的电流与导体两端的电势差成正比，与导体的电阻成反比。这一定律在今天的人们看来已是一个公理，但在建立之初让人们理解并顺利接受它，却不是一件简单的事情。

欧姆没有接受过正规大学教育，他成年后长期在一所中学任教。与当时的许多人一样，欧姆热衷于电学研究，他能够创立欧姆定律，在一定程度上是受到了法国数学家傅立叶发现的启发。1822年，傅立叶发表了关于热量流过导热体的研究成果，认为在热传导过程中，热流量与导热体两端的温度差成正比。欧姆以此类比，将电流量比之为热流量，并猜测导体两端也有某种可与温度差相比的电的驱动力，称其为"验电力"，这实际上就是今天所说的电势差，即电压。欧姆设想，电流量与电压之间也应该存在正比关系。为了验证这一设想，欧姆将许多伏打电堆串联起来以产生各种不同的电势，接入导体线路，用电流计测量电流强度，结果发现，导体两端电势差越大则电流越强，这充分证明他的设想是正确的。进一步的研究发现，导体中的电流还与导体本身的材料以及形状有关。欧姆用不同材料制成不同长度和不同粗细的导线,反复做了大量的实验,发现电流强度与导线的截面积成正比,与其长度成反比,且材料不同,流过其中的电流强度也不同,如在铜导线中的电流就比在铁中的要大一些。于是,欧姆引入了"电阻"这一概念,认为不同材料制成的导线,其电阻值不同;且电阻与导线长度成正比,与其截面积成反比。"电流"、"电压"、"电阻"这些概念的形成,加上他实际得到的实验结果,欧姆定律就呼之欲出了。

欧姆首先于 1826 年公布了他的实验结果,但没有引起德国同行们的关注,于是他于次年写成著作发表,其中给出了欧姆定律的理论推导和证明。但这却招致了德国科学界的批判甚至攻击,使得欧姆不得不辞去在科隆所获得的工作职位,又去做私人教师。多年以后,随着电路研究不断取得新进展,欧姆定律的重要性逐步为人们所认识,欧姆本人也逐步获得了应有的声誉。英国皇家学会于 1841 年授予他科普利奖章,次年接纳他为会员。他的祖国也于 1845 年接纳他为巴伐利亚科学院院士,1849 年慕尼黑大学聘他为教授。为了永久纪念他,电阻的单位即用了"欧姆"来命名。

柳暗花明
——寻找海王星

1846 年 9 月 23 日,时任柏林天文台副台长的德国科学家加勒,收到了法国青年勒维烈的一篇论文以及附信,信中写道:"请您把望远镜对准黄道上的宝瓶星座,即经度 326°的地方,您将在这个位置 1°左右的范围内见到一颗九等星。"加勒没有耽搁,当天晚上就将望远镜对准了勒维烈所说的位置,仅用了不到一小时,就在那里观测到了一颗以前从未观测过的星体。换用分辨率更高的望远镜,加勒观测到了这颗星上明显的圆面,第二天晚上继续观测,又发现了它的移动,所有这些都与勒维烈论文中的描述一致。加勒难掩心中喜悦,匆忙以兴奋而又明确的语言写信给勒维烈:"在您所指出的位置上确实存在着一颗行星。"接到信的勒维烈自然欣喜若狂,而整个柏林天文台也沉浸在巨大的欢乐之中,人们为这一科学上似乎难以置信的重大发现而啧啧称奇。

早在 1781 年,英国天文学家赫歇尔就发现了天王星。进入 19 世纪后,人们在对天王星进行观测时发现它的运行总是不太"守规矩",其实际运行轨道与通过计算得到的轨道不一致，并且随着时间的延续偏离越来越大，这一反常引起了天文学界的普遍关注。有人据此怀疑牛顿万有引力理论的正确性，也有人提出在天王星轨道之外还可能存在另一颗未知的行星，由于它的摄动作用才导致天王星偏离了正常的运行轨道。因发现恒星视差而名满天下的贝塞尔赞同后一种看法，使得这个看法得到了大部分人的支持。可是天际浩瀚无边，到哪儿才能找到这颗神秘的行星呢？

英国剑桥大学年仅 22 岁的学生亚当斯，运用力学原理和各种数学工具，经过近一年繁琐而缜密的计算，于 1845 年得到了关于这颗行星运行轨道的一个满意结果，确定出了它的位置。亚当斯满怀信心地将计算结果寄给了英国格林尼治天文台台长艾利，希望他通过观测加以验证。但很不幸，艾利是一位迷信权威的人，对这一出自一位无名之辈的计算结果不以为然，将其束之高阁。于是，艾利失去了与亚当斯共同分享发现海王星这一荣耀的机会，当然也累及到了亚当斯。

大约与此同时，勒维烈也在做着与亚当斯相同的工作，他在 1846 年 8 月底完成了对新行星运行轨道和大小的计算，写出了论文《论使天王星运行失常的行星，它的质量、轨道和现在位置的决定》。为了验证这颗"天外"行星，他将论文和一封信一同寄给了加勒，于是就出现了本节开始所描述的激动人心的一幕。后来经过讨论，人们将这太阳系的第八颗行星称为海王星。

海王星的发现过程颇具戏剧性，有人称之为是"笔尖上的发现"，这样的说法有失偏颇，因为它强调了勒维烈的数学运算所起的作用，而对加勒的实际天文观测有所忽视。实际上，是理论与实践的密切结合才导致了这一科学成就的出现，只不过理论运算走在了前面，而科学实践活动随后给予了其有力支持，缺少了其中任何一方面，这一研究还会走许多弯路。试想，如果没有勒维烈的运算结果，仅靠人们借助于望远镜进行巡天观测，海王星的发现可能还是很遥远的事情；同样，没有加勒所采取的卓越的天文观测行动，勒维烈的运算结果可能就与亚当斯的运算结果遭遇相同，被束之高阁。

花落谁家

——迈尔与能量守恒定律的发现

1840 年 4 月的一天，从荷兰出发的一支船队，经过长时间的颠簸航行，终于在雅加达附近靠岸。人们开始纷纷忙碌起来,而随船医生迈尔,此时面对着一摊从船员身上流出的鲜红的血液,眉头紧锁,陷入了沉思。

船员从寒冷的欧洲来到赤道附近的炎热地区,很多人因水土不服而得病。在迈尔的家乡德国,医治这类疾病的办法较为原始,只需在病人静脉血管上扎针放血,这可称为放血疗法。但是迈尔发现,从船员静脉血管流出的血,在欧洲时是暗淡的,而在赤道这里却是鲜红的,这是什么原因造成的?经过思考迈尔认识到,船员血液在热带比在欧洲更鲜红,是因为其中含氧量较多的缘故。那么船员血液中的含氧量为什么在热带要比在欧洲多?迈尔的结论是:人体消化食物的过程与无机界的燃烧过程类似,都需要消耗氧气以产生热量。在热带地区,气温要比欧洲高许多,那么维持人体体热所需要的热量相应就要少一些,因而消耗的氧气也较少,于是体内静脉血中剩余的氧自然就会多一些。应当承认,从现代科学的角度看,迈尔的看法并不十分恰当,他对于人的消化过程的理解显然有过于简单化的倾向。但是迈尔的观点中却蕴涵了一种非常重要的思想,那就是维持人体正常体温所需要的热量是由食物所含有的能量转化而来的。

1841年,迈尔通过与朋友的讨论又形成了这样的认识:马拉车时,车轮与地面摩擦产生的热和车轴摩擦产生的热,是由马的运动及其做功产生的。就在这一年,他完成了论文《关于无机界各种力的意见》,较完整地阐述了能量守恒的思想。论文投给《物理和化学年鉴》,但被该杂志以不刊登无实验依据的思辨性文章为由拒绝,最后该论文于1842年5月发表在李比希主编的《化学和药学年鉴》上。1842年迈尔曾做了这样的实验:用马拉动一个机械装置来搅动大锅中的纸浆,然后根据马所做的功和纸浆温度的升高,给出了一个热功当量的数值。在此后的近十年时间里,迈尔继续著文对能量守恒思想进行阐发,1845年发表《论与新陈代谢相联系着的有机运动》,1848年发表《对天体力学的贡献》,1851年发表《关于热的机械当量的意见》。

应当说,能量守恒定律的发现在迈尔那里已经基本完成,但他的工作却几乎没有引起人们的注意,自然也没有给他带来生活状况的好转和相应的荣誉。倒是英国科学家焦耳,比他晚五年做了同样的热功当量实验,却很快得到承认并因此获得荣誉;迈尔的同胞赫尔姆霍兹,也因为系统阐述了能量守恒定律而得到科学界的承认。

在能量守恒定律的发现过程中，迈尔走在了最前面，但却没有获得应有的承认。生活中的各种厄运始终和他如影随形，1848年他的两个儿子夭折，弟弟因革命活动而遭受牵连，这一切给他造成了极大的精神压力。1850年5月的一天他跳楼自杀，虽然没有丧命，但造成了双腿重残。1851年他被送进精神病院，直至出院也没有彻底痊愈。他长期默默无闻地活着，以至于当李比希在1858年介绍他的研究成果时竟然说他已经亡故。当然，历史还是公平的，他于1871年获得了英国皇家学会的科普利奖章。荣誉的花环在绕了几个大圈子之后，最终还是落到了迈尔的头上。

历史性会面
——细胞学说的创立

1837年10月间，施莱登旅游途经柏林，见到了小他六岁的施旺，两人相聚融洽，相谈甚欢。这次具有历史意义的会面，不仅对施莱登和施旺而言是一件幸事，它使两人的研究成果和思想相互启发并实现对接，而且对整个生物学的发展更是一件幸事，它使细胞学说的范围从植物界扩大到了动物界。

施莱登1804年生于德国汉堡，早年曾在海德堡攻读法律并获得博士学位，毕业后有一段时间在汉堡从事法庭律师的工作，曾因工作不顺利多次企图自杀。劫后重生的他最终放弃法律，转而从事自然科学研究，主攻植物学和医学。他很快在这些领域里显示出过人的才华，不久便成果卓著，声望日隆。1838年，施莱登发表《植物发生论》一文，系统提出了植物细胞构造理论。这一理论指出：无论何种植物，都是由各具特色、独立、分离的细胞聚合而成，各种不同形态的细胞都以相同的方式产生，细胞是一切植物结构的基本生命单元，一切植物都以细胞为实体发育而成。施莱登的这一研究成果，在细胞水平上统一了植物界，尽管自然界中各种植物在表面形态上千差万别，但它们具有共同的本质，即都由细胞所构成。

虽然同为德国人，但施旺在性格上似乎与施莱登迥然相异。由于性格内向、胆小谨慎，施旺不愿过多抛头露面，因而难以在大学中谋得教授职位，只能在一种近乎隐居状态下从事自己感兴趣的研究活动。与施莱登主要以植物为研究对象有所不同，施旺的研究兴趣主要在动物方面。1837年的那次会面，使施旺有机会从施莱登的研究那儿获得启发。对此施旺记得很清楚,两人在一起用餐时,施莱登把他尚未发表的一些有关植物的研究结果告诉了施旺,施旺敏锐地感觉到这些结果可以推广到自己正在研究的动物身上。1839 年,施旺具有划时代意义的论文《关于动植物的结构和生长一致性的显微研究》发表,将细胞理论推广到动物界,完整的细胞学说得以确立。施旺自豪地宣称:我们已推倒了分隔动物界和植物界的巨大屏障,整个生命界统一为一个整体。

细胞学说的创立,使动物和植物之间的鸿沟得以填平,由此奠定了生物发展理论的基础。恩格斯给予细胞学说以高度评价,他说:"有了这个发现,有机体的、有生命的自然产物的研究——比较解剖学、生理学和胚胎学才获得了巩固的基础,机体产生、成长和构造的秘密被揭开了。"

探险铸辉煌
——洪堡为近代地理学奠基

1799 年 6 月 5 日,"比扎罗"号巡洋舰由西班牙出发缓缓驶向大西洋对岸的新大陆。舰上有两位乘客不同寻常,一位是后来享誉世界的近代地理学开山鼻祖洪堡,另一位是法国植物学家邦普朗。他们在委内瑞拉的库马纳港登陆,开始了长达五年之久的科学考察。

洪堡出生于德国柏林的一个贵族家庭,自幼受过良好的家庭教育,青年时先后在法兰克福大学学习经济,在柏林大学学习工厂管理,在哥廷根大学学习物理学、语言学和考古学,在汉堡商学院学习商学、植物学、矿物学以及地理学。洪堡似乎与生俱来就有对各种新鲜事物无尽的好奇心,正是这一点把他引向了科学的道路。而从一个爱好者到名噪世界的伟大科学家,美洲的科学考察所起的作用是决定性的。

这次科学考察又堪称一次探险,整个行程既可以欣赏到大自然的绮丽景色,又充满了数不清的艰难曲折,更有激动人心的新发现。从野兽隐没的原始密林和人迹罕至的热带草原,到藏匿于河床边、洞穴里的未开化的原始部落,他们都进行了造访;从一只小小的飞虫,到巨大岩洞中的那些灭了种的部族人的尸骨,他们都收藏起来。他们用探索的眼光来看这个奇异的世界,用科学的头脑来思索这一切的根源。考察途中所遇到的艰辛难以言喻,他们不得不以香蕉和鱼类为主食,不但要忍受气候的炎热潮湿和蚊虫叮咬,而且还时常处在毒蛇和鳄鱼袭击的危险之中。同行的人都患上了热病，而洪堡却幸免于难，他冒险坚持观察并记录下各种自然现象，用仪器测定经纬度，还收集了数以千计的植物和岩石标本。洪堡和同伴还攀登了钦博拉索山，到达海拔 5 878 米处，这是当时人类所到过的最高点，这一纪录一直维持了 29 年之久。

洪堡的这次科学考察，总行程达 6.5 万千米，相当于绕行地球一周半，它成了洪堡开创一生伟大事业的转折点。返回欧洲不久，洪堡居留巴黎，和同伴一起开始埋头分析整理带回来的 35 大箱科学资料，前后达 20 年之久，最后写成 30 卷本的《新大陆热带地区旅行记》。洪堡的著作为整个欧洲吹来了一股清新之风，它不仅充满了异域他乡的旅游趣闻，还提供了详细的科学考察资料。此书的影响是如此之大，以至于进化论创立者达尔文这样回忆，当年正是因为反复阅读了洪堡的科学考察记录，自己的整个生命过程才得以彻底改变。到了花甲之年，洪堡也没有停下自己的研究脚步，他到俄国进行了长达半年的科学考察，收获巨丰。洪堡的科学考察和研究工作，使地理学由传统的单纯直观描述转为定性与定量相结合的科学观察和测量，开创了近代地理学的先河。

洪堡在晚年致力于对自己一生艰苦跋涉和辛勤研究的成果进行总结，从 1845 年开始陆续出版了五卷本的鸿篇巨著《宇宙》。本书所涉及内容极为广泛，从宇宙全貌和天体运行到人的主观世界，几乎无所不包，堪称近代科学史上最后一部百科全书式的著作。德国诗人歌德把洪堡与古希腊最博学多才的人物相比，称赞他的著作是一座完整的学府，并用诗一般的语言对他进行了讴歌："洪堡像一个有许多龙头的喷泉，你只需要一个容器置于其下，随便一触，任何一边都会流出清澈的泉水。"

开创有机合成新时代
——维勒人工合成尿素

1824 年下半年的一段时间里，维勒致力于研究制取氰酸铵的最简便方法。他首先让氰酸和氨气这两种无机物进行反应，结果让他感到意外，生成物不是氰酸铵，而是草酸。他多次重复这一实验，结果仍然一样。于是他改用氰酸和氨水进行复分解反应，意图是获得氰酸铵，但结果却是"形成了草酸和一种肯定不是氰酸铵的白色结晶物"。这种白色结晶物既然不是氰酸铵,那么它是什么? 这让维勒陷入了沉思。

维勒1800年生于德国法兰克福附近的埃施尔亥姆。其父望子成龙,对他处处严格要求。上中学时,维勒表现出对化学实验的浓厚兴趣,他几乎要使自己的卧室变成化学药品以及各种化学仪器的储藏室和实验室。为此事他的父亲曾大为恼怒,还没收过他的《实验化学》教材。上大学时,维勒遵从家人的建议选择了医学,但他始终没有放弃自己喜爱的化学实验,他科学研究活动的第一次成功,也是在实验化学方面。初步的成功坚定了他投身化学研究的信心,于是大学毕业后来到瑞典斯德哥尔摩,进入著名化学家贝采里乌斯的私人实验室。在这里,维勒受到了严格而完整的化学实验研究训练,熟练掌握了很多分析和制取各种化学元素的新方法。

1824年的实验让维勒得到了一种白色结晶状的新物质,但限于实验条件,他无法知道这是一种什么样的物质。于是,他毅然受聘到柏林工艺学校去任教,尽管那里的工资待遇不高,居住条件也较差,但维勒所中意的,是那里有一个设备齐全的实验室。到1828年为止,维勒一直在那里工作。他使用了当时最先进的实验分析方法,最终证实了自己四年前所发现的白色结晶物质正是尿素。这让维勒兴奋异常,因为他终于实现了由无机物来人工合成有机物尿素的设想。他把这一成果写成论文,题为《论尿素的人工合成》,发表在1828年《物理学与化学年鉴》的第12卷上。

维勒这一研究成果的公布,引起了化学界的极大震动。要理解这一点,需要简单回顾一下化学发展的历史。化学有无机与有机之分,分别对无机物和有机物进行专门研究。从历史上看,无机化学的发展要比有机化学快得多,虽然人类对有机物利用的历史相当久远,但有机化学的发展却很缓慢。直到19世纪初,有机化学仍然处在基本概念都说不清楚的阶段,不少人对什么是有机物认识混乱,认为所谓有机物实际上是指动植物组织,这样一来,就在有机物和无机物之间形成了分界。18世纪末到19世纪初,关于有机物的研究中带有某些神秘色彩,生物学界和化学界流行着一种"生命力论"(又称"活力论")观点,认为动植物中存在一种神秘的生命"活力",只有从它们身上才能得到有机物;而无机物中没有这样的"活力",因而不能产生有机物。这样的看法,无疑是在有机物和无机物之间形成了难以逾越的天然鸿沟。

维勒的研究成果，实际上是对"活力论"传统观点的有力冲击，因为在"活力论"看来，尿素属于有机物，其中含有某种生命"活力"，它只能从生命有机体那儿获得，而不可能在实验室里通过人工方法从无机物中制取。维勒的研究成果从根本上颠覆了这样的观念，它宣告了有机界与无机界的统一，使"活力论"的神秘观点由此逐步退出历史舞台。

圆环的奥妙
——凯库勒揭示苯环结构

"我坐下来写我的教科书，但工作没有进展；我的思想开小差了。我把椅子转向炉火，打起瞌睡来了。原子又在我眼前跳跃起来，这时较小的基团谦逊地退到后面。我的思想因这类幻觉的不断出现变得更敏锐了，现在能分辨出多种形状的大结构，也能分辨出有时紧密地靠近在一起的长行分子，它围绕、旋转，像蛇一样地运动着。看！那是什么？有一条蛇咬住了自己的尾巴，这一形状虚幻地在我的眼前旋转着。像是电光一闪，我醒了。我花了这一夜的剩余时间，作出了这个假想。"这是凯库勒写于 1864 年冬天的一段日记。1890 年，德国化学学会召开大会，纪念凯库勒提出苯的环状结构式 25 周年，应邀发言的凯库勒，轻描淡写地把日记所记录的这一发现过程告诉了大家，让与会听众啧啧称奇，他们亲切地称苯的六角形环状结构为"猴子环"，而现在人们则把它叫做"凯库勒结构式"。

19 世纪是有机化学大发展的时期，也是德国化学发展的黄金时代。这一时期，德国化学界可以说是人才辈出，成就卓著，凯库勒和他的苯环结构式是具有典型性的代表。凯库勒于 1829 年生于德国的达姆斯塔德，与德国有机化学之父李比希是同乡。凯库勒早年并未表现出对化学的浓厚兴趣，上大学时学的是建筑。但在大学期间正赶上化学教学改革，李比希极富魅力的演讲深深感染了凯库勒，他毅然决然放弃建筑而改学化学。在此后的几十年里，凯库勒"咬定青山不放松"，以坚韧不拔的毅力对有机化学的奥秘孜孜以求，终于成为矗立在这一研究征途上的一座丰碑。

凯库勒的化学研究，主要集中在原子价问题上。原子价概念的确立，是近代有机结构理论得以建立的先决条件。以原子价概念为基础，人们才有可能深入探寻有机分子中原子相互结合关系的真实情况。凯库勒在有机分子结构理论研究方面获得了以下重要成果：① 把原子价概念引入到碳化物（主要是有机化合物）的研究中，于 1857 至 1858 年间发现碳有四价并有自身相结合的能力，提出了"碳链学说"。凯库勒明确指出，有机化合物之所以能变化形成无数种类，是由于碳原子既能自身又能与其他元素的原子形成单键或重键的缘故。② 1865 年，凯库勒在研究芳香族化合物的过程中，将碳链学说加以推广。他认为，碳原子之间不仅可以成链，而且还可以成环，苯的环状结构式的提出就是在此思想基础上实现的。③ 1867 至 1869 年间，凯库勒提出了有关原子立体排列的思想，首次把原子价概念从平面推向三维空间，开创了立体化学构型的先河。

凯库勒的创造性思想及成果让人赞叹，他数十年如一日的辛勤探索更是让人肃然起敬。他的老师李比希曾对立志投身化学研究事业的人们有这样的忠告："学习而又怕损害健康的人，是不会在化学上取得成功的。"这确实值得人们深思。诚然，以牺牲健康甚至以生命为代价去从事科学研究，这样的做法并不足取，但人们却能够从中悟到这样一个道理：天才出于勤奋，不付出艰苦努力而又想获得成功，这只能是个幻想。此外，有研究者指出，凯库勒先学建筑后攻化学，对他后来研究的成功至关重要。确实如此，凯库勒是一位具有浓郁"建筑"构造特色的化学家，他正是通过设计构造而把原子建筑成分子的。这一点也给人们以启发，不同学科、不同方法的交叉融合，可以为科学研究活动开拓思路，独辟蹊径。

第一张透视照片
——伦琴发现 X 射线

1895 年 11 月 8 日傍晚，已经研究阴极射线将近一年的伦琴，正在做一些例行的检查工作。为防止漏光，伦琴用黑纸将阴极射线管密封起来，待实验室变暗后接通电源，结果没有发现漏光现象，但他在不经意间向旁边一撇，发现在距离阴极射线管 1 米多远的地方出现了浅绿色的亮光，这是从一面涂有铂氰酸钡的纸屏上发出的荧光。这一发现让伦琴有些吃惊，因为他确信这应是阴极射线管中发出的射线使荧屏发光，但又直觉到这不可能是阴极射线。为了弄清楚到底是怎么回事，伦琴全神贯注地重复刚才的实验，他让荧光屏一步步远离阴极射线管，发现荧屏到两米之外后仍然能发出荧光。这使伦琴确信，肯定不是阴极射线导致荧屏发光，因为以前的实验已经证实，阴极射线在空气中只能传播几厘米。那么是什么射线导致了荧屏的发光？

为揭开谜底，伦琴一连几个星期吃住在实验室，昼夜不停地反复实验，最终他确信这是一种尚不为人所知的新射线，由于其具体性质还不能确定，伦琴暂时为其取名为 X 射线。不久后伦琴发现，X 射线具有很强的穿透力。12 月 22 日这一天，伦琴夫人来到实验室，伦琴就用 X 射线为她拍摄了一张左手的照片，结果指骨及结婚戒指的轮廓清晰可见。这成为一张具有历史意义的照片，它表明，人们可以借助于 X 射线，隔着皮肉对动物或人体进行透视。至此，伦琴确信他发现了一种新奇的射线，于是在 12 月 28 日发表了题为《一种新的射线——初步报告》的论文，公布了自己的研究成果。

伦琴的发现震动了全世界，为纪念他的这一伟大科学贡献，人们把 X 射线命名为"伦琴射线"。1901 年，伦琴当之无愧地成为第一位诺贝尔物理学奖的获得者。伦琴射线的发现是 19 世纪末物理学领域的三大发现之一，它从根本上动摇了原子不可分割和永远不变的传统观念，成为现代物理学革命的导火线之一。

有一种观点认为，伦琴能做出这一科学发现全凭运气，他所做的仅仅是向荧光屏的简单一瞥，运气来了什么也挡不住。但实际情况远非如此，因为在伦琴之前已有多位著名科学家都看到过这一现象，但他们都未予深究。如英国科学家克鲁克斯、美国科学家古兹皮德和詹宁斯、德国科学家勒纳德等人都是这样。伦琴能够抓住机遇，一个重要的原因是他具备了作为科学家的必要的素养，具有对科学研究活动中意外之事的洞察力。"机遇只偏爱有准备的头脑"，如果没有留心意外之事的习惯和素养，即使真理到了鼻子尖也会让它溜走。伦琴获得诺贝尔奖后，柏林科学院在给他的贺信中这样写道："科学史告诉我们，在每一项发现中，功劳和幸运独特地结合在一起。在这种情况下，许多外行人也许认为幸运是主要的因素。但是，了解您的创造个性特点的人将会懂得，正是您，一位摆脱了一切成见的、把完善的实验艺术与最高的科学诚意和注意力结合起来的研究者，应当得到作出这一伟大发现的幸福。"

雄风犹在

18 世纪晚期,法国科学事业进入鼎盛期,一跃而成为世界科学技术中心。这种状况一直持续到 19 世纪 20 年代。但是,法国的科学体制存在着突出弊端,比如科学活动的高度集中就在一定程度上限制了科学应有的活力,再加上政局多变,连年战乱,导致了法国科学的日渐衰落。只是,科学自身具有强大的惯性,当法国科学在整体上走下坡路时,一些局部领域和个别学科仍然保持较为强劲的发展势头。如安培在电磁学方面的研究成就,卡诺对于热机研究的开创性贡献,拉马克在生物进化论方面的先驱性工作,巴斯德在微生物学方面的奠基性研究等,都对 19 世纪相关学科的发展起了重要而有时又是关键性的作用。即使是曾打击过拉马克、压制过圣提雷尔的居维叶,在古生物学及比较解剖学等方面的研究也是硕果累累。而贝克勒尔在放射性研究方面的成就,则是 19 世纪末物理学三大发现之一。

"电学中的牛顿"
——安培奠定电动力学基础

安培 1775 年出生于法国里昂,自幼显示出非凡的智慧,尤其在数学方面的才能让人叹为观止。坊间流传的关于安培的故事有很多,其中最典型的一例是"马车车厢做黑板"。据说有一天,安培一边在街上行走,一边思考问题,他想出了一个电学问题的算式,却一时找不到合适的地方进行演算。正在发愁,突然发现前面有一块"黑板",就赶紧走过去,掏出随身携带的粉笔在"黑板"上演算起来。但那块"黑板"实际上是一辆马车车厢的背面,不久马车开始走动,安培也就跟着一起走,一边走一边仍继续在演算。马车越来越快,安培只好跟着跑了起来,直至实在追不上了才停下脚步。周围的人看到安培的行动,一个个都忍俊不禁。

1820 年,丹麦学者奥斯特发现了电流的磁效应,这一成果一经公布,立即在欧洲科学界引起了轰动。安培在获知奥斯特实验的细节后,第二天就重复了这一实验,并发现了电流的方向和它的磁场的方向存在着固定的关系,这一关系可以用右手来直观而又形象地加以表达:用右手握住导线,让大拇指所指的方向与电流的方向一致,那么弯曲的四指所指的方向就是小磁针N极所指的方向,亦即磁场的方向。这就是大家耳熟能详的安培定则,又叫右手螺旋定则。进一步的实验研究使安培发现,不仅电流对磁针有作用,电流与电流之间彼此也有作用。两根平行载流导线,如果通过的电流方向相同,则相互吸引;电流方向相反,则相互排斥。安培充分发挥自己在数学方面的才能,对载流导线之间的相互作用力进行了定量研究,他很快发现:载流导线之间作用力的大小与两导线中通过的电流强度的乘积成正比,与导线的长度成正比,而与两导线之间距离的平方成反比,这就是安培公式,正是这一公式成为他的"电动力学"的基础。

"电动力学"这一名称是由安培首先提出来的,用来指研究运动电荷的科学。对于安培在这一方面的重要贡献,英国科学家麦克斯韦给予了高度评价,认为安培的公式已将一切有关电的现象都包括了进去,永远可以作为电动力学的基本公式。麦克斯韦还因为安培这一方面的贡献而赞誉他为"电学中的牛顿"。

安培的研究活动一发而不可收,他下一步的工作是探索磁的本质。他发现通电螺线管所表现出来的磁性与一根磁棒几乎完全相同,由此他产生了一个想法:天然磁性的产生是否也源于磁化物质内部的电流? 安培推断,磁性物质的每个分子内部都包含有一个环形电流,从而表现为一个极小的电磁体。当物体未被磁化时,所有分子的磁性方向各不相同,因而宏观表现是无磁性;而在磁化体中,所有分子电磁体的取向大部分一致,宏观上就表现出了磁性。在这里,安培实际上是在用"分子电流"假说来解释物质磁性的本质。尽管"分子电流"在当时无法为人们所理解,但它却被现代物理学所证实。

在安培的一生中,只有很短的时间从事物理学研究,确切地说应当是从事电磁学研究。这当然是电磁学的幸运,因为电磁学经由安培获得了重大进展;但这同时也是安培个人的幸运,因为电磁学的成就让他一举成名。

理论的蒙难
——卡诺创立热机理论

1832 年 8 月 24 日,身染流行性霍乱的法国工程师萨迪·卡诺不幸辞世,年仅 36 岁。按照当时的防疫条例,霍乱病亡者的遗物一律要烧掉,因而卡诺生前所写的大量手稿被付之一炬。所幸的是,还有一小部分手稿存放在卡诺的弟弟家中,得以保留下来。50年后,在他弟弟及其好友的努力下,遗稿于1878年公开发表。至此,物理学界才了解了卡诺的工作和他的理论。可惜,此时与卡诺理论相关的热力学研究已经有了长足的发展,他的手稿除少数科学史研究者和教科书编辑者偶尔翻翻外,已没有多少人去认真地读它了。

当后人逐步读懂了卡诺的著作后,都为如此重要的成果长期蒙难而感到深深惋惜。那么卡诺到底创造了怎样的理论? 了解这一点需要回溯到1765年,当时英国技工瓦特在总结前人工作的基础上完成了蒸汽机的发明,几经改进后在社会生产和生活的各个领域得到了广泛应用,随后引发了轰轰烈烈的第一次技术革命。但是在当时,蒸汽机的热效率一直很低,一般不超过5%。随着蒸汽动力的普遍使用,如何提高蒸汽机的热效率就成为欧洲人面临的日益迫切的难题。解决这一难题的途径有两种:一是单纯进行技术上或工艺上的改进;二是从理论上深入研究蒸汽机的原理。包括瓦特在内的英国工匠和技师们,多数是自学出身,接受的理论教育和训练较少,因而多从第一种途径展开研究,但总是收效不大。进入19世纪后,一批法国工程师也开始从事这一领域的研究,而他们多数毕业于多学科的工业学院,受到过与理论科学家差不多相同的理论教育和训练,因而更倾向于从第二条途径展开研究,卡诺就是他们中的代表人物之一。

卡诺1814年从埃考尔多科工业学院毕业后,有很长一段时间在军队度过,成为一位颇有建树的军事工程师。在与当时杰出的物理学家以及成功的实业家的讨论中,卡诺被如何设计优良的、高效率的蒸汽机的话题深深吸引住,便投入大量时间和精力去研究这一问题。他不像其他研究者那样去考虑蒸汽机在机械工艺上的细节,而是把注意力集中在寻找蒸汽机工作的基本过程和原理。1824年,在他弟弟的协助下,卡诺完成了他的理论研究并发表了生前唯一的论文《关于火的动力的研究》。卡诺在论文中指出,任何热机除了要有工作物质之外,还要有高温热源和低温热源,对于蒸汽机而言,工作物质是蒸汽,高温热源是锅炉,低温热源则是蒸汽机冷却装置或者直接就是周围的空气。工作物质在高温热源处获得热量,在流向低温热源过程中推动活塞做功。卡诺构想了一种理想化的热机,工作物质只与两个恒定温度的热源交换能量,既没有散热、漏气等因素存在,也没有摩擦损耗,因此这种热机的效率是最高的。这实际上是一种理想热机，后来人们又称之为卡诺热机。卡诺从理论上证明了这种热机的热效率与高低温热源的温度之差成正比，并且其热效率是所有热机中最高的，这就是卡诺定理。卡诺定理并没有告诉人们如何具体计算热机的效率，但却得出了一个具有重要实际意义的结论，即高低温热源的温差越大，热机的效率就越高。据此，人们只要设法加大真实热机高温热源与低温热源之间的温度差，就可以提高它的效率。这显然是为人们进一步改善蒸汽机，提高其热效率指明了正确的方向。

1834 年，也就是卡诺去世两年后，法国的一位道路桥梁工程师克拉佩龙读懂了卡诺《关于火的动力的研究》一文，并发表了研究这一论文的新成果，但未引起学术界的注意。又过了 10 年，英国青年学者汤姆逊（即后来的开尔文勋爵）在巴黎学习时，偶然的机会读到了克拉佩龙的文章，才知道有卡诺的热机理论，但他却无法找到卡诺著作的原文。再以后的几十年里，曾有德国物理学家克劳修斯试图阅读卡诺的著作，但也以失望告终。以上事实表明，在 1824 年至 1878 年间，卡诺的热机理论一直没有得到传播。卡诺生前好友罗贝林曾经这样说道：“卡诺孤独地生活，凄凉地死去，他的著作无人阅读，无人承认。”

科学发展的历史上，常有这样的情况发生，生前不为人所知，死后名满天下。历史有时会开一些让人无奈的玩笑，这对当事人确乎可悲，但是，归根结底，历史是公正的。历史一再证实这样一个朴素道理：是金子总会发光的！

“第二个亚里士多德”
——居维叶为比较解剖学和古生物学奠基

一天中午，居维叶饭后躺在床上看书，不一会儿就迷迷糊糊进入梦乡。突然，哐当一声，窗子被打开，他睁眼一看，窗口出现了一只头上长角的怪物，只见它满脸硬毛、血盆大嘴，两只蹄子已经跃上窗台，嗥叫着向他扑来。但居维叶却只是瞥了一眼，便翻身继续睡觉。怪兽似乎有点不知所措，随后是一阵忍俊不禁的笑声。原来是他几个学生的恶作剧，想装扮成怪兽来吓唬一下居维叶。“老师，您怎么一点都不害怕？”学生纷纷问道。居维叶答曰：“我已经讲过了，凡是头上长角又长有蹄子的动物，都是食草类动物，它们是不吃肉的，我有什么好怕的呢？”学生们恍然大悟。

法国科学家居维叶,是一位杰出的动物学家和古生物学家,也是比较解剖学的创始人。在比较解剖学研究中,居维叶创立了著名的"器官相关定律",根据动物机体的部分片段,就可以判明其他部分,因为每一个有机体都是一个完整而严密的体系,其各个部分都是相互适应的,任何部分的改变,必然引起其他部分的改变。根据这一定律,人们只要得到一些动物化石的碎片,就可复原其全貌,从而精确地确定它的纲、目、属、种。居维叶的这一发现,是对古生物化石研究工作的极大推进,但在当时却没有得到大家的信任,甚至有人还认为他是在故弄玄虚。

为了回答怀疑者的责难,居维叶曾经在巴黎郊外进行了一场现场表演。一天,他把嵌在岩石里只露出颌骨的化石指给在场的人看,然后说道:现在这块化石除了露在外面的颌骨以外,我们什么也看不见,它到底是什么动物的化石呢? 我可以大胆地说,从其颌骨来看,它不是一般的哺乳类动物,而是一种有袋类动物。看到在场的人们露出不以为然的表情,居维叶开始将化石外面的岩石一点点剥除,结果发现它确实有袋骨。这一现场演示大获成功,人们无不啧啧称奇。

居维叶利用自己极为丰富而扎实的生物学知识研究地质学,也取得了让世人为之瞩目的成就。在 1802 年以后的四年多时间里,他坚持每星期野外考察一次,从不间断。经过分析对比,他发现不同地层中含有不同古生物化石,且地层愈深,年代愈久,所含化石与现代物种差异愈大,其中有一些还是已经灭绝了的种属。相反,地层愈新,其中的生物化石与现代物种愈接近。他还发现,不同时代的地层之间存在着不整合现象,以不整合面为界,上下岩层不仅产状不同,所含生物化石也大相径庭。总结上述发现,居维叶提出了盛极一时的"灾变说",认为地层的间断和生物化石的不连续不可能是自然发生的,而是一种异乎寻常的超自然力量造成的,即源自一次又一次的灾变。

居维叶的灾变论观点,强调地质过程的突变和飞跃,而忽视量的变化和渐进过程。它把引起灾变的原因归之为某种超自然力量,使得这一学说有一定的神秘色彩,对当时正在兴起的进化论有一定的干扰。但同时应该看到,灾变论学说中也有许多积极的内容。任何事物的发展都是既有量的积累又有质的飞跃,居维叶所阐述的灾变,实际上反映了事物的飞跃式变化,这对于当时的许多进化论者主要从渐进角度来理解自然过程的固定化思维模式而言,应该说是一种合理的补充,它从另一个侧面揭示了事物发展的规律。

居维叶留给后人的不朽遗产,主要是那些堪称经典的比较解剖学、古生物学、动物分类学和科学组织等方面的著作。居维叶著述之繁多,收集材料之广泛,为世人所罕见。居维叶生前已是名满天下,时人称誉他为"第二个亚里士多德"。但是,后来当人们对生物进化论理论的创立过程进行较粗略的描述时,居维叶却基本上被看成是一个反面人物了。他被称作是"生物学界的独裁者",是"学阀"、"官阀",还是在皇帝面前进谗言的小人,是恩将仇报的典型,最让人不能容忍的是他用灾变论观点对进化论思想横加阻挠和反对。其实,当评价一个历史人物及其成就时,不能离开当时的历史条件,不能仅依据现代科学的状况和现代人的价值观、评判标准来要求古人。实际上,居维叶在19世纪法国科学发展的历程中,留下了浓墨重彩的印迹,作出了不可磨灭的贡献。

生不逢时
——拉马克首创生物进化理论

19世纪下半叶,达尔文及其所创立的生物进化论已是名满天下。在英国,从科学界到普通人,无不由衷地感到自豪和欢欣鼓舞。而在法国情况却恰恰相反,日益显出颓势的科学状况让人着急。特别让法国人感到难堪的是,早于达尔文整整半个世纪,拉马克已经率先提出了自己的进化理论,但没有得到人们的认同。在这一进化论思想被埋没的同时,拉马克本人也在贫病交加中默默死去。当法国人终于意识到应当纪念这个属于他们国家的优秀科学家的时候,他葬身何处,都已经难以确定了。

拉马克早年曾在军队中服役,退役后进入巴黎高等医学院学习,在此期间他迷上了植物学,并在短时间内就收获颇丰,1778年出版三卷本的《法国植物志》,这为他在植物学界赢得了地位和声誉。后来法国国家博物馆改组,增设两个动物学教授岗位,由于缺少合适人选,拉马克改行成为了一位动物学教授。在其位就要谋其政,于是年近50岁的拉马克开始专攻无脊椎动物专业,成为这一领域的开拓者。

拉马克在物种进化方面的研究成果,主要集中在1809年出版的《动物哲学》一书中。他的生物进化学说主要包括三部分内容:① 生物界是按等级向上发展的；② 环境能对生物体产生影响；③ 用进废退和获得性遗传法则。拉马克指出，无论在植物界还是动物界，各物种在体型构成上都严格遵循着一种由简单到复杂的顺序，其间绝无天然的界限，这说明生物界具有按等级向上发展的趋势。拉马克的这一思想，代表着进化思想的真正问世。在拉马克看来，生物所具有的向上发展的主动能力是其能够进化的主要力量，除此之外，环境的影响也会导致生物的进化。外界环境对于植物和低等动物具有直接的影响，可促使它们直接发生变异；但对于有神经系统和习性复杂的动物，环境的影响则是间接的。环境的改变引起动物需要上的改变，需要上的改变又引起行为上的改变，形成新的习性，而新的习性导致器官机能的变化，机能的改变又引起了形态构造的改变，致使新的物种形成。在对这一过程的研究中，拉马克得出了两条著名的法则："用进废退"和"获得性遗传"。所谓用进废退，是指经常使用的器官就发达，不使用就退化。比如，长颈鹿的脖子就是由于经常要去吃高树上的叶子，需要努力伸长脖子，经过许多代的积累，逐渐形成了如此长脖子的鹿。又如，生活在地下洞穴中的鼹鼠，由于长期处在黑暗之中，其眼睛就大大退化了。动物器官之所以会用进废退，是因为后天获得的性状能够遗传，即"获得性遗传"。有了上述原理，拉马克就相对完整地构筑起了他的进化理论的大厦。

应该承认的是。拉马克理论中尚存在着许多不足。他用一种类似于主观意志的因素来说明生物界普遍存在的向上发展趋势，这是没有依据的。他的学说中有不少臆测的成分，而在用事实说明方面却做得不够。但是，我们显然不能因为存在着这些方面的不足而否定拉马克的贡献，我们一方面要承认生物进化论的真正创立者是达尔文，另一方面也要认识到，拉马克的理论观点无疑可看成是生物进化论的催生婆。

1909 年，为纪念《动物哲学》发表 100 周年，巴黎植物园为拉马克立了一座铜像，底座上刻着他的女儿克莱丽的一句话："您未完成的事业，后人总会替您继续的；您已经取得的成就，后世也总会有人赞赏的！"

不在已成事业上停留
——巴斯德开创微生物研究新纪元

1860 年 9 月的一天，有一行数人来到阿尔卑斯山下。在为首一人的安排下，他们分别在山下、850米高处和2 000米高处各打开了20个瓶子，瓶中装有少量肉汁，待空气进入后，又小心翼翼地加以密封。了解底细的人们知道，他们是在做一个科学实验，而指挥者正是著名科学家、时任巴黎高等师范学校教授的巴斯德。

几天以后，实验结果揭晓。在山下打开的20瓶中有8瓶中的肉汁变质，在800米高处打开的20瓶中有5瓶变质，而在2 000米高峰处打开的20瓶，只有1瓶变质。这充分说明，空气中确有微小生物存在，正是它们导致了肉汁变质。海拔越高的地方，空气中微生物越少，因而导致肉汁变质的可能性就越小。

这个实验结果，是对长期流行的自然发生说的有力冲击。按照自然发生说，生命是从非生命物质直接、迅速地产生出来的。但以巴斯德为代表的很多科学家对此不以为然，他们坚信生物只能由生物繁衍而来，空气环境中一定存在着微小的生物胚种，是它们繁衍了各种类型的生命体。为证明这一点，巴斯德设计了上述实验。但这一实验并没有彻底驳倒自然发生说，于是巴斯德又设计了更具决定意义的实验。

1864年4月7日，在巴黎大学一间普通的实验室里，巴斯德精心设计并制造了弯曲成各种形状的长颈瓶，其中放入煮沸过的肉汁，不封口，结果几天之后都没有变质。巴斯德解释道：空气中的微小胚种经过弯曲的瓶颈时，都被沾留在颈管的内壁上，无法进入肉汁中，因而肉汁就不会变质。如果把瓶子倾斜或用力摇动，使肉汁与颈管壁上的胚种相接触，不久肉汁就会变质。巴斯德由此得出结论："生命就是种子，种子就是生命。自然发生说绝对不能复兴了。"法国科学院认为：巴斯德"用最精确的实验，扫清了生物自生这个问题上的疑云"。

巴斯德被世人称颂为"进入科学王国的最完美无缺的人"，他不仅是一位理论上的天才，还是善于解决实际问题的人。1856年间，巴斯德帮助里尔地区解决了酒变酸的问题。通过反复的实验研究，巴斯德认识到，酒变酸实际上是因为一种灰白色的杆状微生物（乳酸杆菌）在作祟，把酒加温到55℃就可以杀灭它们，酒质不受影响，且再不会变质。巴斯德的方法挽救了里尔的酿酒业，这一方法被称为"巴斯德消毒法"。1865年间，受法国农业部委托，巴斯德来到南部著名的蚕区亚来斯，帮助解决蚕生病的问题。经过了极为艰难的探索工作,巴斯德认识到,蚕患病也是由细菌所引起,要治蚕病,需要把有病的蚕蛹、蚕蛾检出销毁,从而切断蚕病的传染途径。就这样,巴斯德用检种新法成功挽救了处于危机中的法国养蚕业。

巴斯德有句名言:"不要在已成事业上停留。"这成为他不断向新的研究领域开拓的不竭动力。从知道酒变酸和蚕生病都由微生物引起,巴斯德联想到,威胁千万人生命的狂犬病、斑疹伤寒、霍乱、产褥热以及禽畜的瘟疫等,可能也都是由微生物引起的。于是他花费了许多年的时间,冒着受到传染的危险,深入疾病发生地实地考察,亲自动手做试验,先后研制成功防治牛羊炭疽病和鸡霍乱的疫苗,挽救了法国的畜牧业。他把"细菌理论"和独创的免疫方法推广到对人类传染病的防治当中,挽救了成千上万人的生命。英国科学家赫胥黎曾这样评价巴斯德的功绩:"1871 年法国付给德国的战争赔款是 50 万法郎,但是巴斯德一个人的发明,已经抵偿了这一大笔损失。"

持续强劲

英国是近代科学的发源地、牛顿经典力学的故乡。英国科学有着优良的研究传统和完善的科研体制,精英辈出,硕果累累。18 世纪,在经历了上半叶科学发展的短暂低迷后,下半叶,便迎来了声势浩大的第一次工业革命。借着这次工业革命的东风,进入 19 世纪后的英国科学界可说是踌躇满志,科学家们在理论科学的许多方面都作出了非凡的建树,比如托马斯·扬对于光学,道尔顿对于化学,法拉第和麦克斯韦对于电磁学,赖尔对于地质学,达尔文对于生物学等,所有这些,无一不具有里程碑式的意义。整体来看,19 世纪英国的科学,风头正劲,虽没能恢复牛顿时代作为世界科技中心的辉煌,但仍呈现出一派欣欣向荣的景象。

伟大实验造就伟大发现
——法拉第创立电磁感应定律

1831 年 8 月 29 日,法拉第构思了一个新的实验,他在一只软铁环上缠绕上两组线圈 A 和 B,线圈 A 与电池组连接,线圈 B 与一只电流计连接。如果当线圈 A 中通有电流时,在线圈 B 中也能发现有电流通过,那就将大功告成。但对于这样的结果，法拉第是不抱奢望的，因为在过去十年里，他对失败早已经习以为常。然而这一次情况有些异样，因为法拉第在不经意间发现，当接通或断开电源时，与线圈 B 相连接的电流计的指针会有强烈的振荡；当电源一直处于接通状态，线圈 A 中正常通有电流时，电流计指针又重新回复到零位。这说明，只有当接通或断开电流的瞬间，才会在线圈 B 中产生感应电流；而若电源一直接通、线圈 A 中一直有电流通过时，线圈 B 中没有感应电流。这样的结果让法拉第陷入了沉思。

法拉第于 1791 年生于英国的一个铁匠家庭，少年时做过报童，13 岁开始在一家印书作坊做装订工达 7 年之久，正是这一段时间使他有机会接触到大量书籍并得以自学成才。后来，有人将法拉第推荐给当时著名的科学家戴维做助手，他也因此学到了科学研究的方法，开阔了眼界，增长了见识，真正踏入了科学研究之门。

法拉第对电磁现象产生兴趣，大约是从 1821 年开始的。当时，奥斯特电流磁效应的发现以及其他有关电磁方面的实验与理论研究成果已经传遍欧洲各国，英国著名杂志《哲学年鉴》邀请戴维撰写综述奥斯特的发现一年来电磁学的进展情况，戴维将此事交给了法拉第。正是在收集相关资料的过程中，法拉第对电磁现象产生了浓厚的兴趣，他想到，既然电流具有磁效应，那么磁也应有电效应。沿着这一思路，法拉第开始了寻找磁生电的实验研究，这实验一做就是漫长的 10 年。在这 10 年当中，法拉第工作日记所记录的，除了失败还是失败。直到 1831 年 8 月 29 日，才有了第一次成功的记录。但这次所谓的成功，与法拉第的追求仍相去甚远，因为他想得到的是稳定的电流，所以瞬态电流的发现并没有使他马上高兴起来。

同年 9 月 24 日，法拉第又设计了一个实验，这次他没有用电源，而是直接使用磁棒。他把与电流计相连的线圈缠绕在一个铁圆筒上，将磁棒插入圆筒中。他发现，仅当将磁棒插入或抽出时，线圈中有瞬态电流出现；而让磁棒停留在圆筒内静止，则无论磁棒的磁性有多强，线圈中也不会有电流。对于这一现象，法拉第仍然无法领悟其中的深刻含义。10 月 17 日，法拉第不再借助于铁环、铁圆筒之类的装置，只用一根永磁棒和一个连接着电流计的线圈，只要将磁棒插入或抽离线圈，线圈中都会产生电流，这使法拉第终于豁然开朗：原来是变化的磁才能产生电啊！后来法拉第又经过了一个多月的实验验证,待确信无疑后于 11 月 24 日向英国皇家学会报告了他的实验结果:无论采用何种方式,只要穿过闭合回路所围面积的磁通量发生变化,回路中就会有电流产生。这就是著名的电磁感应定律,它的发现成为发电机的理论基础,开创了人类利用电力的新时代。

法拉第于 1867 年 8 月 25 日走完了他 75 岁零 11 个月的辉煌人生历程。在筹备他的葬礼时,有人提议停电三天向法拉第致哀,但却发现这已经是一件不可能做到的事情了,人类社会已经不可能一日无电了。今天的世界已成为电气化的世界,这无疑成为了法拉第真正的纪念碑。

业余爱好铸辉煌
——焦耳与能量守恒定律研究

焦耳 1818 年 12 月 24 日生于英国曼彻斯特市一个富有的酿酒商家庭,他从小就跟着父亲酿酒,没有进过正规学校。但他天资聪慧,喜欢读书,靠自学掌握了较为丰富的知识。后来有人介绍他认识了著名化学家道尔顿,在道尔顿的影响下,焦耳对自然科学研究的兴趣越来越浓,尤其在实验研究方面,焦耳表现出的痴迷让人惊叹。有一次,焦耳与哥哥找来一匹瘸腿的马,往其身上通电流,马受到电击便狂跳起来。焦耳则记下电流的大小和马的狂跳程度,认为这可以检验电击效果。还有一次,焦耳用火药枪发出的巨响来做回声实验。为使响声更大,焦耳向枪膛中装入了平时三倍的火药,结果枪口喷出的火焰把他的眉毛都烧光了。

1840 年前后,焦耳开始对通电导体放热的问题进行深入研究。父亲为了支持他,特地将家里的一间房子改成了实验室。焦耳一有空就进入实验室忙个不停,他首先把电阻丝盘绕在玻璃管上做成一个电热器,然后把电热器放入一个玻璃瓶中,瓶中装入一定质量的水。给电热器通电并开始计时,用鸟的羽毛轻轻搅动水,使水温各处均匀,从插入水中的温度计可随时观察到水温的变化。与此同时,用电流计测出电流的大小。焦耳将这一实验做了一次又一次,获得了大量数据。分析这些数据表明:电流通过导体时产生的热量跟电流强度的平方成正比,跟导体的电阻成正比,跟通电的时间成正比。焦耳把这一实验规律写成论文《关于金属导体和电池在电解时放出的热》,于 1841 年发表在英国著名的《哲学杂志》上。但是,论文并没有引起学术界的重视，因为在一些学者看来，电与热的关系不会就这样简单。再者，焦耳只是个酿酒师，没有大学文凭，其科研结果没有多大的说服力。

焦耳没有因此而气馁，仍然继续着自己的实验工作，他下一步的目标是搞清楚功和热量的转化关系。焦耳认识到，自然界的能量是不能消灭的，消耗了机械能，总能得到相应的热。这就是说，做功和传递热量之间一定存在着某种确定的数量关系。那么1卡的热量相当于多少焦耳的功呢？为找到这一当量关系，焦耳精心设计并制造了量热器，用各种不同方法进行反复的实验探索。到1878年，焦耳从事这方面的实验研究接近40年，先后做实验400多次，终于得出了相当精确的热功当量值：1卡＝4.157焦耳。这一数值与今天公认的值（1卡＝4.184焦耳）相当接近。在当时的实验条件下，能得到如此精确的数值实属不易。

焦耳所获得的热功当量值曾保持了30年而没有变化，这在物理学史上是罕见的。这一研究成果充分表明，焦耳也是能量守恒定律的发现者之一。

能量守恒定律的发现被确认后，产生了发现优先权的争议。实际上，从成果发表的时间看，是德国科学家迈尔在先；从实验证据的精确度看，是焦耳领先；而从原理的精确阐述方面看，则是赫尔姆霍茨领先。他们三人都各自独立地作出了这一重要发现，都应享有发现者的荣耀。事实上，除他们三人之外，还有几位科学家也各自用不同的方法作出了这一发现，这被看成是科学史上同时发现的典型范例。

自然选择
——达尔文创立生物进化论

1831年12月27日，英国皇家军舰"贝格尔号"扬帆起航。有一位随船的年轻人英姿勃发，引人注目。此人即是达尔文，他是作为不取报酬的自然学者而随船进行科学考察的。达尔文得以成行，是在经历了一连串匪夷所思的偶然事件和妥协后实现的，因而对这次机会他倍加珍惜。"贝格尔号"军舰环球航行近五年，于1836年10月2日结束。对达尔文来说，这是一次伟大的经历，不仅改写了他的一生，也影响了世界科学的进程。

达尔文生于1809年。求学期间，在专业的选择上，没少让父亲烦心。一开始，父亲让他学神学，他却讨厌牛津那儿令人窒息的学术气氛；继而，父亲又试图说服他去学医,他却认为医生是一个"兽性的职业"!有一段时间达尔文在家无所事事,这让他的父亲感到担忧,一度担心整个家族会因他而蒙羞。直到"贝格尔号"军舰返航,了解到了儿子的志向和增长的学识,父亲才终于感到一丝欣慰。

通过这次环球航行,达尔文收集到了各种极为丰富且准确的资料,为他下一步的研究工作打下了基础。首先,他整理出版了多部考察报告,这使他成为小有名气的地质学家和生物学家。在此期间,由于受赖尔地质渐变论和马尔萨斯《人口论》的影响和启发,他不但初步形成了生物进化论的基本思想,而且对于生物进化的机制也有了某种程度的领悟。后来又经过20多年坚持不懈的资料搜集和独立思考,终于写成了生物进化论的奠基性著作《物种起源》,于1859年正式出版。在书中,达尔文从地质学、分类学、形态学、胚胎学等各个学科的相关知识出发,列举了大量的事实,证明物种不是由一个造物主特创出来的,而是彼此之间存在着血缘关系,是从最初形成的共同祖先,通过自然选择的作用,逐步缓慢进化而形成现在的丰富多彩的生命世界。

生物进化论的创立,在整个人类思想史上产生了极其深刻而广泛的影响。恩格斯盛赞它是19世纪自然科学的三大发现之一,并将达尔文的功绩与马克思相提并论,他这样说道:"正像达尔文发现有机界的发展规律一样,马克思发现了人类历史的发展规律。"生物进化论的重要意义,既表现于生物学本身,也体现在哲学观念上。从生物学角度看,这一理论使得过去描述性的零散的生物学各分支第一次具有了统一的理论基础,它首次把动态的历史过程这样一个崭新的观念带进了生物学研究中,促使生物学家们的思维模式发生了根本的改变。从哲学观念方面看,生物进化论对长期占据统治地位的形而上学自然观形成了有力的冲击,为辩证唯物主义自然观的诞生奠定了基础。

第三次大综合
——麦克斯韦电磁理论的建立

1879年的春天,春寒料峭,英国剑桥大学的一间阶梯教室里,只在第一排座位上坐着两个学生。讲桌前的老师面孔清瘦,目光深邃,表情庄重而严肃,正在一丝不苟地讲解着,仿佛不是在向这两个听众,而是在向全世界介绍他的理论。听课的学生中，其中一位叫弗莱明，他后来成为电子二极管的发明者。而正在授课的老师就是完成了电磁理论集大成之举的著名科学家麦克斯韦。当时很少会有人意识到，这年春天的授课已是麦克斯韦的最后绝唱，因为他已罹患癌症，将不久于人世。正是在这一年的 11 月 5 日，巨星陨落，年仅 48 岁的麦克斯韦不幸离世。

麦克斯韦生于苏格兰爱丁堡，自幼聪慧，14 岁就在爱丁堡皇家学会会刊上发表关于二次曲线作图问题的学术论文，显露出出众的数学才华。麦克斯韦大约从 1855 年开始研究电磁学。在潜心研究了法拉第电磁理论后，产生了一种想法：给法拉第理论"提供数学方法基础"，把法拉第的天才创造成果以清晰准确的数学形式表达出来。凭借着自己高深的数学造诣和丰富的想象力，在此后的数年时间里麦克斯韦硕果累累。1856 年发表论文《论法拉第的力线》，这是他将"力线"数学化的最早尝试，使得法拉第所创造的力线概念由一种直观的想象上升为科学的理论。法拉第本人在读到这篇论文后，对麦克斯韦得出的结论和他杰出的数学才能大为赞赏。

1862 年，麦克斯韦发表《论物理的力线》一文，提出了"位移电流"假说。麦克斯韦指出，除了通常出现在导体中的传导电流，在电介质中还会出现由于外电场作用而产生的位移电流。传导电流是因为导体中的自由电荷在外电场的作用下在导体内部沿电场方向运动而形成的；而电介质中没有自由运动的带电粒子，因此其分子在外电场的作用下只能使自己的一端呈正电，另一端呈负电，这就是电位移。外电场对电介质作用的总体效果，将在某一方向上产生总的电位移，如果这种电位移发生变化就形成位移电流。位移电流概念的引入成为理论上解决电场如何在空间激发磁场的关键，有了位移电流的概念，电场和磁场在形式上就完全对称了，电场的任何变化都会产生磁场，磁场的变化也会产生电场，电场和磁场真正被统一于一个理论体系中。

1864 年，麦克斯韦发表了论文《电磁场的动力学理论》，对前些年的研究成果进行了总结，给出了一组描述电磁现象的完整方程，这就是后来人们所说的"麦克斯韦方程组"。对方程组进行简单的矢量运算，麦克斯韦立即发现电场强度和磁场强度都满足一个波动方程，且波动传播的速度就是光速。由此麦克斯韦作出了存在电磁波的预言，并认为电磁波的传播速度就是光速，而光，也只不过是电磁波的一种特殊形式。至此，一个成熟的经典电磁理论就诞生了。

电磁理论的建立,是19世纪物理学最重大的事件之一,它不但把此前发现的电和磁的基本定律都包容进来,而且还把电磁现象与光现象也统一了起来,这是近代物理学的第三次大综合。但在麦克斯韦还活着的时候,人们对他的理论似懂非懂,没有引起足够的重视。直到他去世多年后,德国科学家赫兹用实验验证了电磁波的存在,人们才认识到他所创立的理论有多么重大的意义。爱因斯坦在纪念麦克斯韦100周年诞辰的文章中写道:"自从牛顿奠定理论物理学的基础以来,物理学的公理基础的最伟大的变革,是同法拉第、麦克斯韦和赫兹的名字永远联系在一起的。这次革命的最大部分出自麦克斯韦。"

打开通往基本粒子物理学的大门
——汤姆生发现电子

1884年,当距离瑞利退休的日子越来越近的时候,很多人都在关注着这位著名科学家,看他会选择谁来接替他担任剑桥大学卡文迪许实验室主任一职。出人意料的是,瑞利竟然选择了当时还不满28岁的约翰·汤姆生为接班人,大家不禁为此捏一把冷汗,担忧汤姆生是否能够担当起这一重任。但在不久以后,事实证明了瑞利当初选择的正确性,于是人们纷纷转变态度,赞扬瑞利慧眼识珠的才能。

汤姆生1856年生于英国曼彻斯特,由于父亲与曼彻斯特大学的不少教授交往密切,使汤姆生在小时候便有机会受到学术熏陶。1876年,他进入剑桥大学三一学院学习,四年后以优异成绩取得学位,又过了两年,他被任命为大学讲师。汤姆生过人的才华和发展潜力受到瑞利赏识,而汤姆生也确实没有辜负这种赏识和推荐,他在1897年研究稀薄气体放电的实验中,证明了电子的存在,轰动了整个科学界。

在稀薄气体放电的实验中,持续抽出容器内的空气,在真空度较高的情况下接通高压电源,阴极会发出一种射线,它能使面对阴极的管壁发出绿色的荧光,这种射线被命名为"阴极射线"。阴极射线是什么? 这一问题引起了科学界长期的争论。有人说它是光波,也有人说它是带电的原子,还有人说它是带阴电的微粒。英法科学界和德国科学界对于阴极射线本质的争论，竟然持续了20年之久。直到1897年，在汤姆生出色的实验结果面前，真相才大白于天下。

汤姆生的实验过程大致是这样的，他将一块涂有硫化锌的小玻璃片放在阴极射线所经过的路径上，可以看到硫化锌会发出闪光，这说明硫化锌能显示出阴极射线所走过的"径迹"。阴极射线在一般情况下是直行的，但若在射线管外加上电场或磁场，阴极射线的路径就会发生偏折。根据偏折的方向，很容易就能判断出阴极射线所带电的性质。汤姆生的结论是：阴极射线是带负电的物质粒子。他并未就此止步，而是进一步发问：这些粒子是什么呢？是原子、分子，还是其他新的粒子？为回答这一问题，汤姆生又设计了更为精巧的实验，测出了这种"微粒"的电荷与质量之比，简称"荷质比"。通过分析荷质比汤姆生发现，这种粒子的质量比氢原子要小得多，前者大约是后者的两千分之一；进一步的分析研究说明，荷质比是这种粒子的固有属性，与实验条件无关，这就表明：它存在于任何元素之中，是一切物质组成中共有的微观粒子。起初，汤姆生把这种粒子叫做"微粒"，后来改称"电子"。

电子的发现是科学发展史上的一次革命性事件，它打破了原子"不可分割"的传统观念，证明原子也是由许多部分组成的，这标志着一个科学新时代的到来。基于电子的发现，汤姆生成为国际知名的科学家，被誉为"最先打开通向基本粒子物理学大门的伟人"。他获得了1906年度诺贝尔物理学奖，1916年就任英国皇家学会主席。晚年，他一如既往，仍然兢兢业业地从事他所热爱的研究工作，直至1940年8月30日去世。他的骨灰葬于西敏寺中央，同牛顿、达尔文、开尔文勋爵等伟大科学家的骨灰安放在一起，接受后人世世代代的瞻仰。

争奇斗艳

在19世纪的科技舞台上，并非只有德、法、英等传统科技强国在唱戏，欧美其他许多国家也相当活跃。丹麦物理学家奥斯特发现电流的磁效应，引发了电磁学研究的热潮；意大利化学家阿伏加德罗建立分子学说，使物质结构理论得以初步完善；俄国科学家门捷列夫建立元素周期律，令长期以来各自孤立的化学元素形成一个完整的体系。还有瑞典探险家诺登舍尔德开辟北冰洋新航路,奥地利科学家孟德尔发现遗传规律,波兰籍女科学家居里夫人对放射性元素的研究等等,都是可圈可点的伟大成就。值得一提的是,远离欧洲大陆的美国,此时期异军突起,成为世界科技舞台上的新秀。虽然受实用主义传统的影响,美国的理论科学尚在起步阶段,但其技术应用方面的研究却获得了迅猛的发展。爱迪生发明的电灯、莫尔斯发明的电报、贝尔发明的电话等,共同开辟了人类电气时代的新纪元。另外,瑞典发明家诺贝尔发明炸药并设立诺贝尔奖,意大利发明家马可尼关于无线电通信的研究成果等,也都在很大程度上影响了科学技术和人类社会发展的进程。

硝烟中走出来的发明家
——诺贝尔与炸药技术研制

1864 年的一段时间里,在瑞典斯德哥尔摩附近的马拉湖上,有一只船一直停在那儿,附近的居民对这艘船充满了恐惧,谁也不敢靠近它,因为大家知道,诺贝尔正在那儿进行炸药试验。做炸药试验为什么要在船上?原来,研究炸药是一项十分危险的工作,诺贝尔在实验室试制炸药时曾有一次发生了爆炸,当场炸死 5 人,其中包括诺贝尔的弟弟,他的父亲也受了重伤。这场灾祸发生后,周围居民很是恐慌,强烈反对继续在原处制造炸药。诺贝尔不愿放弃自己的研究,只好把设备转移到附近的湖上,在船上继续他的试验。

诺贝尔 1833 年出生于瑞典斯德哥尔摩,青年时期曾以工程师身份到欧美各国考察 4 年,对当时各国工业发展情况有所了解。采矿业的迅速发展对炸药有越来越迫切的需求,而原有的炸药类型和生产规模已经远远不能满足这种需求。于是,诺贝尔决心改进炸药生产,研制出新型炸药来。诺贝尔的研究从硝化甘油入手,他起初是用黑色火药引爆硝化甘油,后来发明了雷管引爆。但初获成功后,接踵而来的却是不断的失败和巨大的挫折。硝化甘油炸药虽然威力巨大,但不易控制,在研制和使用中导致事故频发。在一次又一次的爆炸声中,美国的一列火车被炸成一堆废铁,德国的一家工厂被夷为废墟,一艘轮船也船沉人亡。这些惨痛的事故,使不少国家对硝化甘油炸药失去了信心,干脆下令禁止制造、贮存和运输它。在这种艰难的情况下,诺贝尔没有灰心,他总结以前的经验教训,又经过了无数次的探索和试验,终于发明出了一种新方法:用一份硅藻土吸收三份硝化甘油。用这种方法制成的炸药,运输和使用都很安全,可广泛应用于工业生产。受到成功的鼓舞,诺贝尔再接再厉,又把新成果向前推进了一步,他用火棉和硝化甘油制成了爆炸力更强的炸胶,又把少量樟脑加到硝化甘油和炸胶中,制成了无烟火药。

诺贝尔身上有着旺盛的创造潜力,他的研究兴趣极为广泛。除了研制炸药,他还涉及炸药生产工业技术、军器制造学、高分子化学、电化学、电工学、生理学和医学等领域。他所获得的炸药之外的发明专利有:气体测量器、硫酸蒸浓器、防爆锅炉、弹壳无声退出法、改良电池、改良电话与发动机等。诺贝尔的一生是不断进取的一生,他是一位不折不扣的"工作狂",因为过度劳累,年仅40岁就已须发斑白。晚年的他分别在巴黎、意大利的圣雷莫和瑞典的柏克堡有三个"家",但都是实验室、办公室和工厂。

诺贝尔虽然发明了炸药,但他是一位和平主义者,想用自己的发明来消除战争。他曾这样说道:"当双方军队能在一分钟内彼此歼灭的时候,所有文明国家都会撤离战争和遣散军队。"诺贝尔还是一位慈善家,在成为实业家和大富翁之后,每年都要拨出大笔款项救济穷人和资助个人的研究活动。1895年11月,他留下了"最后遗嘱",用自己的遗产作为基金,奖励那些在物理、化学、医学和生理学、文学以及人类和平事业中作出重大贡献的人。一年后诺贝尔与世长辞,但他的名字和光辉业绩,如同"诺贝尔奖"一样,将长留人们心中。

"科学上的一个勋业"
——门捷列夫发现元素周期律

1868年冬季,门捷列夫的仆人和家人惊奇地发现,一向视时间为生命的门捷列夫忽然之间迷上了玩纸片。几十张纸片摆开,收起,再摆开,再收起,还时常将不同纸片互换位置,门捷列夫一个人一边专心致志地摆弄着,一边在本子上记下点什么。冬去春来,终于有一天门捷列夫从摆满了小纸片的桌子前挺直了身子,长出了一口气,貌似已经大功告成。原来,门捷列夫所玩的每张小纸片上,都写有一种化学元素的名称及其简要性质,他期望通过对它们进行反复的排列,能够找出可能存在的规律性关系。

进入 19 世纪后,随着大量化学元素的发现以及原子量的精确测定,人们对于元素性质与其原子量的关系越来越关注。实际上,在很久以前就有化学家注意到这样的事实:某一组元素具有相似的化学性质。若将这些元素按原子量大小排列起来,则会发现其中每一元素的原子量大致等于其前后原子量的平均值。19 世纪中期以后,有关这类数值关系的研究探讨日渐活跃,也有一些初步成果出现,这成为发现元素周期律的前期工作。而最终建立起元素周期律理论的是俄国科学家门捷列夫。

门捷列夫 1834 年 2 月生于西伯利亚,大学毕业后曾去德国深造,专攻物理学和化学。1861 年回国后进圣彼得堡大学担任教授。在给学生讲授无机化学时,门捷列夫感觉当时的化学教科书太陈旧了,已经不能适应这门学科的发展,于是决定写一本名为《化学原理》的教科书。当他写到化学元素和化合物性质的章节时遇到了难题,因为当时已经发现了 63 种元素,但是由于没有一个标准的分类方法,人们不知道该如何安排这些元素。为了寻找恰当的分类方法,门捷列夫开始了极为艰苦的探索工作,他想出的办法就是用小纸片进行排列、组合,经反复尝试后最终取得了成功。1869 年 3 月,门捷列夫公布了他的第一张元素周期表。在随后不久的俄罗斯化学协会的例会上,门捷列夫宣读了自己的论文《元素属性和原子量的关系》,其中把元素周期律概括成两个基本要点:① 元素按照原子量的大小排列后,呈现出明显的周期性;② 原子量的大小决定元素的特征。

应当提及的是,在门捷列夫发现元素周期律的同一时期,也有其他的科学家得到了与门捷列夫基本相同的周期律。但比较起来,还是门捷列夫的理论更为完善。因为在门捷列夫的周期表中,除全部包括了已经发现的 63 种元素外,还留下了一些空位,这是门捷列夫对当时还没有被发现的一些元素的预测。虽然他没有给这些元素命名,但给出了其原子量和化学性质。这些元素不久以后相继被发现,并且它们的原子量和化学性质与门捷列夫的预言基本一致,这充分证明了元素周期律的正确性。

元素周期律的发现给门捷列夫带来了巨大的声誉,他的《化学原理》一书,在 19 世纪后期和 20 世纪初被国际化学界公认为标准教科书,前后共出版八次,影响了一代又一代的化学家。恩格斯给予门捷列夫的工作以极高的评价,说他"完成了科学上的一个勋业"。

"发明大王"

——爱迪生和他的伟大发明

美国发明家爱迪生，一生拥有 1 093 项发明专利。在他所有的发明中，电灯最具典型性，因为这一发明从根本上改变了人们的照明方式，并且它的发明过程最具传奇色彩，为人们所津津乐道。据说爱迪生在孩童时期就表现的与众不同，他曾学老母鸡孵蛋，让大人为之捧腹；他也曾因尝试做火的实验而险些引发火灾；他还曾给小朋友喂汽水药粉，试图让人像气球那样升空飞行。正是因为爱迪生从小就有对事物强烈的好奇心和动手试验的渴望，才在日后成为闻名世界的大发明家。

在电灯问世之前，人们照明用的是煤油灯或煤气灯。这样的照明用具要燃烧煤油或煤气，会产生浓烈的黑烟和刺鼻的气味，并且还需要经常添加燃料、擦洗灯罩，很不方便。更为严重的是，它很容易引发火灾。为改变这一状况，很多人致力于新型灯具的发明。19 世纪初，英国一位化学家制成了世界上第一盏弧光灯。这种灯是在电瓶两极接两根碳棒，通电后把两极一碰，然后再分开，两极之间立刻产生火焰。由于两个碳极是水平放置的，中间有热空气上升，两极间的火焰就向上微微弯曲而形成弧状，故称弧光灯。但这种灯有一缺陷，就是它的光线太强，只适用于公共场所的照明，普通家庭无法使用。

1877 年，爱迪生开始研制电灯。一条现成的思路是对弧光灯进行改制，爱迪生提出的方案是：分电流，变弧光灯为白炽灯。但要实现这一目标，必须找到一种能燃烧到白热的物质做灯丝，这种灯丝要能够承受 2 000 ℃高温下 1 000 小时以上的燃烧，同时还要使用方便，结实耐用，价格低廉。为了找到做灯丝用的物质材料，爱迪生展开了艰苦的实验工作。他先是用碳化物质材料做实验，失败后又用金属铂与铱高熔点合金做实验，接下来他又对 1 600 多种物质材料一一进行试验，结果都以失败告终。但这时人们已经知道，在真空中灯丝可以有更长的使用寿命，于是实验又回到碳质灯丝上来。爱迪生夜以继日的在物质的碳化上下工夫，据说仅植物类的碳化实验就达 6 000 多次。到了 1879 年的上半年，爱迪生的白炽灯研制仍没有见到希望，让人一筹莫展。有一天，他把实验室里的一把芭蕉扇边上绑着的一条竹丝撕成细丝,经碳化后做成一根灯丝,出乎意料,这一次实验极为成功,于是人类历史上第一盏白炽灯——竹丝电灯诞生了,这种电灯一直使用到 1906 年。后来,爱迪生又改用钨丝来做灯丝,灯泡的质量得到了明显的改善,并一直沿用至今。

除了发明电灯,爱迪生还发明了留声机、电影摄影机、碳粒电话筒等,在矿业、建筑业、化工等领域也有不少创造和真知灼见。他被誉为"发明大王"是当之无愧的。1931 年 10 月 18 日,84 岁的爱迪生辞世。为了纪念这位为人类作出巨大贡献的发明家,美国政府下令全国停电 1 分钟,在这一分钟时间里,美国仿佛又回到了煤油灯和煤气灯的时代。一分钟后,整个美国又变得灯火通明、繁华如旧,人们知道,这是爱迪生带给人类的光芒和福音。

迎接电话时代的来临
——贝尔与电话的发明

1876 年 3 月 10 日,贝尔和助手华生正在为发明电话而各自忙碌着,贝尔负责调试送话器,华生则在相隔一定距离的另一房间里调试受话器。由于长时间工作,再加上没有取得理想的效果,贝尔不禁有点心烦意乱,一不小心把蓄电池中的酸液打翻了,他下意识地喊了一声:"华生,快来帮帮我!"另一房间的华生突然从受话器中清晰地听到了贝尔的喊声,他按捺不住心中的惊喜,迅速奔向贝尔的房间。贝尔在得知自己研制的电话已经能够传送声音时,心情一时激动得难以平复。当天晚上,他在写给母亲的信中说道:"朋友们各自留在家里不用出门也能相互交谈的日子就要到来了!"

贝尔本是苏格兰人,受家庭熏陶,从小就对声学和语言学有浓厚兴趣,后来也因这方面的研究工作而逐渐获得较高的声望。1873 年,贝尔受聘波士顿大学成为声音生理学教授,全家移居美国。当时,电报业发展如火如荼,贝尔也参加了电报的改进研究工作,并对电讯技术有了一定的了解。在一次关于发报机的实验中,当助手华生把粘在一起的簧片弹开时,贝尔的发报机的簧片也震动起来,发出了响声,并且这种响声还通过导线传到了另一个房间的仪器上。受此启发,贝尔有了关于"发音电报"或者叫"电话"的念头,于是他开始了电话的研制发明工作。从原理上看,只要将声波的震动转化为电流的震动,人的声音就可以通过电线传送出去。现在的关键是,如何在物理方式上实现这种转化。经过多次实验后贝尔发现，碳粉的密度可以较大幅度地改变电阻，从而改变通过它的电流强度。如果用钢膜夹住碳粉作话筒，那么当有声音时，声波对钢膜的冲击将改变被夹碳粉的密度。根据这一物理原理，贝尔首先制造出了送话器和受话器，后又经过反复调试，终于在1876年3月10日这一天成功地制成第一部电话机。

一年以后，贝尔在马萨诸塞州进行了电话使用的演示。他通过电话与远在波士顿的华生通话，两人相隔22.4千米。他们在电话中唱歌、交谈，还交换了新闻。这使在场的人们都惊奇、兴奋到了极点。第二天，《波士顿环球报》刊登了这条新闻，并配以"电话传送——通过电线以人的声音发送的第一条新闻"的标题。这条新闻在北美各家报纸上相互转载，欧洲的科技杂志也进行了相关报道。此后不久，电话机就开始为公众所采用，电话用户数量在美国及世界各国以几何级数快速增长，人类真正开始进入电话交流的新时代。

贝尔因为发明电话而奠定了他在世界科技史上的不朽地位，他1883年被选为美国科学院成员。在他的一生中，曾经获得了12个荣誉博士称号。

"无线电之父"
——马可尼和无线电通信技术的发明

1864年麦克斯韦提出电磁波理论，1886年赫兹用实验验证了电磁波的存在。这些成就激发起人们对电磁波应用研究的热情，例如用电磁波来进行无线电通信。当时有许多科学家和技术工程师参与了无线电技术的研制工作，如1895年，英国著名科学家卢瑟福利用他自己发明的检波器可以使无线电信号传输1.2千米；1896年，英国物理学家洛奇研制的电磁波接收器能够接收到800米以外的地方所发射的电波信号。真正将无线电通信研制到实用阶段的有两个人，一位是意大利的马可尼，另一位是俄国的波波夫。马可尼还因为在此方面的成就而被誉为"无线电之父"。

马可尼1874年生于意大利博洛尼亚的一个富有的家庭，少年时代的马可尼虽几乎未进过学校，但却在父亲的私人图书馆里博览群书。母亲在阁楼上腾出一个房间当做他的实验室，还说服一位大学物理教授给他进行指导。正是在这位高水平启蒙老师的引导下，马可尼阅读了大量的电磁学方面的著作，做了许多电磁学实验，由此培养起了浓厚的物理学特别是电磁学方面的兴趣。

1894 年,未满 20 岁的马可尼利用自制的发射机和接收机,以及自己发明的垂直天线,接收到了 1.5 千米以外发射的无线电信号,这对他而言是一个巨大的鼓舞。但是,由于在意大利不能获得支持,他于 1896 年孤身一人来到英国,其才华和研究工作受到了英国邮政总局工程师普利斯爵士的赏识。在普利斯的安排下,马可尼进行了无线电收发的现场表演,在邮政大楼顶上和相距约 300 米远的储蓄大楼之间,成功实现了无线电信号的发射和接收,在场的工业界、商业界和学术界的名流,无不感到极大振奋。到 1897 年时,马可尼已经能使收发距离增加到 16 千米。同年,马可尼无线电报公司成立,他的发明很快被用于航海救险。他在英国普尔度建立了一个大的发射台,采用音响火花式电报发射机发射信号,设在 3 200 千米之外的收报机成功地接收到了从普尔度发来的"S"字母。这次成功标志着无线电报开始进入远距离通信的实用阶段。因为在无线电发明上的卓越贡献,马可尼与德国物理学家布劳恩分享了 1909 年的诺贝尔物理学奖。

耐人寻味的是,到底谁是无线电技术的真正发明者,时至今日仍存在很大的争议。一般人承认是马可尼发明了无线电技术,但俄国人却断然否认这一点,因为在他们看来,波波夫才是真正的发明人。

俄国物理学家波波夫,从 1889 年起就致力于研究用电磁波向远处发送信号。通过长期的研究,他首创接收机天线,为实现远距离接收打下了基础。1895 年 5 月,波波夫在俄国物理化学协会物理部年会上,宣读了论文《金属屑与电振荡的关系》,并将自己设计制造的"雷电指示器"进行了演示。波波夫所谓的"雷电指示器",实际上就是无线电接收器。当他的同事雷波金在一定距离的远处接通电磁波发射器时,波波夫的无线电接收机便响铃;断开发射器,铃声便终止。次年,波波夫和雷波金在俄国物理化学年会上,利用自己制作的无线电信号接收机,将一段莫尔斯电码传送到 250 米远的地方,电文为"海因里希·赫兹",以此纪念电磁波的发现者赫兹。到了 1898 年,波波夫同俄国海军一道实现了相距 10 千米的船只与海岸间的通信,次年通信距离又达到了 50 千米。

可以看出,波波夫的研究成果也是卓著的,但由于俄国沙皇政府未能及时给予支持,使波波夫发明的无线电技术没有及时得到推广应用。因此,波波夫失去了无线电技术发明的优先权。这对波波夫个人而言，确实有悲剧成分，但他在这方面所作出的努力和所取得的成就，得到了世人的充分认可，没有人会怀疑他是一位伟大的发明家。

"镭的母亲"
——居里夫人的放射性元素研究

居里夫人1867年生于波兰华沙，她原名叫玛丽·斯科罗多夫斯卡，因后来嫁给法国物理学家皮埃尔·居里而改称玛丽·居里，后世一般称其为居里夫人。

19世纪末的物理学界，可谓是群星璀璨，硕果累累。伦琴发现了X射线，贝克勒尔发现了铀的放射性现象，一系列重大成果的出现大大激发了居里夫人对相关领域研究的兴趣，她于1897年确定"放射性物质的研究"为自己博士论文的选题。她首先通过实验证实了贝克勒尔所发现的铀的放射性，得出了辐射强度同铀的质量成正比的结论。1898年4月，她发现钍也能发出类似的射线，从而证明放射性并不是个别元素独有的性质。她通过大量实验发现，沥青铀矿和铜铀云母具有很强的放射性，且其强度远远超过铀和钍。居里夫人由此断定其中必定存在着新的放射性元素，并下决心寻找到它们。居里夫人的决心和毅力感染了丈夫，他放下自己手头的工作而与夫人一起投了极为艰苦的寻找新元素的研究中。

在极其简陋的棚屋里，夫妇二人将奥地利政府提供的几吨废铀矿渣进行反复的化学分离和物理测定。1898年7月18日，他们终于分离出了一种放射性比铀强400倍的新元素。为纪念居里夫人的祖国波兰，将其命名为"钋"。同年12月，他们又发现了一种常常与钡元素相伴生的新放射性元素"镭"。这一发现轰动了整个物理学界，但当时有一些化学家表示出了怀疑。于是夫妇二人又花了3年多时间，终于从几吨沥青铀矿渣中分离出了0.12克纯氯化镭，并测出了镭的原子量是225，其放射性比铀要强200万倍。

居里夫妇通过实验获得了钍、钋和镭三种放射性元素，还从理论上给出了放射性现象的一个实质性假说。他们认为放射过程是一种物质的发射过程，又是一个能量递减过程，与之伴随的是放射性物质重量的减少。他们还着重指出，这个过程可能和元素的演化有联系。这样的理论观点无疑为物

131

理学界指出了下一步研究的一个重要方向。

居里夫人的博士论文直到 1903 年才最后完成,就在当年,他们夫妇二人与贝克勒尔分享了诺贝尔物理学奖。令人遗憾的是,居里夫妇由于太过劳累,竟然没有力气亲临现场领奖。在过去的四年多时间里,居里夫人体重减少了 10 千克,身体状况严重受损。但她没有因此停下研究的步伐,而是继续努力,终于在 1911 年再度获得了诺贝尔奖。这次她被授予的是化学奖,以表彰她分离出了纯镭。由此,她成为历史上绝无仅有的两次荣获自然科学方面诺贝尔奖的科学家。她关于放射性的研究开辟了一个全新的研究领域,此后不久,放射学就与物理学、化学、考古学、地理学以及天文学等学科建立起了联系,促进了这些学科的发展。

为了纪念居里夫人的光辉业绩,人们亲切地称她为"镭的母亲"。居里夫人生命中最后的二三十年,是在巴黎镭学研究院里指导研究工作中度过的,她的生活中充满了鲜花和荣誉。但是,由于长期受到放射性元素的辐射,她的健康状况每况愈下。1934 年 7 月 4 日,她因罹患白血病而不幸去世。但她所表现出来的献身科学事业的伟大精神,却永远为后人铭记。

六、石破天惊：20 世纪的科技革命

20 世纪的科学技术革命，也叫做现代科学技术革命。它实际上包括两方面内容：现代科学革命和现代技术革命。应当了解的是，这次的科学革命与技术革命，并不是完全同步的。新世纪到来之初，首先发生了现代科学革命；而现代技术革命则要晚一些，是 20 世纪 40 年代第二次世界大战结束前后发生的。鉴于此，本章内容并非科学革命与技术革命并重，而是更侧重于现代科学革命内容的介绍。现代技术革命的主要内容，则留待下一章介绍。现代科学革命肇始于物理学革命，随后波及自然科学各个领域。生物学革命体现于 20 世纪 50 年代形成的分子生物学；地学革命则以 20 世纪 60 年代末板块构造学说的形成作为标志；天文学领域的革命性成就是 20 世纪 40 年代宇宙大爆炸学说的创立。在现代科学技术革命不断向前推进的过程中，世界科学技术中心也从德国转移到了美国，依靠日益强大的科学力量，美国实现了经济社会发展的全面进步。

狂飙突起

现代科学革命是从物理学开始的，因而不少人也称其为现代物理学革命。物理学领域之所以率先发生革命性的变化，主要在于经典物理学出现了难以克服的困难，最具典型性的困难有两方面，一是黑体辐射问题暴露了经典热力学理论的不足；二是迈克尔逊—莫雷实验使经典力学与经典电磁学之间出现了难以消除的矛盾。科学家们为克服这些难题付出了艰苦的努力，终于引发了物理学领域的革命性进展。其结果就是创造出了相对论和量子力学这两大现代物理学的支柱性理论。相对论理论的创立,依赖于爱因斯坦个人英雄主义般的孤军奋战;而量子力学的建立,则是一大批物理学家相互配合、共同努力的结果。相对论和量子力学这两大理论所提供的思想和方法,被其他学科所借鉴,渗透进其他各学科中,导致众多学科分支也出现革命性成就,使现代科学革命得以向纵深发展。

以太之谜
——迈克尔逊—莫雷实验引发物理学危机

19世纪后期,在法拉第、麦克斯韦等人的努力下,经典电磁学理论得以建立,这被看成是19世纪科学发展的最重大成果之一。但是,当人们习惯性地从经典力学出发去理解经典电磁学的时候,却发现麦克斯韦的电磁学方程组与力学的相对性原理存在着矛盾。要消除这种矛盾,必须设想存在着一个绝对静止的坐标系。那么到哪儿去寻找这个坐标系呢?人们想到了以太。

"以太"是起源于古希腊的一个哲学概念,原意是指高空。如亚里士多德所说:"地在水中,水在空气中,空气在以太中,以太在宇宙中。"可见,以太是填充宇宙的一种特殊物质。进入近代以来,不少科学家或哲学家都对以太这种特殊物质展开了研究,赋予了其许多科学性质,使之逐步变成了一个科学概念。当人们去寻找绝对静止坐标系的时候,自然而然就想到了以太,因为人们认为以太就是充满整个宇宙而又绝对静止的东西。于是,问题归结到了如何找到以太上面。

当时,寻找以太成为物理学界一个炙手可热的问题,许多物理学家为此倾尽全力。在这个过程中,人们形成了这样的思路:既然以太充满整个宇宙并绝对静止,那么运动中的地球和以太之间必定存在相对运动,也就是说在地球上应存在所谓的"以太风",这是可以通过一定的方式探测出来的。1879年,麦克斯韦提出了一种探测方法,即:让光线分别在平行和垂直于地球运动方向等距离地往返传播,平行于地球运动方向的光线所花的时间将会略大于垂直方向的时间。根据这一设想,美国实验物理学家迈克尔逊于1881年设计了一个实验,但没有发现任何预想中的时间差,也就是说实验结果为"零"。但这并没有减弱人们寻找以太的热情,因为极有可能是实验误差导致了这样的结果。于是在1887年,迈克尔逊与美国化学家莫雷合作,再度进行这一实验。这次实验的精确度更高，误差仅有四十亿分之一，但他们昼夜不停连续观测时间达 5 天，仍然没有看到一点"以太风"的迹象，得到的仍然是"零"结果。这一实验结果表明"以太风"根本不存在，实际上也就是表明以太根本不存在。但是，迈克尔逊本人一直对以太的存在深信不疑，他虽然没有得到以太存在的实验证据，但依然只是认为是实验失败了。

为了解释实验的"零"结果，物理学家们做了各种尝试，这些尝试当然还是以挽救"以太"为出发点的。1889 年，爱尔兰人菲兹杰拉德提出了收缩说，认为物体在以太中运动时，其长度在运动方向上要缩短，这样就把以太的运动抵消了，因而无法测到"以太风"。1892 年，荷兰人洛仑兹也独立提出了收缩假说，并且还由此出发建立了一个数学变换关系，即著名的洛仑兹变换。在此变换下，麦克斯韦电磁学方程组在相对于以太静止的坐标系中和相对于以太匀速运动的坐标系中保持形式不变。这样，经典力学与经典电磁学的矛盾得以消除。只是如此一来，许多传统的观念就必须加以改变。

但是，洛仑兹本人的世界观是保守的，他是一个善于对旧理论进行修补的能工巧匠，而不是构造新理论的建筑师，他缺乏从根本上对旧理论进行革命性变革的勇气和气魄。他的工作严重动摇了经典物理学的理论基础，但这绝非出自他的本意，因为他的目标是要在新的实验事实面前保全经典理论。他终生不放弃以太学说和绝对时空观，以至于后来与相对论理论朝夕相处 20 年，始终未能真正理解和接受相对论。由此可见，投身科技事业，不仅需要勤奋和努力，需要独立思考和批判精神，更需要先进的哲学观念以及敢于放弃某种信仰的勇气。

紫外灾难
——黑体辐射研究和热力学危机

1900 年的物理学界，从整体上看是一片欣欣向荣的景象，人们为过去物理学的大发展及所取得的成就而踌躇满志。但在某些领域或某些问题上，人们还是表现出了一些忧虑和不满，这种情况较为典型地出现在热力学中。"紫外灾难"一词的出现，吸引了很多人的关注，科学家们每当谈起它时，常常是摇头叹息，有的科学家甚至说：热力学简直是发疯了！

"紫外灾难"直接来源于英国科学家瑞利的一项研究成果。瑞利，1842

年生于英国埃塞克斯,20岁入剑桥大学学习,毕业后第二年即被选为三一学院研究员。他在理论和实验方面都表现出杰出才能,研究工作遍及当时经典物理学的各个领域。他一生著述颇丰,仅论文就发表了400多篇。1873年被选为英国皇家学会会员,后来担任过卡文迪许实验室主任、英国皇家学会秘书、会长等职,1908年起任剑桥大学校长。1900年,瑞利在研究"黑体辐射"问题时建立了一个公式,后来被称为"瑞利—金斯公式"。正是在探讨这个公式的物理学意义时,人们发现了"紫外灾难"。

"黑体辐射"问题的研究由来已久。所谓黑体,简单说就是黑色物体。但热力学所研究的黑体与日常所说黑色物体有所不同,它是指绝对黑体。绝对黑体是根据物体对于外来辐射的吸收能力而言的。众所周知,物体对于外来辐射,有吸收和反射两种能力,随着颜色的加深变黑,其反射能力越来越弱而吸收能力越来越强。绝对黑体是指,对于外来辐射全部吸收而绝无反射的物体。很显然,绝对黑体是个理想模型,现实中并不存在,但人们可以在实验室中设计出近似的实体模型。奥地利科学家维恩为研究黑体辐射问题,设计了一个空腔模型,其开口的地方就接近于一个绝对黑体,因为进入空腔的辐射,只能在内壁上来回反射,基本上不能从开口处反射出来。科学家们对黑体辐射的研究,实际上就是研究空腔开口处的辐射规律。

通过实验,人们得到了一条黑体辐射能量强度按频率分布的曲线。在频率低的区域,辐射能量密度也低;随着频率的不断增高,辐射能量密度也不断加大。到达一个峰值后,进入高频率区域,情况发生逆转,频率继续增高时,辐射能量密度不升反降。于是,形成了一条类似于在数学上被称为正态分布的曲线。为了从理论上解释这条曲线,维恩于1896年推出了一个经验公式,称为"维恩公式"。但这个公式只在高频区与实验曲线相符,而在低频区则相差甚远。于是,人们继续研究,终于得到了"瑞利—金斯公式"。但将从这一公式推出的结果与实验结果比较时,人们发现:它在低频区与实验符合的很好,但在高频区完全不符。更让科学家们感到无所适从的是,从公式推算来看:随着频率的不断增高,辐射能量密度单调增加,进入高频紫外区后,能量辐射趋于无穷大。这样的结果显然是荒唐的,如此才有了所谓的"紫外灾难"。

无论是维恩公式还是瑞利—金斯公式,都是严格地从经典热力学理论中推导出来的,它们无法解决黑体辐射问题,恰好说明了经典热力学存在问题。因此,热力学的"发疯",正是科学革命到来的一个信号。

孤注一掷
——普朗克提出能量子假说

1900 年深秋的一天,在通往柏林近郊的林荫道上,德国物理学家普朗克正与儿子一起散步,他不无忧虑地对儿子说:他有了一个惊人的发现,如果这一发现是正确的,那么它完全可以与牛顿的发现相媲美;如果它是错误的,便会令他遗臭万年! 普朗克到底发现了什么,会使他感到如此的忧心忡忡?

19 世纪末,热力学中的黑体辐射问题吸引了众多科学家的注意,在众多研究者中也包括普朗克。从维恩公式和瑞利—金斯公式那里得到启发,普朗克用内插法建立了一个新的公式,后来人们把它叫做普朗克公式。这一公式在高频区就变成维恩公式,而在低频区又变成了瑞利—金斯公式。从前面几节内容的介绍中已经能够知道,维恩公式在高频区与实验结果符合的很好,而瑞利—金斯公式则在低频区与实验结果相符合。这样,普朗克实际上得到了一个能与黑体辐射实验结果全部符合的公式,如此也就解决了"紫外灾难"的问题。但普朗克很清楚,这个公式只是"侥幸地揣测出来的内插公式,其价值十分有限",还需要进一步追寻它真正的物理意义。在追寻过程中,普朗克又有了让他大吃一惊的发现。

经过深入分析,普朗克认识到,要承认普朗克公式的正确性,必须假设物体在发射和吸收辐射时,能量不是连续变化的,而是以一定数量值的整数倍跳跃式地变化的。也就是说,在发射和吸收过程中,能量不是无限可分的,而是有一个最小能量单元。这一最小能量单元就是"能量子"。普朗克本人非常清楚,"能量子"概念与传统观念是格格不入的,因为在很长的时期内,大家都普遍相信:一切自然过程都是连续的。正如哲学家莱布尼茨所说:"自然界没有飞跃",任何一个给定的状态,只能用紧接在它前面的那个状态来解释。如果对这一点都要产生怀疑,那么世界将会出现许多问题,就会迫使我们乞求用奇迹或机遇来解释自然现象了。正是基于这样的信念,普朗克对"能量子"概念感到彷徨无计,才有了本节开始所描述的一幕。经过一番思想斗争,普朗克最终还是采取了一个"孤注一掷的行动"。1900 年12 月 14 日,他向德国物理学会宣读了题为《关于正常光谱的能量分布定律的理论》,正式公布了能量子假说。后来人们就把这一天视为量子论的诞生之日。

普朗克提出能量子假说,在量子论发展史上迈出了至关重要的第一步,但遗憾的是,他始终没能再迈出第二步,这是由他保守的世界观所决定的。正如他的同胞玻恩所评价的:"从天性上讲,他是一位思想保守的人,他根本不知道何谓革命。"普朗克为自己的假说后来所产生的革命作用而感到吃惊,因而他千方百计想把能量子概念重新纳入到经典理论中去,这使他错过了对量子力学的发展做出更大贡献的机会。这就是科学史上著名的"普朗克徘徊"。

神奇之年
——爱因斯坦创立狭义相对论

2004 年 6 月 10 日,联合国大会召开第 58 次会议,鼓掌通过了将 2005 年定为"国际物理年"的决议。2005 年 1 月 13 日,在巴黎召开的国际物理年发起会议上,国际物理年在全球正式启动。紧接着在 1 月 19 日,德国总理施罗德宣布本国"爱因斯坦年"(德、英等国家把国际物理年直接命名为"爱因斯坦年")正式开始。施罗德在讲话中称赞道,爱因斯坦"用他的思想给科学带来了彻底变革,并改变了世界"。

1879 年,爱因斯坦出生于德国乌尔姆一个中产阶级家庭。在求学期间,由于不认同权威,他一度被不少人认为将来注定一事无成。大学毕业后由于无法进入高等院校和学术机构,只好在瑞士伯尔尼专利局做临时工。但正是在那里,爱因斯坦被所谓正规教育扼杀的科学激情得以迸发。在 1905 年一年的时间里,爱因斯坦一共发表了 5 篇论文,其中任何一篇都具有划时代意义。仅就 6 月和 9 月发表的两篇有关狭义相对论的论文而言,就足以改变人类历史的进程。

6 月份的论文创立了"狭义相对论"。从内容上看,狭义相对论并不复杂,主要包括两条基本原理和一组变换公式。两条基本原理是相对性原理和光速不变原理,变换公式叫做洛仑兹变换。分析这些内容可以看出,相对性原理与伽利略在 300 多年前提出的相对性原理在表述上并无不同,而变换公式则是洛仑兹创立的。那么爱因斯坦对狭义相对论的贡献是什么呢?很显然,就是光速不变原理。实际上,光速不变原理在整个狭义相对论理论中处于核心地位。首先,只有保持光速不变,相对性原理才能适用于物理学的所有领域,而不仅仅是适用于力学领域;若没有光速不变原理,相对性原理就只能适用于力学领域而与电磁学相矛盾,这也是相对性原理在伽利略以后很长时期内一直被称为力学相对性原理的原因。其次,没有光速不变原理,洛仑兹变换就只能是一种人为拼凑的结果;而有了光速不变原理,洛仑兹变换就成为严格逻辑推理的结果,"以太"概念也就成为多余的了。可见,光速不变原理既是消解经典力学与经典电磁学矛盾的一把钥匙,又是整个狭义相对论赖以建立的基础。

如果说狭义相对论的内容还不是特别引人注目的话,那么由其推导出来的几个重要结论便足够惊世骇俗、振聋发聩。① 同时的相对性:在某一个坐标系中看来是同时发生的两个事件,在另一个坐标系中看来却不一定同时发生。② 钟慢效应:运动的时钟要比静止的时钟走得更慢。③ 尺缩效应:在运动方向上的尺子会缩短。这三个结论,从根本上否定了牛顿的绝对时空观。按照牛顿的观点,"绝对空间就其本性而言,是与外界任何事物无关而永远是相同的和不动的。""绝对的、真正的和数学的时间自身在流逝着,而且由于其本性而在均匀地、与任何其他外界事物无关地流逝着。"这种绝对时空观曾长期占据人们的头脑,很少有人对其产生怀疑。狭义相对论彻底摆脱了绝对时空观的束缚,深刻揭示出了时空与物质运动、时间与空间的统一性。

爱因斯坦发表于9月份的论文,可以看做狭义相对论的一个推论,其核心内容是质能关系。这一关系为人类利用原子能指出了方向,它的直接后果就是促成了二战后期原子弹的成功研制。

除了这两篇,爱因斯坦在1905年发表的其他三篇论文,意义也极为重大。曾有科学家这样评价:这5篇论文中的任意一篇,都有足够的实力角逐诺贝尔奖。因此,在相对论正式发表100年之后世界科学界以"国际物理年"这样的形式表达对他的怀念,恰好反映了爱因斯坦的科学创造是多么的伟大,其影响是多么的持久。

迟到的诺贝尔奖
——爱因斯坦和光电效应研究

1922年10月8日,爱因斯坦与夫人爱尔莎在马赛登上了日本轮船"北野丸号",启程前往日本,沿途访问了科伦坡、新加坡、香港、上海等地。11月

9日,轮船抵达香港,随后沿着中国海岸往上海航行。正是在这一天,轮船上的爱因斯坦收到了瑞典科学院的电报,告知他获得了1921年的诺贝尔物理学奖。12月10日,在诺贝尔奖颁奖仪式上,德国大使纳多尔尼代表爱因斯坦领奖。颁奖词这样说道:"此奖授予阿尔伯特·爱因斯坦,因为他对理论物理学的贡献,特别是因为他的光电效应定律的发现。"

爱因斯坦获得诺贝尔物理学奖,早就是众望所归的事情,无人会因此感到意外。倒是有不少人替他抱怨这一奖项来得太晚,因为在他们看来,爱因斯坦早就应该获得此奖了。另外,奖项授予了"光电效应定律",而不是"相对论理论",这多多少少令人感到意外,因为在大多数人看来,相对论理论可要比关于光电效应的研究成果重要多了。相对论理论没能获奖,原因很复杂,有政治方面的,也有科学方面的。单纯从科学方面看,相对论理论在诉诸实验验证时遇到了极大困难,因而有许多科学家不同意授奖。但由于爱因斯坦早已名满天下,不授奖实在说不过去,于是便采取了一个有点折中意味的办法:将此奖授予"光电效应定律"的发现。

光电效应是物理学中的一个较为神奇的现象,简单而言就是:在光的照射下,某些物质内部的电子会被激发出来从而形成电流。那么这一现象是如何形成的?也就是说光是如何将电子从物质中激发出来的?这一问题吸引了不少科学家的注意力。但研究发现,用光的波动说理论无法解释光电效应,因为如果光是波动,那么光越强激发出来的电子就会越多,光电效应就越强。但实际情况并非如此,有些颜色的光比如红光,再强也不能产生光电效应;而有些光比如紫光,即使很弱也能产生光电效应。这又是怎么回事呢?爱因斯坦研究了这一问题,于1905年3月17日发表《关于光的产生和转化的一个启发性观点》一文,提出了光量子假说。按照这一假说,光是量子化的,也就是说光是由一个个光量子(简称光子)组成的,每个光子具有一定的能量,它只与光的频率有关。红光频率低,每个红光光子的能量就小,当它照射物体时,一个光子的能量被一个电子吸收,还不足以使电子脱离物体的束缚,因而不能形成光电效应。若是紫光,它的频率很高,每个光子的能量就很大,一个紫光光子被一个电子吸收,所获得的能量就足以使电子脱离物体的束缚,因而出现光电效应。爱因斯坦提出的光量子假说,成功地解释了光电效应,这一成果的重要性当然也是不言而喻的。

诚然，光电效应问题的研究在重要性上无法与相对论理论相比，但它也绝不是可有可无的，其意义也十分重大。如前所述，普朗克提出能量子概念，在量子论发展历史上走出了至关重要的第一步，却没有向前继续。而替他迈出第二步的，正是爱因斯坦的光量子理论。光量子概念的传播和被接受，使人们对光的本性的认识前进了一大步，人们越来越认清了光的波粒二象性的本质。

物质与波动的统一
——物质波理论及其验证

1937年的诺贝尔物理学奖获得者名单中，美国物理学家戴维逊赫然在列。他的获奖，是因为发现了晶体对电子的衍射作用。不少人对这件事议论纷纷，因为大家知道，戴维逊的发现，有赖于他与另一位美国科学家盖莫在做实验时偶然发生的一次事故。

事情需要追溯到1919年，当时，戴维逊和盖莫是著名的贝尔实验室的研究人员。一次，两人在做实验时，发现金属受电子轰击后，发射出来的新电子似乎有一些新花样。于是他们决定进行一项实验，用电子轰击各种金属，看看里面究竟有怎样的规律。这项实验一直持续到1924年。终于有一天，实验室里一只盛放液态空气的瓶子，由于安置不当而突然爆裂，空气渗入真空系统，使得一块作为靶子的纯锌发生了氧化。由于这是能满足实验需要的纯金属，不能随便放弃。于是他们便把那块表面被氧化的锌片取下来，一面加热，一面洗刷，待上面一层氧化膜去掉后，再装回到真空容器里去。第二天，两人像往常一样继续进行实验，使用的金属就是昨天刚洗刷过的那块锌片。但让他们大为惊奇的是，这次实验结果一反往常，明显地发现打出来的电子束强度随锌片的取向而变化，就好像一束波绕过障碍物时发生的衍射那样。但电子明明白白是一种粒子啊，怎么会出现波的性质呢？面对这一以前从未遇到过的现象，两人都感到困惑不解。

两年后的夏天，戴维逊到英国访问，遇到了物理学家玻恩。在一次交谈中，玻恩告诉戴维逊，这些年欧洲大陆在原子研究方面取得了许多让人感到鼓舞的进展。他特别谈到法国青年路易斯·德布罗意在不久前曾提出的新理论，即认为像电子这样的微小粒子，既有粒子的性质，又有波的性质。

德布罗意何许人也？1892年，他生于法国迪耶普，是法国王族的后裔。上大学时学的是历史，后来受其哥哥影响，对物理学的兴趣逐渐浓厚，经常与哥哥一起研究X射线的波动性和粒子性等问题。"经过长期的孤寂的思索和遐想之后"，德布罗意突然意识到，爱因斯坦的光量子理论应当推广到一切实物粒子，特别是电子。1923年9月10日到10月8日，德布罗意一连发表三篇论文，指出爱因斯坦关于光量子的公式也适用于电子。从表面上看，德布罗意的工作仅是使爱因斯坦创立的一个公式扩大了适用范围，似乎算不上什么了不起的发现，但实际上，这一扩展是一次极为大胆的、具有颠覆性的革命行动。爱因斯坦光量子论的建立，是在原来大家普遍认为光是波动的情况下，指出光也有粒子性，从而形成了光的波粒二象性理论；而光量子论扩展到电子后，说明了像电子这样的微观粒子，除了表现为人们所熟知的实物粒子的性质以外，还具有波动的性质，这就是物质波理论的诞生。1924年，德布罗意向巴黎大学提交了他的博士论文：《关于量子理论的研究》。在对前面几篇论文进行总结的基础上，又进行了更为缜密的论证，正式提出了物质波理论。

玻恩向戴维逊介绍的，就是德布罗意博士论文中的观点。听了玻恩的介绍，戴维逊恍然大悟，他马上明白：自己实际上已经得到了德布罗意理论的一种证明。原来，两年前的那块锌片，经过加热、洗刷以后变成了单晶体，任何一种波，经过晶体，都会产生强度周期性变化的现象。回到美国后，戴维逊和盖莫马上重复那次实验，测量下来的结果，果真与德布罗意的预言一致。这是德布罗意理论的第一次实验证实，使得描述微观世界的量子力学有了可靠的基础。正是由于这样一个重要的发现，戴维逊荣获了诺贝尔奖。

哥本哈根的青年才俊
——海森堡与量子力学研究

玻尔于1917年申请在哥本哈根大学建立理论物理研究所，历时4年建设完成。从科学史上看，量子力学的每一项进展，都与玻尔和这个研究所有或多或少地联系。该研究所堪称哥本哈根学派的大本营，而玻尔则是名副其实的旗手。1922年夏天，玻尔应邀赴德国哥廷根讲学，由于有众多知名的和即将成名的物理学家参加，演讲盛况空前，被称为"玻尔节"。而玻尔认为，他这次演讲最大的收获是认识了两位极具才华的青年才俊——海森堡和泡利。不久后玻尔就邀请二人到哥本哈根进行合作研究。"玻尔节"期间，玻尔和海森堡在一起散步的情节被认为极具历史意义，展现的是玻尔的识人之才和海森堡的智慧和勇气。

从1924年到1927年，海森堡在哥本哈根的这几年，是他创造力最旺盛、成就最显赫的时期。1925年7月，年仅24岁的海森堡完成了论文《关于一些运动学和力学关系的量子论的重新解释》，创立了解决量子波动理论的矩阵方法。它完全抛弃了玻尔原子结构理论中的轨道、周期等传统但不可实际观测的概念，代之以辐射频率和强度等可观测量。论文写出后，海森堡请他的老师玻恩审阅。玻恩发现，海森堡所用的方法正是数学家们早已创立的矩阵运算，于是他于当年9月与约尔丹合作完成了论文《关于量子力学Ⅰ》。此后不久，海森堡、玻恩、约尔丹三人一同完成了论文《关于量子力学Ⅱ》，将海森堡的思想发展成为系统的矩阵力学理论。这是量子力学理论的一种形式，海森堡因此成为量子力学的奠基者之一。

量子力学建立后，关于它的物理意义一直存在争论，海森堡对此也进行了深入研究，于1927年提出了测不准原理。他认为，在研究工作由宏观领域进入微观领域时，就会遇到一个矛盾：观测仪器是宏观的，而观测对象却是微观的；研究过程中宏观仪器必然对微观对象产生干扰，这种干扰本身又对人的认识产生干扰；人只能用反映宏观世界的经典概念来描述宏观仪器所观测到的结果，而经典概念在描述微观客体时必定会受到某种限制。以这样的认识为依据，海森堡提出了测不准原理，其理由是：任何一个微观粒子的位置和动量是不可能同时进行准确测量的，要准确测量一个量，另一个量就完全测不准，即对一个量的精确测量必须以牺牲对另一个量的精确测量为前提。

因为有了海森堡的卓越工作，才有了量子力学的迅速发展和完善。他于1932年荣获诺贝尔物理学奖，成为举世公认的20世纪最重要的理论物理和原子物理学家。但他在第二次世界大战期间与其恩师玻尔的分道扬镳，却让人心生感慨。

第二次世界大战期间，迫于纳粹威胁，玻尔远赴美国。德国的许多科学家也被迫远走他乡，但海森堡却留了下来，被纳粹德国委以重任，负责领导研制原子弹的技术工作。这使玻尔深感不满，两人由此形成了终生未能化解的隔阂。然而十分有趣的是,一直未能得到玻尔谅解的海森堡,在 1970 年获得了"玻尔国际奖章",而这一奖章是用来表彰"在原子能和平利用方面做出了巨大贡献的科学家或工程师"的。历史有的时候真的是在捉弄人,在玻尔和海森堡之间到底存在着多少鲜为人知的秘密?的确令人不得而知。

量子力学的标准形式
——薛定谔创立波动力学

2001 年 11 月,一部名为《薛定谔的女朋友》的剧作在美国旧金山上演,一句颇具经典意味的台词让人忍俊不禁:"到底是波、粒二象性问题难一点呢,还是老婆、情人的二象性更难?"这部剧作一方面让人们了解到,薛定谔作为伟大科学家也是一位性情中人,有着独特不群的气质;另一方面也使人们回忆起了 20 世纪 20 年代,量子力学形成和发展时期那一段让人难以忘怀的峥嵘岁月。

薛定谔 1887 年 8 月生于奥地利维也纳。他自幼兴趣广泛、多才多艺。他喜欢书法、诗歌和戏剧,能说四种近代语言,还出版过一本诗集。对于自然科学,他虽然特别倾心于数学和物理学研究,但对于其他学科也均有涉猎,曾经于 1944 年出版过一本对生物学产生了深远影响的著作:《生命是什么?》。1925 年 2 月,薛定谔读到了爱因斯坦的一篇关于量子统计理论的论文,被其中所谈到的德布罗意的物质波理论所深深启发,于是开始研究微观粒子的波动所服从的波动方程。

按薛定谔自己的说法,他是根据力学与光学的相似性,运用类比法建立波动力学的。以前已有科学家对力学和光学进行过类比,如光学中的光程最短原理(光在两地间走最短的路径)与力学中的最小作用量(物体沿最短的路径自由运动)是很相似的。薛定谔推想:既然力学与光学可以进行类比,那么光学中有几何光学和波动光学,力学中除了通常的物体力学外,还应该有波动力学。从这样的思路出发,薛定谔构造出了一个象征性的比例式:普通力学:波动力学=几何光学:波动光学。1926 年,薛定谔一连发表了 6 篇论文,从 1 月到 6 月所写的 4 篇论文都用同一个标题"作为本征值问题的量子化"。在这些论文中,薛定谔大大发展了德布罗意的物质波思想,为从数学上解决原子物理学、核物理学、固体物理学和分子物理学问题,提供了一种方便而适用的基础性理论,波动力学就这样诞生了。

波动力学的出发点是波函数。与宏观物体不同,微观粒子具有波粒二象性,需要对其波动性和粒子性作出统一的描述,经典的物理概念难以胜任这一任务,而需要一种新的物理概念,这种新物理概念就是波函数。波函数在不同条件下可以有不同的具体形式,那么如何去求波函数呢？薛定谔先求出自由粒子所满足的运动方程,然后再把它推广到粒子受场作用的情形,就得到了薛定谔方程。在波动力学中,微观粒子的状态由波函数来描述,其运动变化则由薛定谔方程所决定。

波动力学的建立比矩阵力学稍晚。开始时两者互不相容,它们的创立者曾一度相互批评。但时间不长人们就发现,两种力学在数学是完全等价的,它们研究的对象相同,所得结果也一致,不同的只是着眼点和处理方法。因此,两种力学都被称为量子力学。但是由于波动力学在形式上更简单,处理问题更方便,所以初学量子力学的人们所接触的通常是波动力学,由此波动力学也被看成是量子力学最为标准的形式。

辉煌不再

从 19 世纪到 20 世纪 20 年代,德国科技一直傲视群雄。雄厚的科技实力以及在各门学科上的领先地位,使它在现代科学革命中起到了中流砥柱的作用,无论是相对论还是量子力学的创立,无不是德国科学家在扮演扛鼎角色。但随着右翼势力的抬头以及 20 世纪 30 年代纳粹的掌权,国内反犹排犹情绪日益高涨。一方面,大批犹太科学家生存环境日趋恶化,不得不背井离乡,逃亡海外;另一方面,部分科学家受纳粹思想蛊惑,不但自觉地为纳粹统治服务,还参与到排挤、打击正直科学家的行动中。这导致德国科学技术元气大伤,仅在数学、大陆漂移说等政治色彩极弱的少数领域有所成就。随着第二次世界大战的彻底战败,德国陷入了长达几十年的分裂,虽然也偶有让人眼前一亮的科学成果出现,但与它鼎盛时期的辉煌毕竟不能同日而语了。

挑战大陆固定论
——魏格纳提出大陆漂移说

1915 年 1 月,在法兰克福地质学会上,德国科学家魏格纳发表了题为

"大陆和海洋的起源"的演讲,正式提出了大陆漂移说。在当年出版的《海陆的起源》一书中,魏格纳对大陆漂移说又进行了系统的阐述,使之更加完善。按照魏格纳的观点,在距今约 3 亿年前的古生代,地球上只有一块大陆,由于潮汐力和地球自转离心力的作用,大陆开始分裂并向各个不同方向漂移。到距今约 300 万年前,大陆就漂移到我们今天所能观察到的大致位置上。

魏格纳 1880 年生于德国柏林,青年时期曾经热衷于研究气象,很早就成为较有名气的气象学家。他是一个为科学研究不惜冒险的人,小时候曾与其兄弟乘坐热气球升空连续飞行 52 小时。相传他是在生病卧床时发现大陆漂移的。1910 年,魏格纳因病躺在床上休息,百无聊赖之际,总是盯着墙上的世界地图发呆。突然有一天他注意到:南大西洋两岸的轮廓可以相互吻合。由此联想到,可能它们原来就是连在一起的,后来由于某种原因分离开来。由此,大陆漂移的念头便在魏格纳头脑中形成了。后来他搜集到了大量的相关资料,经分析研究后提出了大陆漂移说。

大陆漂移说的提出,在地质学界引起了轰动,因为它明确地向当时在地质学中占统治地位的大陆固定论提出了挑战。但是,在魏格纳的学说中存在一个明显的弱点,这就是对大陆漂移的动力机制没有提供可靠而有说服力的证据。尽管魏格纳也给出了两方面的推动力量,即潮汐力和地球自转的离心力,但当时的物理学对于这两种力的大小可以很精确地推算出来,发现它们绝无可能大到可以推动大陆漂移的程度。因此,人们很快就对这一学说产生了怀疑。1926 年,在美国召开的一次地质学讨论会上,大陆漂移说受到了与会代表们的强烈抨击,甚至连魏格纳的为人也遭到了非议,一篇篇批评的文章几乎将他淹没。这个说:"它定量不够,定性不当。"那个说:"这个学说必须摒弃。"还有人把它说成是"大诗人的梦"。从此以后,大陆漂移说基本上被人们遗忘了。

在一片反对声中,魏格纳仍然没有放弃自己的学说,他一直致力于寻找大陆漂移的证据。1930 年 11 月 1 日,在冰天雪地的格陵兰岛上,魏格纳度过了他 50 周岁的生日,随后在外出考察的途中失踪。他的遗体直到第二年春天才被人们找到。在魏格纳身上,真正体现出了为科学事业而献身的科学精神,我国著名科学家、前科学院副院长竺可桢曾专门为魏格纳撰写传记,其言辞恳切,大有英雄相惜之意。竺可桢还引用杜甫凭吊诸葛亮的诗句表达怀念之情："出师未捷身先死，长使英雄泪满襟。"

第二次世界大战以后，随着众多新证据的被发现，大陆漂移说得以复兴。魏格纳也得到了一个著名科学家所应得的认可与尊重。

"原子弹之母"
——迈特纳与核裂变研究

1996年，美国加利福尼亚大学出版社出版了 Ruth Lewin Semi 所著《Lise Meitner：A Life in Physics》一书。书中描述了女科学家迈特纳不寻常的一生，称她为"原子弹之母"。迈特纳在物理学研究，特别是核裂变研究方面贡献卓著，但她在科学史上却被忽略了。此书的出版发行，使现代的人们初步了解了这位著名女科学家的伟大创造和传奇人生，同时为她所受到的不公正对待而感到惋惜和遗憾。

迈特纳出生于1878年，1901年进维也纳大学。1907年，为了听取普朗克的理论物理系列讲座而来到德国柏林，开始了自己的学术研究生涯。在柏林，学术界对妇女的偏见使她遭遇了很多困难。她被禁止进入男性工作室，只得在一间木工房工作。直到1908年国家允许女性接受教育，这种局面才得到改善。1911年，迈特纳得到了一个有薪金的职位——给普朗克当助教。由于工作努力和成果显著，迈特纳于1926年成为柏林大学物理学副教授，这在德国物理学界也没有先例。1935年，迈特纳和另一位德国科学家哈恩开始研究铀核在中子轰击下的变化。

1938年，为了逃避纳粹迫害，迈特纳离开德国来到瑞典，而哈恩则与斯特拉斯曼继续从事铀的研究。实验发现，铀核在受到其他粒子轰击后，可以变成比其轻得多的核子，哈恩不明白这是为什么，于是便给迈特纳写信商讨这件事情。迈特纳不久给出了这一实验结果的解释，认为很可能是铀核出现了崩裂。在这里，迈特纳首次使用了"裂变"一词。

沿着这一思路，迈特纳将研究不断向前推进。在她的侄子——核物理学家弗里希的帮助下，他们不久就画出了重核分裂的示意图，确认像铀这样的重核是能够发生裂变的。并且，他们还利用爱因斯坦的质能关系公式算出了裂变放出的能量。随后弗里希通过实验验证了裂变现象，他还向玻尔说明了这一情况。据说玻尔没有听完就大声叫道："肯定是这样，以前我们都太笨了!"他还给《自然》杂志写信,明确指出"这个成就应归功于迈特纳和弗里希。"后来弗里希在英国从事与原子弹有关的研究活动,还提出了浓缩铀235的方法。但是,发现核裂变的诺贝尔奖却于1944年授予了哈恩,这让许多人为迈特纳和弗里希感到不平。更有甚者,德国媒体还把迈特纳贬低为哈恩的一个低级合作者,而明显受益的哈恩却没有加以纠正。德意志科技博物馆中展览有关核裂变所使用的仪器时,只有哈恩和斯特拉斯曼的名字,而对迈特纳只字未提。1966年,美国准备给哈恩、迈特纳和斯特拉斯曼颁发费米奖,哈恩却建议只给斯特拉斯曼颁奖。

科学界,特别是德国科学界,为什么要如此苛刻地对待迈特纳?最主要的原因可能有两点:性别因素和政治因素。在当时的环境下,对于来自国内的政治迫害,迈特纳无法逃避;但作为女人,她受到歧视就是极为不公正的。很明显,迈特纳绝不是一般的女人,爱因斯坦曾称她是"德国的居里夫人",而实际上她比居里夫人更有名望,说她是"原子弹之母"恰如其分。虽然生前没有得到应有的表彰和报偿,但她享受到了物理学研究给她带来的欢乐和快慰。她宽厚地对待他人的苛刻,不曾为自己的利益去争斗,一直保持着平静和安详。当然,世界科学界没有忘记她,在柏林有以她的名字命名的研究所,在全世界,了解她的科学贡献的人们都为之感动。相反,有意无意地对她的贡献进行了贬低的哈恩和德国科学界,却因受到后人的诟病而蒙羞。

远走他乡谱新篇
——德尔伯鲁克与他的噬菌体研究小组

1969年,诺贝尔生理与医学奖公布,获奖者是德尔伯鲁克、赫尔希和卢里亚,三人来自同一个研究团队——噬菌体研究小组。了解获奖成果的人们,都禁不住赞叹这一研究组织的水平之高和作为学派领袖的德尔伯鲁克的超凡魅力。

德尔伯鲁克1906年生于德国,哥廷根大学毕业,曾到哥本哈根理论物理研究所向玻尔求教,是薛定谔的好友。他还一度在柏林与著名化学家、核裂变研究者哈恩一起研究过铀核分裂。希特勒掌权后开始推行反犹政策,而德尔伯鲁克的妻子正是犹太人,这使他感到非常不安。恰好此时他获得了洛克菲勒基金的赞助，于是便来到美国。到美国后他的兴趣转向生物学，选择了噬菌体为研究对象，创建了著名的噬菌体研究小组，为确定 DNA 遗传物质概念作出了重大贡献。

在噬菌体研究小组中，作为领袖的德尔伯鲁克是物理学家，卢里亚是内科医生，而赫尔希则是生物化学家。他们三人密切配合，取长补短，为日后的成功奠定了牢固的基础。他们各有自己的学术背景和研究方法，因而能够对一些根本问题展开真正的"集体攻关"。他们各自独立工作，但又保持密切的联系。在他们的身体力行和有针对性的指导下，研究小组的事业迅速发展。1943 年，德尔伯鲁克和卢里亚证明，在对噬菌体敏感的细菌培养液中，由于自发变异和选择，出现了对噬菌体有抵抗力的变种。1945 年，赫尔希和卢里亚各自独立发现：噬菌体和它们的寄主菌体一样能发生自发变异。1952 年，赫尔希和助手蔡斯证明了病毒在传递和复制遗传特性时，核糖核酸起着基础作用。1953 年沃森和克里克提出 DNA 双螺旋结构模型，很大程度上是受到了这一成果的启发。

德尔伯鲁克是从德国出走而又在异国他乡取得重大成就的科学家的代表之一。从 1933 年到 1940 年的几年间，离开德国后在国外先后获得诺贝尔奖的科学家就达 19 位之多。德国科技人才的流失程度可见一斑。当然，流亡国外的科学家并不都像德尔伯鲁克那样幸运，有不少人颠沛流离，含恨离世；更多的则是默默无闻，终其一生。德国科技从世纪初的一枝独秀，到第二次世界大战期间及战后一段时间的一蹶不振，科技人才的大量流失是重要原因之一。

强势崛起

20 世纪的美国科技，占尽了天时地利人和的优势，其强势崛起成为必然。优良的地理环境条件、丰富的自然资源、自由灵活的科研体制、战前战后吸纳的大量智力资源，还有各级政府以及工业企业对研究活动的大量投入，各方面条件综合发挥作用，使得美国科技在不长的时间里一举超越德国而居于世界领先地位。在这一时期，美国科学家们在各个领域都取得了为世人所称道的重要成就，如：在天文学和宇宙学领域，建立了哈勃定律和宇宙大爆炸学说；在基本粒子物理学研究方面，确立了宇称不守恒定律和弱电统一理论；在生物学领域，建立了基因学说和DNA双螺旋结构模型，从而奠定了分子生物学的基础；在地球科学研究领域，使板块构造理论得以最终形成；在二战结束前后的现代技术革命中，率先成功研制原子弹、制造电子计算机。上述重大成就的取得，使得美国在20世纪牢牢地占据了世界科学技术中心的地位。

揭开红移之谜
——哈勃与哈勃定律

1925年元旦那天，美国天文学会和美国科学促进会在华盛顿举行了一次学术会议。一位既未出席会议又没什么名气的青年天文学家寄来了一篇论文，标题非常专业，叫做《旋涡星云中的造父变星》。论文以无可争辩的事实告诉人们，20世纪初所发现的、被很多人认为属于银河系的旋涡星云，实际上在银河系之外，因为它与地球的距离远远超过整个银河系的直径。这表明，银河系并非就是全部宇宙，银河系外还有其他星系。这就是说，银河系只是众多星系中的一个。这篇论文被会议评为最佳论文，而它的作者就是哈勃。

哈勃1889年生于美国密苏里州，1910年毕业于芝加哥大学天文系。除了去国外进修和短期服兵役，哈勃一直从事天文学研究，长期在威尔逊山天文台工作，在星系天文学和现代观测宇宙学方面做出了卓越贡献。1925年元旦那天公布的论文，就是对星系天文学的重要贡献之一。哈勃通过仔细的观测，在一些漩涡星系中找到了被天文学家称为造父变星的恒星，而造父变星可以帮助人们确定天体到地球的距离。这样，哈勃以他的勤奋观测和归纳才能，发现了"天"外有"天"，确认了在银河系以外还有许多星系——河外星系，同时也宣告了观测宇宙学时代的到来。

在哈勃确认漩涡星系是河外星系的前后，当时已有一些天文学家观测到，从这些星系发射到地球上的光的谱线都存在着向红色波段移动的现象，天文学家把这种现象叫做"河外星系的谱线红移"。河外星系的光谱线为什么会红移？这一问题引起了众多天文学家的兴趣，随之出现了种种解释，而大多数人赞同用"多普勒效应"加以解释。多普勒效应，乍听起来很专业，但实际上大家对其具体表现并不陌生。凡是生活在铁路边或乘坐过火车的人都有这样的经验:当一列火车鸣响汽笛向我们驶来时,听到的汽笛声的音调会渐渐变高;而离我们远去时,汽笛的音调又会慢慢低下去。声波的频率高,音调就高;声波的频率低,音调就低。所以根据火车汽笛音调高低的变化情况,我们就可以判断火车的行驶去向和速度的大小,这便是多普勒效应。根据这一效应,天文学家们认为,河外星系的光谱线红移,即光波的频率变低,是因为河外星系正在远离我们而去。根据每个星系红移量的大小,还可以推断这些星系的离开速度——天文学上叫做视向速度。

哈勃没有停留在河外星系光谱线红移的解释上,他致力于从中挖掘出更普遍的规律。从1925年到1929年的四年中,哈勃对24个河外星系到地球的距离进行了更仔细的测定,终于发现河外星系与银河系的距离与根据它的谱线红移测定的视向速度之间存在着比例关系,从而归纳出了一个著名公式:速度＝常数＊(星系之间的)距离。这一公式就叫做哈勃定律,公式中的常数叫做哈勃常数。

从形式上看,哈勃定律很简单,但它所蕴含的思想却是惊人的。它告诉人们,星系之间在不断分离,随着距离的增大,相互分离的速度也在增加。星系的相互分离,不就是表明宇宙在膨胀吗? 很显然,这一定律的建立,从根本上动摇了静态宇宙的观念,为建立宇宙膨胀模型奠定了牢固基础。

惊世骇俗的学说
——伽莫夫创立宇宙大爆炸学说

1948年4月,美国《物理评论》杂志发表了美籍俄裔学者伽莫夫的论文《化学元素的起源》,文中提出了一个与膨胀论观点有点类似的大爆炸宇宙模型。按照伽莫夫的学说,宇宙起源于一个高温、高密度的"原始火球",有过一段由密到稀、由热到冷的极为漫长的演化历史。宇宙的这个演化过程伴随着不断的膨胀,开始时十分迅猛,如同一次规模巨大的爆炸。所以,伽莫夫的学说被称为宇宙大爆炸学说。

伽莫夫1904年生于俄国敖德萨,1926年毕业于原列宁格勒大学,1928年获哲学博士学位。后曾在欧洲数所大学任教,1934年移居美国。伽莫夫主要研究核物理学,在不懈努力下有许多丰硕成果。他早年提出原子核的核流体假设,对建立核裂变和核聚变理论产生了一定的影响。1928 年,他曾提出用质子代替 α 粒子轰击原子核,这样的想法对核物理学的发展具有重要意义。他还把核物理学用于解决恒星演化问题,1939 年提出超新星的中微子理论,1942 年提出了红巨星的壳模型。而让伽莫夫名扬世界的成就,则是他将相对论引入宇宙学研究,建立了宇宙大爆炸模型。

应当提及的是,伽莫夫还是一位极为出色的科普作家,他一生正式出版著作 25 部,其中 18 部是科普作品。正是由于在科普方面的杰出贡献,他于 1956 年荣获联合国教科文组织颁发的卡林伽科普奖。

伽莫夫的宇宙大爆炸学说,向人们提供了自大爆炸开始后百万分之一秒直到今天的演化全过程。在宇宙的极早期,温度达到 100 亿摄氏度以上,密度则几乎是原子核的密度。此时宇宙中只有质子、中子、电子、正电子等一些基本粒子,它们处于剧烈运动之中,并且相互转化,整体上处于动态平衡。由于整个宇宙在不断膨胀,温度很快下降,当降到 10 亿摄氏度时,中子失去自由存在的条件,开始与质子结合成重氢、氦或其他轻元素的原子核。化学元素就是从这一时期开始形成,现在的宇宙中 30% 左右的氦的丰度,就是在此时期形成的。当温度降到 100 万摄氏度时,宇宙以热辐射为主,物质形态主要有质子、电子、光子和一些比较轻的原子核。当温度继续下降,达到几千摄氏度时,热辐射减退,电子失去自由存在的条件,与原子核结合成原子,这时宇宙间主要是弥漫的气体。由于引力不稳定,有些地方的弥漫气体收缩凝聚成气体星云,气体星云再进一步收缩成星系和恒星,成为我们今天所观测到的宇宙。

宇宙大爆炸学说刚提出时,是很难让人们相信的,因为它所描述的过程离奇而缺乏证据。但后来,不仅是宇宙学家们,甚至许多普通人也开始接受了这一学说,它逐步成为解释宇宙起源和演化的正统学说。出现这种变化,是因为宇宙大爆炸学说得到了许多观测证据的支持,主要有四个方面:河外星系的谱线红移、3 K 微波背景辐射、30% 氦的丰度和天体的年龄。当然,这一学说也存在着不少的缺陷,只不过与之相比较,其他的宇宙模型缺陷更多一些。正是因为宇宙大爆炸学说存在着缺陷,宇宙学才有了一些更新的研究目标和方向,引导着这门学科不断向前发展。

宇宙大爆炸学说获得有力支持

——威尔逊和彭齐亚斯发现微波背景辐射

20世纪60年代初，为了改进与通信卫星的联系，美国贝尔实验室建立了一套新型的高灵敏度的天线接收系统。该实验室的负责人是两位科学家，威尔逊和彭齐亚斯。当他们运用这套仪器进行测量时，意外地发现了一种微波干扰，大约相当于绝对温度3.5开。起初他们认为是仪器问题，于是做了许多工作试图消除这种干扰，如赶走天线上的鸽子，清除上面的鸽子粪便，检查天线金属板的所有焊接缝，调整天线的位置等。但无论他们怎样努力，都无法消除这种微波干扰，这使他们感到非常困惑。

威尔逊于1936年生于美国得克萨斯州的休斯敦，少年时喜爱电子学，成年后先攻读电机工程，不久改为物理学。1962年，以射电天文学方面的论文获得加州理工大学的哲学博士学位，次年成为贝尔实验室射电天文学研究员。彭齐亚斯1933年生于德国慕尼黑，后移居美国。1962年获哥伦比亚大学博士学位，从1961年起在贝尔实验室工作，与威尔逊成为同事。他们两人对检测到的微波干扰，虽然不能马上弄清楚其原因，但还是进行了进一步的观测和研究。他们发现，这一微波在所有方向上强度都均匀一致，并且一直十分稳定，不随季节变化。于是他们初步断定，这是一种宇宙深处的象背景一样无处不在的辐射。但对于为什么会存在这种微波背景辐射，他们仍然是百思不得其解。

巧合的是，此时普林斯顿大学的宇宙学家们，在迪克教授领导下，正在紧锣密鼓地研究宇宙大爆炸学说，并希望能观测到理论预言的宇宙残余辐射。1948年伽莫夫创立宇宙大爆炸学说时，曾指出存在一个热辐射时期，并且预言这一辐射到现在仍然存在，只不过已经非常微弱。迪克等人所寻找的就是这一微弱的辐射。得知普林斯顿大学有如此的研究课题，威尔逊和彭齐亚斯感到眼前一亮，马上打电话向对方通报了自己的新发现。迪克接到电话，异常兴奋。一班人马倾巢出动，风尘仆仆地爬上克劳福特山，又是考察，又是讨论，最后确认：这正是宇宙中的微波背景辐射。进一步的测量证明，这一微波辐射的温度只有绝对温度3开多一点，与伽莫夫的预言也能很好地符合。

不久以后,威尔逊和彭齐亚斯两人合写了题为《4080兆赫的过剩天线温度测量》的论文,发表在美国1965年7月的《天体物理学报》上,正式公布了微波背景辐射的发现。这篇文章受到了天体物理学家,尤其是宇宙学家们的普遍重视,认为这是继哈勃定律以后宇宙大爆炸学说的又一次重大突破。这一发现给予了大爆炸宇宙模型以强有力的支持,如果说过去人们对这一宇宙模型是怀疑多于信任的话,那么现在对它则是刮目相看了。微波背景辐射的发现,是20世纪60年代天文学的四大发现之一,由于这一发现,威尔逊和彭齐亚斯获得了1978年的诺贝尔物理学奖。

沿着爱因斯坦的道路前进
——温伯格创立弱电统一理论

1955年4月18日,当代最伟大的科学家爱因斯坦的葬礼在美国新泽西州特伦顿市的小火化场举行,晚年在"孤独中探索自己的道路"的一代伟人终于安息了。

爱因斯坦于1915年创立广义相对论后,继续将自己的研究向前推进。按照他对自己"在木板最厚的地方钻孔"的要求,力图把广义相对论理论加以推广,使它不仅包括引力场,也包括电磁场,即建立起统一场理论。爱因斯坦认为,统一场论是相对论发展的第三阶段,它不仅要统一引力场和电磁场,而且要统一相对论和量子论。在这一思想支配下,爱因斯坦从1925年直至1955年去世之前,在整整30年的时间里,几乎把他全部的精力都用于对统一场论的研究探索上。尽管他雄心万丈,充满自信,但由于种种条件限制,最终未能完成夙愿,悲剧性的结束了自己辉煌的一生。

爱因斯坦虽然去世,但他所指出的道路引导着众多科学家为之不懈奋斗。1968年,美国物理学家温伯格在这一方面的研究上作出了重要贡献。温伯格1933年生于美国纽约的一个公务员家庭,从小就表现出对科学的兴趣和热情,从中学开始更是对物理学着了迷,如饥似渴地学习各方面的知识,为成为物理学家奠定了基础。从1965年起,温伯格开始了关于对称性自发破缺理论的研究,因为他开始意识到这将是通向相互作用统一理论的合适道路。1967年秋,温伯格终于确定弱相互作用和电磁相互作用可根据严格的、但自发破缺的规范对称性的思想进行统一的表达。他的理论结果发表在这一年的《物理评论快报》上，题目是《一个轻子的模型》。温伯格的理论被称为弱电统一理论，这是科学上第一个成功的相互作用统一理论。因为这一理论的创立，温伯格成为 1979 年诺贝尔物理学奖的获得者之一。温伯格理论中所预言的中间玻色子 W 和 Z，在 1983 年被欧洲核子研究中心找到。

弱电统一理论的成功，肯定了相互作用统一思想的正确性，促使许多科学家进一步去研究把强相互作用、弱相互作用和电磁相互作用统一起来的大统一理论，以及把引力相互作用也统一起来的巨统一理论。目前看来，无论是大统一理论还是巨统一理论，都还没有什么结果，但温伯格坚信相互作用统一理论是合理的，因而继续致力于相关领域的研究。

温伯格除了从事基本粒子物理、相互作用统一理论的研究外，还在宇宙学的理论研究方面作出了卓越贡献，是最早将基本粒子物理学应用于宇宙学研究的物理学家之一，他成功地用基本粒子理论对宇宙演化的最初三分钟进行了阐述。温伯格著述甚丰，迄今为止，已发表的论文达 200 余篇，并出版了《引力论和宇宙论》、《亚原子粒子的发现》、《基本粒子的物理定律》、《终极理论之梦》等著作。这些成果为温伯格带来了巨大声誉，也激励着其他科学家继续致力于相关问题的研究。

不同领域科学家的完美结合
——沃森和克里克建立 DNA 双螺旋结构模型

从 1951 年 11 月到 1953 年 4 月，美国生物学家沃森和英国物理学家克里克进行了 18 个月的合作研究，共同完成了论文《核酸的分子结构》，通过《自然》杂志公布于世。在论文中，两人提出了 DNA 的双螺旋结构模型。按照这一模型，两股 DNA 长链像转圈楼梯扶手架上的上、下底边一样围着一个中心轴盘旋，两股螺旋链的走向相反，其外侧为磷酸根，内测为四种碱基，由于碱基 A 与 T、G 与 C 之间产生相互吸引的氢键，从而使两条长链依据互补关系而联结在一起。

DNA 双螺旋结构模型的建立，使遗传学研究从细胞水平发展到了分子水平，标志着分子生物学的诞生。沃森和克里克因为这一杰出成就而获得了 1962 年的诺贝尔生理学与医学奖。1989 年，美国利弗莫尔国家实验室的研究人员，首次利用扫描隧道显微镜观察到了 DNA 的双螺旋结构，这成为当年全世界最引人注目的科学事件。沃森和克里克所取得的这一成就,是20世纪生物学发展的一件大事。对这一段历史进行回顾时,人们会惊奇地发现,这一重大成就的取得者沃森和克里克,几乎都是这一领域的外行。

沃森在芝加哥大学时学的是动物学,其主要兴趣是鸟类。毕业后一度成为德尔伯鲁克领导的噬菌体研究小组的成员,受到过一定程度的遗传学训练。当他1951年在意大利召开的一次分子结构会议上首次听到英国著名科学家威尔金斯所作的关于DNA晶体衍射分析的阶段性报告时,他还只是一个初出茅庐的23岁的青年。而克里克呢?虽然他因读过薛定谔的《生命是什么?》一书而受到启发,进而对基因的结构和功能有兴趣,但说他是一位生物学家就太牵强了,因为他年轻时受到的是物理学训练,根本就不懂遗传学。但克里克对于当时研究DNA结构所用的方法——X射线结晶学,却非常熟悉,这可能也是沃森能与他进行合作的重要原因。有人说过:当一个生物学问题在实质上是一个数学问题时,那么,一个不懂数学的生物学家无法解决;同样,一百个不懂数学的生物学家还是不能解决。20世纪50年代初的生物学界,遇到的就是这样一个问题,当研究的层次到了分子水平时,实质上已经变成了一个类似于物理学的问题了。这时,问题的解决需要生物学家与物理学家的横向联合,而沃森和克里克的联合,在最需要的时候出现了,他们配合默契,各施所长,仅用了不到两年,就跑完了通向诺贝尔奖的漫长道路。

当然,沃森和克里克的成功,与他们善于借鉴别人的研究成果是分不开的。正是通过与威尔金斯、富兰克林等已成名科学家的交流,使沃森和克里克认识到,从事DNA结构分析研究,根本不可能从头开始,而只能利用别人所获得的数据从建立分子模型入手。他们直接或间接地从威尔金斯和富兰克林那里得到了较完整的DNA晶体结构的分析数据和照片;从查哥夫那里得知了DNA中四种碱基两两相等的结论;从鲍林那里得到了蛋白质链由于氢键的作用而呈现α螺旋形的结果。可以想象,没有上述科学家的工作,沃森和克里克的成功是不可想象的。美国物理学家齐曼这样总结道:有成就的科学家就像这样一些士兵,他们"在一次强大的突击以后,最后把战旗插在城堡的顶端。在他们加入战斗的时候,胜利已经在握;主要是由于偶然的机会才把胜利的标志交到他们手中。"对于这一点,沃森和克里克也是非常清楚的,正如克里克后来所说:"与其相信沃森与克里克证明了 DNA 结构, 倒不如强调 DNA 成全了沃森、克里克。"

"曼哈顿工程"
——原子弹的成功研制

1945 年 8 月 6 日,美国飞机在日本广岛投下了人类历史上的第一颗原子弹,随着一声巨响,这座拥有 35 万人口的城市被夷为平地。9 日,日本的另一座城市长崎也在第二颗原子弹的爆炸声中成为废墟。14 日,日本天皇宣布无条件投降,第二次世界大战宣告结束。

原子弹的横空出世,震惊了全世界。但是过了很多年,人们才对这种威力巨大的武器的研制过程有了较为全面的了解。

第二次世界大战爆发前夕,流亡美国的匈牙利科学家西拉德从各种迹象判断出,德国正在组织科学家加紧研究铀核链式反应,这让他立即意识到德国可能是在研制原子弹。他心里非常清楚,万一纳粹德国首先拥有威力巨大的核武器,整个世界人类的未来将不堪设想。于是西拉德找到了爱因斯坦,希望他以自己的威望说服总统罗斯福,让美国率先研制原子弹。爱因斯坦赞同西拉德的观点,并在已拟好的写给总统的信上签了字。然后,西拉德找到罗斯福总统的朋友兼顾问萨克斯,委托他将信面交总统。虽然萨克斯以能言善辩著称,但他这次的任务完成的并不轻松,因为总统对于所谓的原子弹的了解远没有科学家那样清楚,故而没有多大兴趣,这使萨克斯非常着急。他利用最后一次见到罗斯福时极为有限的时间讲了一段往事:拿破仑战争期间,美国发明家富尔顿劝说拿破仑将帆船换成蒸汽船,被拿破仑拒绝了。英国历史学家阿克顿对此总结到:是敌人缺乏见识才使英国得以幸免,如果拿破仑听从富尔顿的建议,整个欧洲的历史就要重写。罗斯福显然被这个故事打动了,他沉吟良久,说出了那句足以震惊世界的话:"萨克斯,你胜利了!"而此时的萨克斯难抑心中的激动,竟至于泪流满面。

罗斯福于 1939 年 10 月 11 日下令成立"铀顾问委员会",此后不久就批准了为保密而取名为"曼哈顿工程"的计划,建立了洛斯阿拉莫斯实验室,任命物理学家奥本海默为负责人,原子弹研制工作正式启动。奥本海默在 40 岁以前,尽管是一个理论物理学家,一个受人尊敬的教师,但没有实现自己成为伟大科学家的愿望,没有登上物理学领域创造性工作的最高峰,而与他相识的海森堡、狄拉克、费米等人在他这个岁数时已经成名了。最终,还是曼哈顿工程使奥本海默青云直上,他担任了洛斯阿拉莫斯实验室主任,成功地把众多科学家包括那些著名科学家团结在了自己周围,保证了原子弹研制工作的正常展开。

虽然制造原子弹的理论看起来已经很清楚,但要真正把它变成现实仍是相当困难的。铀元素主要有两种:铀235和铀238。铀235只占0.7%,而铀238却占到99.3%。在具有一般能量的中子作用下,只有铀235能发生裂变。为了保证链式反应能正常进行,就必须对铀矿加以精炼,设法提高铀235的含量。再者,要把铀的两种同位素分离开来也并非易事。为了保证"曼哈顿工程"的顺利实施,美国政府先后动员了50多万人,仅科研人员就达15万人,共耗资22亿美元,还占用了全国近1/3的电力。最后终于在1945年春天成功研制出了原子弹。奥本海默因为在这一工程中表现出出色的组织才能,功勋卓著,深受后人推崇和爱戴,并获得了"原子弹之父"的美誉。

"计算机之父"
——冯·诺依曼设计制造第一代电子计算机

第二次世界大战爆发后,美国宾夕法尼亚大学莫尔工学院电工系同阿伯丁弹道研究所合作为陆军制作炮击表。用当时已有的计算机进行运算,一张炮击表需要200多名计算人员工作两三个月,工作量大不说,结果还不能让人满意。为了改变这种状况,莫尔工学院的莫克莱博士在1942年8月提出了一份电子计算机的设计方案,称为"电子数值积分计算机"(ENIAC),第二年4月获得批准。在莫克莱和另一位年轻工程师埃克特的领导下,成立了莫尔小组,开始研制工作。设计小组在理论基础上已具备一定条件,但由于尚未建立计算机的合理结构和整体技术,研制进度渐渐慢了下来。在这关键时刻,作为弹道研究所顾问的冯·诺依曼了解到莫尔小组的工作,立刻表现出极大的关注。

冯·诺依曼1903年生于匈牙利,1926年获得布达佩斯大学数学博士学位。此后在德国柏林大学和汉堡大学任教,1930年到美国普林斯顿大学数学系访问,成为该系终身教授。1933年他又受聘担任普林斯顿高级研究院的数学物理学终身教授,年仅 30 岁。第二次世界大战期间他担任军事研究机构的顾问,并参与了原子弹的设计研究工作。冯·诺依曼发现,解决原子核裂变反应的问题时,要涉及数十亿的初等算术运算和逻辑指令的实施,数以百计的计算人员用台式计算机昼夜不停地工作,但缓慢的速度还是不能适应紧迫的实际需要。了解到莫克莱等人正在研制计算机,冯·诺依曼迅速决定参与到这一研究中来。

1944 年夏天,冯·诺依曼成为莫尔小组的正式成员,这给研制工作注入了强大的活力,许多关键性的问题都在他的指点下得到了解决,他成为研究的实际带头人之一。1945 年底,ENIAC 终于研制成功,共耗用 18 000 多个电子管和 1 500 只继电器,重 30 吨,功耗达 150 千瓦,占地面积 167 平方米,有两层楼那么高。它是世界上第一台电子计算机,运算速度达到了每秒5 000 次,使人类计算工具的历史开始了一个新的纪元,冯·诺依曼在这一研制活动中作出了具有决定意义的贡献。

冯·诺依曼并不满足于 ENIAC 的研制成功,想方设法要克服这种计算机的各种缺陷。他首先建立起了现代计算机的最主要结构原理——存储程序原理,从 1946 年起,就开始依据这一原理建造两台计算机:"通用自动计算机"(UNIVAC)和"冯·诺依曼型计算机系列"之一的 JONIC,它们分别于1951 年和 1952 年获得成功,运算速度达到了每秒百万次以上,证明了存储程序原理的正确性。冯·诺依曼不仅设计和制造计算机,还积极开发利用这一新兴的科学工具,努力开创现代科学计算的新技术和新领域。

由存储程序原理建造的电子计算机称为存储程序计算机,也称冯·诺依曼计算机。半个多世纪以来,电子计算机已经历了多次的更新换代,内部组织机构发生了巨大变化,运算速度也日益加快,但就原理而言,冯·诺依曼机型仍占据主流。冯·诺依曼因对计算机设计和制造的划时代影响而被誉为"计算机之父"。

群星璀璨

20 世纪的科技发展,虽然是德国和美国先后牢固地占据了世界科学技术中心的地位,但显然没有形成先德国后美国一枝独秀的局面。其他国家的科学家们也纷纷参与了这场世界范围内的智力角逐,所获得的成就在很多方面也具有世界领先的水平。比如在微观物理学研究方面,英国科学家卢瑟福,不仅自己的研究成就卓著,而且还培养出一批硕果累累的科学家群体,推动原子物理学研究达到了一个前所未有的新高度。二战以后的天文学研究,虽然是美国科学家走在前面,但其他国家的科学家也不甘落后,60年代射电天文学四大发现的发现者名单中,就有休伊什、贝尔等科学家的名字。此外,分子生物学对遗传奥秘的揭示,板块构造理论的确立,生理学和医学领域重大成果的获得等等,各项重大的研究活动中也都活跃着各国科学家的身影。

探索原子核结构
——查德维克发现中子

人们了解了原子的结构,知道原子中有原子核,那么原子核中有什么呢？这是一个引人入胜的问题。1914年,卢瑟福用阴极射线轰击氢,当氢原子的电子被打掉后,得到了带正电的阳离子,其电荷量为一个单位,质量也是一个单位。卢瑟福将其命名为质子。1919年,卢瑟福和他的助手们用高能 α 粒子轰击氮原子核。实验显示:氮原子核受到 α 粒子轰击后变成了氧原子核,同时放出质子。这一实验具有双重重要意义,一是它第一次实现了元素的人工嬗变,使人们长期追寻的把一种元素变成另一种元素的梦想变成了现实;二是它进一步证实了原子核中有质子存在。

在发现原子核中有质子后,人们一度认为原子核仅由质子组成,但这一观点无法解决原子核的电荷数与质量数的匹配问题。比如 α 粒子,其质量数为 4,即质子质量数的 4 倍,而其电荷数为 2,仅为质子电荷数的 2 倍,这里显然存在着矛盾。为消除这一矛盾,卢瑟福于 1920 年提出了一种大胆的假设:原子核中除了质子外,还存在一种质量与质子接近的中性粒子,即中子。当许多人对这一假说还在将信将疑的时候,卢瑟福的学生查德维克已经开始通过实验寻找这种中性粒子了。

查德维克 1891 年生于英国柴郡,中学时代并未显示出过人才华。他沉默寡言,成绩平平,但始终坚持自己的信条:会做则必须做正确,一丝不苟,不会做又没弄懂,决不贸然行动。进入大学的查德维克,由于基础知识扎实而在物理学研究方面崭露超群才华，从而得到卢瑟福的赏识，毕业后留在曼彻斯特大学物理实验室，在卢瑟福指导下从事放射性研究。卢瑟福预言存在着中子，查德维克对此深信不疑，但他能够完成发现中子的伟业，还有赖于其他科学家的研究活动。

1928年，德国物理学家波特和他的学生贝克尔用α粒子轰击铍原子核，结果发现了一种呈电中性的穿透力很强的射线。但由于他们二人对卢瑟福的中子假设并不了解，因而断定这是一种特殊的γ射线。大约与此同时，在法国，居里夫人的女儿和女婿约里奥·居里夫妇也做了类似的实验，波特他们的实验结果一发表，夫妇二人很快给予了进一步证实。但约里奥·居里夫妇同样对中子假设不了解，因而也误认为新射线是γ射线。

正在苦苦追寻中子的查德维克，在了解到波特和约里奥·居里夫妇的实验结果后，敏锐地觉察到这种射线可能就是中子。他立即着手实验，用了不到一个月的时间，就发表了"中子可能存在"的论文，中子就这样被发现了。由于发现中子，查德维克获得了1935年的诺贝尔物理学奖。

在中子发现的启示下，其他科学家提出了原子核是由质子和中子组成的结构模型，使长期存在的原子核的结构问题得到了初步解决。

探索"生命的最新秘密"
——巴甫洛夫创立条件反射学说

1921年寒冷的冬天，一个"援助巴甫洛夫教授委员会"来到了彼得堡实验医学研究所，想了解一下这位著名科学家有什么需求。"狗，最需要的是狗！哪怕让我自己上街去抓也行！"巴甫洛夫激动地说着。这让政府的代表们非常奇怪：70多岁高龄的老科学家担心的只是继续工作的条件，只要是能不停止科学探索，不中断研究工作他就心满意足了。

巴甫洛夫1849年生于俄国中部小城梁赞，1870年入圣彼得堡大学，先学法律，后转到物理数学系学习自然科学。从大学三年级开始对实验生理学产生了浓厚的兴趣。几年大学的严格训练，不但使他成为一名一流的外科医生，也为他进一步从事实验生理学研究打下了牢固的基础。巴甫洛夫的研究工作与狗是密不可分的，正是通过对狗的行为进行了长期的观察和实验，使他建立了著名的条件反射生理学说。

为了便于观察狗的神经活动,巴甫洛夫用实验给狗做了如下手术:一是把食道切断,使刚吃进去的食物通过漏管重新掉回食盘,而不是进入胃中;二是从胃里接一根橡皮管,从肚皮下通到体外,以检查胃液的分泌情况。实验发现,在狗进食几分钟后,尽管胃里并没有任何食物,但却分泌出了大量的消化食物的胃液。这一现象使巴甫洛夫陷入沉思。经过反复思考后他认为这很可能是神经在"作怪",是由迷走神经冲动所引起。为了验证这一点,巴甫洛夫又给狗的迷走神经做了手术,在迷走神经上引出一根细线,稍微拉动一下就会发现,尽管狗仍在不停地吞食食物,但却停止了分泌胃液。经过长期的实验研究,巴甫洛夫终于得出了一个重要结论:现实生活中的人们会遇到类似"望梅止渴"的现象,这是因为信息刺激人的大脑神经,从而引发机体产生相应的生理反应,这就是条件反射。此后,巴甫洛夫又详细研究了神经机制和条件反射活动发展与消退的规律性,论述了基本的神经生理过程——兴奋和抑制现象的扩散和集中及其相互诱导的规律,提出了神经系统类型的学说和条件反射与非条件反射两种信号系统的概念。

巴甫洛夫条件反射学说的核心内容是刺激—反应。在对狗进行实验时,每次喂食之前,先给予铃声刺激。到后来,即使见不到食物,但只要一听到铃声,狗马上就会分泌唾液。条件反射学说也可以用来解释出现在人身上的现象,比如有的人看到别人打哈欠,自己也会跟着打。很显然,巴甫洛夫的这一研究成果,揭示出了"生命的最新秘密"之一。这虽然只是他毕生追求事业的一个阶段性成果,但却是实验生理学发展的一个里程碑。

巴甫洛夫的科学成就为他赢得了世界性的声誉,人们称它是"世界上最优秀的生理学家",他被授予 1904 年诺贝尔生理学与医学奖,还被 130 个科学院、学会选为名誉院士和名誉会员。1959 年,在莫斯科举办的美国超级新产品展览会上,电子计算机在回答"在美国谁是最负盛名的俄国科学家?"这一问题时,它"不假思索"地答道:巴甫洛夫。

地球科学的哥白尼革命
——创立板块构造学说的科学家群体

美国科学家赫斯与迪茨在 20 世纪 60 年代初提出海底扩张说以后,对于这一学说的前途,也没有十足的把握。但仅仅过了两三年的时间,随着一系列新的重要证据的相继出现,海底扩张说就逐步完善了起来。这期间除了美国科学家赫斯等人之外,加拿大科学家威尔逊、英国科学家瓦因、马修斯等人,都对海底扩张说的发展做出了贡献。

1965年,威尔逊、赫斯访问剑桥,与布拉德、马修斯、瓦因等一起讨论了关于大陆漂移的许多理论问题。经过他们的共同努力,使海底扩张说发展成为板块构造学说。经过反复的分析对照,他们发现大陆在一亿多年的漂移过程中,其轮廓几乎没有发生变化。于是他们设想,所谓大陆的漂移,只不过是形状固定的坚硬大陆板块在地幔软流圈上的移动,其动力是地幔对流引起的海底扩张,由海底扩张驮着覆盖其上的一对板块沿海岭轴向两侧拉开。

板块构造学说一提出,立即引起了学术界的极大关注,各国科学家纷纷加入了研究者的行列。1968年,法国地质学家勒比雄和英国剑桥大学的麦肯齐等青年学者把全球板块分为六块,即太平洋板块、印度板块、欧亚板块、非洲板块、美洲板块和南极洲板块。后来又有人把它分成了九块,在大块之外还有许多小块。各个板块在不断移动,不断更新,大陆是分久必合,合久必分;大洋则是扩张了又封闭,封闭了再扩张。

从大陆漂移说,到海底扩张说,再到板块构造说,被认为是一个主题的三部曲,它们的具体内容虽然不同,但其思路是一脉相承的。海底扩张说为大陆漂移说解决了最大的动力难题,板块构造说则是海底扩张说的引申和总结。板块构造说的创立,使人们认识到板块运动是地球运动的一种基本形式,进而从整体上对我们这个地球的运动形式加深了了解。地球表面的地壳,既有垂直方向的起伏,也有水平方向的漂移;地表的海陆在变化,地下的物质在循环,整个地球处于生生不息的运动变化之中。

到20世纪60年代末,除少数科学家外,大多数地球物理学家都赞同板块构造学说,有人认为它在地球科学中的地位,就像血液循环学说对于生理学,进化论对于生物学一样重要;有人则干脆把它看做地学上的一场哥白尼革命。在这场地学革命中,多位科学家互通有无,进行了卓有成效的密切合作,为这一科学成就的取得做出了突出贡献。这样的研究模式,更值得今天的科学工作者所借鉴。

七、日新月异：大科学时代 的科学技术

20世纪以前,科学主要以小规模研究为主要特征。现代科学革命以后,很多领域出现了规模化的集团研究,从而逐步进入了大科学时代。所谓大科学,简单而言是指解决复杂程度高的大问题,进行大规模研究的科学。比如美国的曼哈顿工程和星球大战计划,欧洲的尤里卡计划,多国参与的人类基因组计划等等,都是典型的大科学研究活动。大科学的特点主要表现为:投资数量大,多学科交叉,研究目标宏大,需要昂贵并且复杂的实验设备。大科学研究可以分为两种基本类型,一是投入巨额资金以建设、运行和维护大型研究设施的"工程式"大科学研究;二是需要跨学科合作的大规模、大尺度的前沿性科学研究项目。从历史发展的角度看,第二次世界大战是一个具有标志性的事件,正是从这时开始,科学逐步从小科学走向大科学。

风正帆悬

进入大科学时代,美国一直稳居世界科技龙头老大的位置。对科学研究特征变化的准确把握,科研体制的良性运转,政府、企业、民间的大力支持,科技界创造力的持续迸发,是大科学时代美国科技高歌猛进的重要条件。"曼哈顿工程"堪称大科学研究项目取得成功的第一个典型范例。而20世纪60年代"阿波罗计划"的实施,是大科学研究的又一成功示范。为了成功登月,美国政府动员人员40余万,公司和研究机构超过两万家,总共耗资达250亿美元。如此大规模的科研活动,没有整个国家力量的参与是无法想象的。除了重视大科学研究,美国的综合性研究和尖端技术领域也是群星

璀璨，硕果累累。控制论、信息论等横断学科的建立，成为系统科学及复杂性科学发展的开路先锋；航空航天技术和电子计算机技术的飞速发展，成为当代新技术革命的最为生机勃勃的领域，展示出越来越广阔的应用前景。

横断学科发展的硕果
——维纳创立控制论

在哈佛大学 1913 年的博士学位授予仪式上，主持人看到一位还满脸稚气的小伙子，颇为惊讶，于是当面询问他的年龄。他从容答道："我今年岁数的立方是个四位数，他的四次方是个六位数，这两个数，刚好把 10 个数 0、1、2、3、4、5、6、7、8、9 全都用上了，不重不漏。这意味着全体数字都向我俯首称臣，预祝我将来在数学领域里干出一番大事业。"此言一出，现场一片哗然，众人纷纷猜测他的年龄。后来大家终于明白了，是 18 岁。18 的立方是 5 832，其四次方是 104 976，恰好不重不漏地用完了 10 个阿拉伯数字。这位 18 岁就获得哈佛大学数理逻辑博士学位的少年天才，就是后来名闻世界的美国数学家维纳。

维纳 1894 年 11 月生于美国密苏里州的哥伦比亚，自幼才智过人，有神童之誉。在获得哈佛大学博士学位后，又先后赴英国剑桥大学、德国哥廷根大学和美国哥伦比亚大学三所著名高等学府进修，接受罗素、哈代、希尔伯特和杜威等著名哲学家和数学家的指导。从 1919 年开始，维纳在麻省理工学院任教。

第二次世界大战期间，维纳参加了美国研制防空火力自动控制系统的工作。为了击中目标，防空炮火在开火的一刹那必须瞄准目标前方某一点。要想提高火炮的命中率，许多数据必须迅速准确地计算出来。凭借以前研究预测问题所积累的丰富经验，维纳提出了将防空炮火和雷达结合使用的方案，最终圆满完成了任务。在对这一问题的研究过程中，维纳发现了一个让他感到异常兴奋的现象：自动防空炮火系统的运转与生物体有着惊人的相似，在二者内部都存在着对输入信息的处理和反应。于是，他将大脑和神经系统与计算机设备联系在一起考虑，经反复研究后于 1943 年与他人合作撰写了《行为、目的和目的论》一文，从反馈角度研究了目的性行为，找出了神经系统和自动化之间的一致性。这是第一篇关于控制论的论文。在此后的数年时间里，维纳与很多生物学家、数学家、社会学家、经济学家一起从多个角度对信息反馈问题进行了极为广泛的研究探讨,终于在 1948 年出版了《控制论:或关于在动物或机器中控制与通信的科学》一书,宣告了控制论这门学科的诞生。

控制论理论告诉人们,生命系统、社会系统等与机器系统一样,都可以看成是自动控制系统,其中有专门的调节装置来控制自身的运转并实现系统的功能。控制论的一个中心概念是反馈。所谓反馈实际上是指输出信息再返送回输入端,进而影响以后的输入和输出,对系统进行控制。反馈有两种:正反馈和负反馈。前者是指反馈信息与输入信息相同,既放大了输入信息又使输出信息也随之放大。后者则是指反馈信息与输入信息相反,在减弱输入信息的同时也使输出信息减弱。控制论所研究的反馈主要是负反馈,因为正反馈会加剧系统已经偏离目标的程度,而负反馈则可以逐渐减少对目标的偏离,使系统按预定的程序运行,最终达到预期目标,使系统状态实现整体最优。

作为一门横断学科,控制论的创立具有重要的方法论意义,它所创造和发展出来的功能模拟法、反馈控制法以及黑箱方法等,在诸如生物学研究、通信技术、生产管理等领域都得到了日益广泛的应用,越来越成为人们社会生活中不可或缺的重要学问。而维纳本人,因创立控制论理论以及在其他领域所取得的辉煌成就,被誉为 20 世纪多才多艺和学识渊博的科学巨人,他先后当选为美国国家科学院院士和美国数学会副会长,并荣获美国数学会设立的博歇奖和总统颁发的美国国家科学奖章。

将信息研究推向新高度
——申农创立信息论

1948 年 6 月和 10 月,《贝尔系统技术》杂志连载发表了题为《通信的数学原理》的论文,1949 年,该杂志又发表了另一篇论文《噪声下的通信》。这两篇论文所阐明的基本理论被人们理解以后,被公认为是信息论的奠基性著作,而它们的作者申农,也被公认为信息理论的创始人和数字通信的奠基人。

申农 1916 年生于美国密歇根州,1936 年毕业于密歇根大学并获得数学和电子工程学学士学位,1940 年获得麻省理工学院数学博士学位和电子工程硕士学位。从 1941 年开始,他在美国著名的贝尔实验室工作,长期致力于研究信息的编码和提高通信系统的效率及可靠性问题。在研究过程中他发现，对信息进行数学处理是解决问题的关键，而要实现对信息的数学处理，需要先舍弃通信系统中消息的具体内容，把信息源产生的信息仅仅看作一个抽象的量。同时，考虑到信息具有随机性的特点，申农把数学统计方法移植到通信领域，提出了信息量的概念。此外，申农还对通信系统模型以及编码定理等方面的内容进行了研究。1948 年和 1949 年的两篇论文就阐述了上述的研究成果。

信息论首先要解决的一个问题是信息的概念。何为信息？申农对此的解释是：信息就是用以消除随机不定性的东西。通过信息的获得，人们可以了解和确认某一事物，因而可以把信息看成是关于事物运动状态的知识。信息来源于物质及其运动，但它不是物质本身；信息与精神密切相关，但显然也不等同于精神；获得信息需要能量，控制能量又需要信息，信息与能量不可分割，但两者也有明显区别，能量的作用在做功，信息的作用在于提供知识。在对信息的概念和性质进行分析的基础上，申农进一步对通信的基本问题进行了阐述，提出了通信系统的模型，给出了信息量的表达式，解决了信道容量、信源统计特性、信源编码、信道编码等有关精确地传送通信符号的基本技术问题。

信息论在刚诞生时，主要局限于通信领域。后来经过几十年的发展，信息的基本理论已经超越通信领域，逐步推广、应用于其他学科。到 20 世纪 60 年代末、70 年代初时，在信息论基础上发展起了信息科学，它涉及数学、通信理论、控制论、计算机科学、人工智能、电子学和自动化技术以及物理学、生物学等多个领域，甚至与哲学也建立起了密切关系。

因为申农在信息研究方面的卓越贡献，他成为使我们的世界能进行即时通信的少数科学家和数学家之一。人们怀念申农，一方面是怀念他的杰出科学贡献，另一方面也是怀念他身上所具有的好奇心强、重视实践、追求完美、永不满足的科学精神。

阿波罗计划

——人类首次登上月球

1969 年 7 月 16 日，阿波罗 11 号飞船载着阿姆斯特朗、奥尔德林和柯林斯三位宇航员从佛罗里达州的肯尼迪航天中心起飞,20 日中午到达月球轨道。在月球上空 100 千米处,地面控制中心指示登月行动开始,阿姆斯特朗和奥尔德林驾驶着代号为"鹰"的登月舱与母船分离,向月球飞去,柯林斯则留在母船上绕月飞行。美国东部时间下午 4 时 17 分 40 秒,"鹰"在月面上"静海"西南部安全降落。阿姆斯特朗率先走出了登月舱,一步一步走下了阶梯,在月球上留下了地球人的第一个脚印。他后来说:"这一步,对一个人来讲只是一小步,而对整个人类却是一次飞跃。"奥尔德林紧随其后也踏上了月球,他们在月球微弱引力下一跳一跳的走动。可以看到,这是一个荒凉冷寂的世界,没有生命,甚至没有一丝绿色,空中的地球像一个圆盘悬挂在林立的高山丛中。两位宇航员将一块特制的金属牌树立在月面上,上面写着:"公元 1969 年 7 月,来自行星地球的人类首次登上月球,我们为和平而来。"在月球上逗留两个半小时后,阿姆斯特朗和奥尔德林驾驶"鹰"离开月球,升到空中与柯林斯驾驶的指令舱实现了对接,然后开始返回地球。7 月24 日,飞船重新进入地球大气层,不久后安全降落在太平洋上。至此,"阿波罗计划"取得圆满成功。

"阿波罗计划"开始于 1961 年。在前苏联宇航员加加林首次成功飞出地球后不久,美国总统肯尼迪就向全世界宣布:"美国要在十年内,把一个美国人送上月球,并将使他重新回到地面。"从此,美国雄心勃勃地开始了"阿波罗登月计划"的实施。

阿波罗登月计划共分为三步,第一步称为"水星计划",将宇航员送上太空,测试人在太空中的活动能力。第二步是"双子星座计划",主要目的有两个,一是测试人在太空中长时间停留可能引起的生理问题,二是测试航天器在太空中进行对接,从而奠定登月技术的基础。第三步是"土星计划",即制造能将载人飞船送出地球进入月球轨道的大动力火箭,最终完成登月计划。

阿波罗登月计划虽然有着雄厚的技术实力做后盾,但整个实施过程还是极为大胆和冒险的。1967 年 1 月 27 日,第一艘阿波罗飞船在做模拟实验时,因太空船失火导致三名宇航员丧生。为了实施这一宏大的研究计划。政府几乎动员了全国的科技力量,总耗资达 250 亿美元之巨。在付出了巨大代价后,终于将两名宇航员送上了月球。在此次计划完成后,美国又进行了多次登月飞行,先后把 10 多位宇航员送上了月球,并带回了不少月球物质样品供科学研究。

阿波罗登月计划在人类文明历史上具有划时代意义，它首次将人类文明带进了地外空间，显示了人类文明的伟大成就。从此，人类的地外空间时代开始了。

激光器研制的里程碑
——梅曼发明红宝石激光器

1960 年 7 月 7 日，美国《纽约时报》以寥寥数行的短文报道了梅曼得到"新的原子辐射光"——激光的消息。梅曼是谁？报道的消息可靠吗？正在人们将信将疑的时候，英国 8 月份的《自然》杂志发表了梅曼题为《红宝石的激光作用》的论文，正式宣告了红宝石激光器的问世。虽然仍有不少人对这一发明持怀疑态度，但不久有科学家在重复了梅曼的实验后证实：梅曼在红宝石中得到的光具有激光的基本特性——极高的强度、极好的方向性和相干性。这充分说明，梅曼的成功不容置疑。

早在 1958 年 12 月，美国物理学家、微波激射器的发明者汤斯和其好友肖洛共同署名在《物理学评论》上发表了题为《红外和光激射器》的论文。他们指出，把微波激射器的原理推广到更短波段——光波段，制作成光激射器（即激光器）是完全有可能的。他们还讨论了激光器制造的一些困难和克服的方法以及具体的设计方案。他们的论文引起了广泛的注意，有很多人把研究的兴趣转移到了这一方面，提出了各种各样的设计方案。汤斯设想以钾蒸气为工质，以钾灯为泵浦源激励，指望在钾蒸气中得到激光，他最先展开了试验活动。肖洛研究红宝石晶体，想以红宝石作为介质制成固体激光器。前苏联的巴索夫则设想用半导体材料来制造激光器，如若成功，那将是体积很小的器件。贝尔实验室的贾万等人则研究了氦氖混合气体的放电现象，他们对于气体激光器将首先获得成功充满了信心。不同国籍的专家们提出了数十个设计方案，人人都加紧了试验的步伐，一场激烈的研究竞赛开展得如火如荼。但谁也没有想到，最先取得成功的却是梅曼——一个默默无闻且只有 33 岁的年轻人。

梅曼 1927 年生于美国加利福尼亚州的洛杉矶，1951 年获斯坦福大学电机工程硕士学位，开始研究微波波谱学、分子原子结构等问题，1955 年获得该校物理学博士学位。从 1959 年 8 月起,梅曼才开始研究激光。而此时汤斯等人已经展开研究一年有余。梅曼一开始曾试用过其他各种材料,但都不理想,于是转向研究红宝石。经过深入研究后,梅曼获得了突破,他确信含铬量合适的红宝石可以成为产生激光的最适宜的材料。于是,他重新提出红宝石激光器的设计方案,尽管有人以肖洛以前的结论为依据表示怀疑,并责备他不该乱用科研经费,但梅曼不为所动,仍坚持不懈地努力着,终于在 1960 年 4 月迎来了胜利的曙光。他以强光照射含铬量 0.05% 的红宝石,发现了铬离子的受激辐射。深受鼓舞的他又对实验装置做了进一步的改善,然后逐渐增大照射光源的闪光强度,结果发现红宝石一端发出的光增强、方向性和相干性变好,这使他确信得到了一种新的光源——激光,这已经是当年 5 月份的事情了。梅曼起初曾把自己的实验结果写成论文寄给《物理评论快报》,然而该杂志没有回应。梅曼不得不召开记者招待会公开自己的成果,这就是 1960 年 7 月 7 日《纽约时报》那篇报道的由来。

激光器的发明以及日益展开的广泛应用前景,在很大程度上改变了人们的日常生活面貌。梅曼因为发明了红宝石激光器而获得了巨大的声誉,不久后成为美国物理学会和美国光学会会员,被选为美国科学院及国家工程科学院院士。1986 年进入国家发明家荣誉协会。

争先恐后

第二次世界大战结束以后,很快形成了以美苏两个超级大国为主导的两极化世界政治格局。为了争当世界霸主,美苏两国展开了激烈的军事竞赛和高科技角逐。在战后不到 10 年的时间里,两国先后制造出了原子弹和氢弹。当美国人陶醉于自己在核武器领域的领先地位时,前苏联却率先成功发射人造地球卫星,使竞争的焦点转向了航天领域。整体上看,这一段时间的激烈竞争,是前苏联领先而美国在后面苦苦追赶的局面。直到 1969 年底,美国实施"阿波罗计划"并最终成功登上月球,两国间才达到了某种平衡。但是应当看到,前苏联科学事业的举国体制,可以促成某个领域的迅速发展,也有可能对别的领域形成干扰,一个典型的案例是前苏联共产党中央支持李森科而导致的遗传学研究的全面落后。除了美苏两国的你追我赶,其他国家的科学家也在各自所擅长的领域里辛勤耕耘，重要科研成果时有出现。

太空飞行第一人
——加加林成功进入太空

1961 年 4 月 12 日，前苏联宇航员尤里·加加林乘坐载人宇宙飞船飞上了太空。加加林在 330 千米的高空以 27 200 千米/小时的速度环绕地球飞行一周，历时 108 分钟，最后按计划安全返回地面。这次飞行时间虽然短暂，但它打开了人类通往宇宙太空的道路，加加林因此成为世界上第一位航天英雄，成为人类进入太空第一人。为了纪念这个划时代的成就，4 月 12 日这一天就成了"航空航天国际纪念日"。

人类为打开通天之门，进行了极为艰苦的努力并付出了巨大的代价。1960 年 10 月 24 日，在发射场准备发射新式火箭时发生了爆炸，导致包括战略火箭总司令涅林元帅在内的多人丧命。在加加林上天之前，共进行了 7 次不载人飞船试射，还用各种生物进行了 31 次火箭搭载生物飞行以及多次卫星搭载生物飞行。直至确认万无一失才将千挑万选出的宇航员加加林送上太空。

加加林 1934 年生于前苏联斯摩棱斯克，1951 年入萨拉托夫工业技术学校学习，这是他飞行员生涯的开端。在校期间他加入了萨拉托夫航空俱乐部，业余时间学习飞行。1955 年从工业学校毕业后，进了奥伦堡航空军事学校，1957 年参军，成为一名军人。1959 年 10 月，前苏联首位宇航员的选拔工作在全国展开。加加林从 3 400 多名 35 岁以下的空军飞行员中脱颖而出，成为 20 名入选者中的一员，于 1960 年 3 月被送往莫斯科，开始在宇航员训练中心接受培训。凭着坚定的信念、优秀的品质、乐观的精神和过人的机智，加加林最终成为前苏联的第一位宇航员。

加加林的这次太空飞行时间尽管短暂，并且事前做了充分的准备，但整个过程仍然是危险重重。加加林在飞行中"感到很难受，但可以忍耐"；飞船返回时，座舱与仪器舱由于出现故障而没有及时分离，险些酿成大祸；尤其最后的弹射跳伞对于加加林而言，更是一次生死的严峻考验。总之，无论从哪方面看，加加林的太空飞行都是一次极大的冒险，他被称为航天英雄是当之无愧的。1968 年，加加林在一次航天训练飞行中因飞机坠毁而不幸遇难，但他的名字和业绩将永远记录在人类的航天史册上。

加加林的太空飞行轰动了全球,当时的美国总统肯尼迪虽然为又一次被前苏联抢得先机而感到沮丧,但他还是对这次飞行表示了敬佩,称"加加林的飞行终止了人是否能在太空生存的争论"。从此以后,美苏两国的载人飞船不断地将宇航员送上太空,飞船性能越来越强,宇航员在太空中的生活越来越方便。1965年3月的一天,前苏联宇航员从座舱中走出,在太空中进行了10分钟的散步。3个月后,美国宇航员也从舱内走出,在太空中逗留了20分钟。失重状态下的太空漫步不再是人们的梦想,而已经变成活生生的现实,全世界的人们都通过电视看到了宇航员们具有历史意义的空中迈步。

血的教训
——李森科给前苏联科学事业造成的危害

1976年11月20日,曾经声名显赫的"科学家"李森科悄无声息地离开了这个世界,但在他身后,留下的是前苏联科学事业的满目疮痍,特别是遗传学研究的一蹶不振,还有因受其迫害而含冤丧命的众多优秀科学家的冤魂。

李森科1898年9月29日生于乌克兰的一个农民家庭。他曾读过两个园艺学校,1925年毕业于基辅农学院,随后受聘到育种站工作。他的父亲曾把在雪地里过冬的乌克兰冬小麦种子在春天播种,结果获得了好收成。李森科在此基础上提出了他的所谓"春化作用"的概念。在当时的乌克兰,因霜冻而造成过冬作物的大幅度减产,也因其他复杂的人为因素而造成严重缺粮。正当前苏联共产党和政府为此感到忧虑时,李森科提出的"春化作用"似乎给战胜大灾和解决缺粮问题提供了一个有效的办法。农业部立即决定成立专门机构研究春化作用,由李森科全面负责。1935年,前苏联召开第二次全苏集体农民突击队员代表大会,斯大林也出席了大会。李森科在会上的讲话中,极力迎合政治领袖的思想,把"春化"问题与当时的阶级斗争形势联系起来,捞足了政治资本。

1935年,春风得意的李森科基本上确立了自己的遗传学新概念,他夸大拉马克的获得性遗传作用,而否定染色体理论,否定基因学说。他利用自己主编的《春化》杂志对遗传学上的不同学术观点发动了猛烈的攻击。他精心组织了对坚持基因学说的著名遗传学家瓦维洛夫的围攻,把开展遗传学问题的争论看做一场政治斗争,直至宣布瓦维洛夫是"资产阶级伪科学家"、

"科学上的反动派"。由于苏共中央站在李森科一边，瓦维洛夫于1935年被解除了前苏联农业科学院院长职务。1940年8月，瓦维洛夫及其助手被陆续逮捕，1943年，根据苏共中央委员会的决议，瓦维洛夫被秘密处死。

第二次世界大战以后的生物学，特别是遗传学在各国得到了异常迅速的发展。而前苏联生物学由于长期处于李森科的垄断干扰之下，明显地落后了。随着时间的推移，李森科提出的一个个理论相继破灭，人们本应适时实现拨乱反正，但此时前苏联又开展了所谓反对"屈从西方"政治和思想倾向的斗争，李森科巧妙地利用了这种政治形势，得以多次摆脱困境。1958年12月，由于赫鲁晓夫的支持，李森科在生物学和农业研究部门以及在高等教育和中等教育方面，重新在组织上巩固了自己的统治地位，他专横跋扈的学阀作风愈演愈烈，以至于从1959年到1962年期间的所有出版物没刊登过任何一篇批评李森科理论观点的文章，这使前苏联的遗传学研究工作再次受到了严重干扰和挫折。

随着赫鲁晓夫的垮台，李森科的地位才开始下降。1965年2月，李森科被解除了前苏联科学院遗传研究所所长的职务，这就宣布了李森科维持了多年的"科学"生命的终结。但按照前苏联相关法律，李森科依然拥有三个院士的头衔，社会主义劳动英雄的称号和9次列宁勋章获得者的荣誉，并享受着这些头衔、称号和荣誉所带来的一切特权，直至死去。当干扰消失，人们再来回顾前苏联科学界，尤其是遗传学的全面凋敝，想另起炉灶，真正干一番事业的时候，一切都为时太晚。

构建新的数学体系
——布尔巴基学派和《数学原本》

1939年，法国巴黎的书店里出现了一本新书——《数学原本》（第一卷），署名是"尼古拉斯·布尔巴基"。看到这本书的人都不禁心生疑惑，因为从未听说过有这样一位数学家。可是此后这本书几乎每年出版一卷，到1950年时已经出了10卷。这部数学著作以独特的方式对已有的数学成果进行分类，不再像过去那样划分成代数、数论、几何与分析等部分，而是依据结构的异同加以编排。它打乱了经典数学世界的秩序，以全新的结构观点统一了整个数学，使数学以崭新的面貌呈现在世人面前，开始受到越来越多的数学家的瞩目。

与此同时,围绕布尔巴基的身份出现了各式各样的猜测,大家心中的疑惑也日益加重。这位"布尔巴基"究竟是何方神圣?有人觉得"他"是一个研究集体的笔名,而不是一个人,因为像《数学原本》这样一套博大精深的著作,靠单个人的能力是不可能完成的。人们还猜出了为首的几个数学家是谁,但被提到名字的人都矢口否认。整整过了18年之后,笼罩在布尔巴基身上的神秘面纱才被揭开。法国数学家让·迪多内应邀到罗马尼亚的布加勒斯特数学研究所访问,发表了题为"布尔巴基的事业"的演说,向世人公开了布尔巴基的身份。果然,它是包括了迪多内在内的一批法国年轻数学家组成的群体。

法国原本是世界数学的中心之一。但在1914年至1918年第一次世界大战期间,很多有才华的法国青年都走上了战场且再也没能回来,战争使法国损失了整整一代数学家,到20世纪20年代中期,在大学讲台上执教的数学老师都已经四五十岁了,他们不可能及时地理解和掌握最新的数学知识,与其他国家的数学水平相比较,法国有被甩在后面的危险。于是,挽救衰落局面,重振昔日雄风,成了法国数学界的当务之急。布尔巴基学派就是在这种历史背景下产生和发展起来的。

1935年夏天,魏依、嘉当、迪多内等十多位青年数学家聚在一起,准备组成一个讨论班,合作编写一本适应数学新发展的教科书。但讨论刚刚开始他们就发现,如果对数学的进展缺乏整体了解,是无法写出出色的教科书来的。于是他们决定扩大目标,在3年内撰写一部长2000页、取名为《数学原本》的著作,来概括现代数学的主要思想。作出这样的决定,需要有相当大的勇气和实力,因为20世纪数学的飞速发展使每位数学家都专业化了,几乎没有人能够通晓数学的各个主要分支并掌握它们之间的内在联系。但这群法国数学家当时都只有30岁左右,有一股天然的"初生牛犊不怕虎"的气概。他们的年龄若是再长一些,未必有这样的雄心壮志,但在青年一代的眼中,事情只有想不到,而没有做不到。

在这套著作的体系上,他们也提出了大胆的设想:首先阐明数学中的全部基本概念,然后集中介绍各个分支理论。而建成这个巨大框架的前提是必须把全部数学建立在统一而完善的基础之上。经过探讨,他们很快找到了这样的一个基础，那就是数学结构。整个数学世界从本质上可以归结为几类基本结构，如代数结构、拓扑结构和序结构等，这些基本结构再经过交叉混合，就形成了各式各样的数学对象。此后，他们就以结构为线索开始了研究和写作，并且获得了巨大的成功。

布尔巴基学派在 20 世纪 50～60 年代一直保持着旺盛的创造力，成员中涌现出许多世界著名的数学带头人，获得了沃尔夫和菲尔兹这样的"数学界的诺贝尔奖"，使其声誉逐渐达到了高峰。虽然由于种种原因，这一学派在 20 世纪 70 年代走向衰落，但这个曾经生机勃勃的年轻人群体所体现出来的优秀品质——敢于用自己的新观点向传统挑战的精神和蓬勃向上的进取精神，为数学界树立了光辉的典范。

学科整合

进入大科学时代后，科学研究的整体状况发生了很大的改变，由过去主要以单纯的孤立事物为研究对象，转变为以解决世界事物的复杂性问题为主要目标。这种转变引发了不同学科间的重新整合，使得一些带有综合性质的学科涌现出来，其典型表现就是系统科学的兴起。20 世纪 40 年代出现了控制论、信息论、一般系统论等学科，人们习惯上称之为"老三论"。70 年代又形成了耗散结构、协同学、突变论等新理论，人们将其统称为"新三论"。这一类理论学科研究的不断深入，又催生了混沌理论、自组织理论、非线性科学的诞生，使人们向着探索世界复杂性的目标不断迈进。从 60～70 年代开始，由于自然界和社会发展形势的不断变化，对诸如环境科学、生态科学等的需求日渐迫切，于是这一类学科也应运而生。这些学科研究活动的展开，必将为人类走向更美好的未来做出贡献。

揭秘系统的自组织行为
——普利高津创立耗散结构理论

1977 年诺贝尔奖获得者名单上，比利时科学家普利高津的名字赫然在列，他一人独享当年的化学奖，以表彰他在非平衡态热力学研究方面，特别是在建立耗散结构理论方面的重大贡献。人们一方面羡慕普利高津所获得的巨大荣誉,另一方面也对他创立的新理论产生了浓厚的兴趣。

普利高津 1917 年生于莫斯科,1921 年全家移居国外,1929 年定居比利时,后成为比利时公民。普利高津于 1945 年获得比利时自由大学理学博士学位,留校工作两年后即被聘为教授,反映出他渊博的学识和过人的创造力。而让他登上科学事业顶峰的,还是耗散结构理论的创立。

耗散结构理论,是研究系统怎样从混沌无序的初始状态,向稳定有序的组织结构演化的过程和规律的一种自组织理论。长期以来,关于世界事物的演化问题,存在着两种不同的理论描述,一是热力学第二定律所描述的退化现象,认为世界上的事物都是向着热平衡方向发展的,是逐步从有序走向无序的;二是进化论所描述的进化现象,认为世界上普遍存在着由无序到有序的上升过程。为了克服两者的矛盾,普利高津于 1969 年在一次"理论物理学与生物学"会议上正式提出了耗散结构理论,并在此后逐步严格地从物理学和数学方面论证了耗散结构的存在。

什么是耗散结构呢?用通俗的话说就是,一个远离平衡的开放系统,当外界条件达到某一特定阈值时,量变可能引起质变,系统通过不断地与外界交换能量和物质,就可能从原来的无序状态转变为一种在时间、空间或功能上的有序状态。这种非平衡态下的新的有序结构就是耗散结构。耗散结构的形成和维持至少需要具备三个基本条件:① 系统必须是开放的。孤立系统与封闭系统的演化遵循热力学第二定律,总是逐步由有序趋向于最大限度的无序;而开放系统由于存在着系统自身与周围环境间物质和能量的交换,它可以实现自身有序性的增加。② 系统必须要远离平衡态。系统处于热力学平衡态时,无论出现什么情况都不会自发建立秩序;而系统处在近平衡态时,其发展趋向是返回平衡态;只有处在非平衡态上,系统才有可能产生有序结构。③ 系统内各要素间存在非线性相互作用。线性相互作用只是各要素特性的简单性叠加,只是一种量的组合,不会引起系统整体新质的产生;非线性相互作用则是多种因素的彼此影响和制约、协同和放大,这意味着系统内要素独立性的丧失和系统整体新质的产生。

耗散结构理论的提出,在一定范围内解决了热力学第二定律与进化论之间的矛盾。热力学第二定律所揭示出的退化规律是对于孤立和封闭系统而言的;而生命体和社会这样的开放系统,由于满足形成耗散结构的基本条件，它们可以实现由无序到有序，由低序到高序的自组织过程，从而实现进化。

整体上看，普利高津对于系统自组织理论的探讨还有很大的发展空间，但他把一种十分博学的思想带给了自然科学，从而促使现代科学重新充满了生机与活力。

不同学科的协作和碰撞
——哈肯创立协同学

1969 年，德国科学家哈肯在斯图加特大学的讲台上，宣布了一门新兴学科的诞生，这就是协同学。如果说当时还很少有人能理解协同学到底为何物的话，那么仅仅过了两三年的时间，情况就发生了根本的改变。1972 年，哈肯组织了一次国际性的协同学会议，世界各地的许多专家应邀参加，与会代表们在很多问题上达成了共识，譬如，不同领域的众多现象中存在共同的基本原理，截然不同的系统由同样类型的序参量方程所支配，等等。这就充分说明，协同学已经得到了国际学术界的承认。在这次会议上，哈肯还把协同学定义为一门关于"各类系统的各部分之间互相协作，结果整个系统形成一些微观个体层次所不存在的新结构和特征"的学问。

哈肯从 1960 年起就担任德国斯图加特大学理论物理学教授，他在群论、固态物理学、激光物理学、统计物理学、化学反应模型以及形态形成理论等方面均有重要建树。而他最为杰出的贡献还是创立协同学。哈肯是在 60 年代研究激光的基础上，提出"协同"概念并创立协同学理论的。在研究激光的过程中，哈肯发现，激光是一种典型的在远离平衡态时由无序转为有序的例子。一个激光器，当外界输入的泵浦能量较低时，其发出的光的相位和方向没有区别，这时的激光器就只是一种发出自然光的普通的光源。而当泵浦功率增大到某一特定的阈值时，就会发出相位和方向都整齐一致的单色光——激光。

这种由无序向有序转化的现象，促使哈肯进一步思考，是否在其他系统中也存在着类似的现象？他通过研究发现，不但在像生物学这样的领域中普遍存在着非平衡有序结构形成的现象，而且更进一步，在热力学平衡系统中也存在着类似的转化过程。如磁铁有序结构的形成就是这样。一块磁铁，从微观上看，是由许多小磁体组成的。在高温状态下，磁铁中的各个小磁体的指向是不规则的、杂乱的。在这种情况下,大量小磁体的磁矩相加就相互抵消,所以整个磁铁在宏观上就不呈现磁性。但是,当磁铁的温度降低到临界温度之下,小磁体就整齐地排列起来,大量小磁体的磁矩相加,在宏观上就呈现出磁性来。

通过对上述各类现象的深入研究,哈肯指出:一个系统从无序向有序转化的关键,并不在于是处于热力学平衡还是非平衡,也不在于离平衡态有多远,而在于系统中大量子系统的存在。在一定条件下,系统的各子系统之间通过非线性的相互作用就能产生协同现象和相干效应,那么这个系统就能产生宏观上的时间结构、空间结构或时—空结构,形成具有一定功能的自组织结构,表现出新的有序结构。

因创立协同学,英国物理研究院和德意志物理研究学会于 1976 年授予哈肯马克思·玻恩奖金和奖章,美国富兰克林研究院则于 1981 年授予他米切尔森奖章。他还在 1984 年被授予德国功勋科学家称号。这些荣誉令哈肯的名字始终与协同学联系在了一起,也肯定了他的工作为人们更深刻地了解自然界提供了一种新的思路和方法。

开创新科学
——费根鲍姆与混沌理论研究

1974 年,在美国新墨西哥州的小城洛斯阿拉莫斯,警察们曾对一位在后街来回踱步的男人非常警惕。他燃着的烟头红点在黑暗中飘忽不定,借着透过高原稀薄空气散落下来的星光,他会无目的地漫步几个小时。其实,并不只是警察们感到奇怪,国家实验室的一些物理学家也对他们这位新来同事的怪异行为感到费解,甚至有传言说他每天做 26 小时的实验,这意味着他的作息时间表需要与其他人错开相位,真是一个怪人!

这个行为有点怪异的人就是米切尔·费根鲍姆。他 1944 年 12 月 19 日出生于美国新泽西州,求学期间曾对电机工程、广义相对论、量子力学、复函数论等领域产生过兴趣,但一般不会维持长久热度。1970 年取得博士学位后,曾在康奈尔大学、弗吉尼亚理工大学工作过几年,终不能使他满意。1974 年,过人的聪明才智已使年仅 29 岁的费根鲍姆成为出类拔萃的学者,这使他顺利得到了洛斯阿拉莫斯国家实验室的长期研究岗位,有了相对稳定的研究工作。但他的上级和同事们很快发现，费根鲍姆似乎不曾打算做一件属于自己的工作，他没有兴趣把自己的研究集中到任何会得到报偿的问题上。他思考过液体和气体中的湍流，也思考过时间，不解它究竟是平滑地流逝还是像一串宇宙动画片那样跳跃？他思考过人眼有没有能力在宇宙中看见连贯的颜色和形状，因为这个宇宙已被物理学家们描述为变动不居的量子万花筒。他还思考过云彩，有时从飞机舷窗中观察，有时则从实验室后面的高山上眺望。

从后来的结果看，费根鲍姆当初这些曾引起过或多或少非议的思想和行为，对于他推动一门新科学，即混沌学的诞生，起到了非常重要的作用。或者可以这样说，他的一些看似怪异的想法，正是混沌理论所要研究的重要问题。混沌理论主要表现为一种分析研究混沌状态的方法，而混沌状态并非指人们通常理解的混乱不堪，而是指物质系统不断以某种规则复制前一阶段的运动状态，从而产生出无法预测的随机结果，且在结果中存在着某种规则。具体而言，混沌现象发生于易变动的物质系统，该系统在行动之初极为单纯，但经过按一定规则连续的变动后，却产生始料未及的后果，也就是混沌状态。1975 年 8 月，费根鲍姆在研究通过倍周期分叉进入混沌的道路时，发现倍周期分叉的间距之比是个常数，此常数后来就被叫做费根鲍姆常数。费根鲍姆于 1976 年 4 月完成了关于这个常数的研究论文，但遭到杂志社退稿。直到两年后混沌理论研究风生水起，人们认识到了这一研究结果的重要性，它才得以正式面世。可以这样说，费根鲍姆关于混沌问题的研究，奠定了这一理论定量化的基础。

混沌理论研究的开始，表明了一门新科学的诞生。在混沌学看来，混沌无所不在，它出现在天气行为中，出现在飞机飞翔中，出现在高速公路上阻塞的汽车的行为中，出现在地下管道的油流中。上升的香烟烟柱破碎成缭乱的漩涡，旗帜在风中前后飘拂，龙头滴水从稳定样式变成随机样式等等，都需要由混沌理论加以解释。混沌理论是关于系统的整体性质的科学，它打破了各门学科的界限，把研究者们从相距遥远的各个领域带到了一起。有人对混沌理论的诞生进行了热情的颂扬，宣称 20 世纪的科学只有三件事将被铭记：相对论、量子力学和混沌。他们主张，像相对论和量子力学引起了现代物理学革命一样，混沌理论是 20 世纪物理学的第三次革命。不管这样的认识是否恰当,混沌状态和混沌理论研究正受到科学界越来越多的关注,却是不争的事实。

环境意识的觉醒

——蕾切尔·卡逊和《寂静的春天》

1962 年,《寂静的春天》一书横空出世,它在给人们带来极大震撼和恐慌的同时,也引来了部分人愤怒的吼叫和激烈的攻击。该书的作者蕾切尔·卡逊,从一位一般知名的作家,一跃成为全世界舆论所关注的焦点。尽管在当时产生了极大的争议,但从后来所产生的实际效果看,本书确定无疑是人类环境意识开始觉醒的标志,一定意义上也可以说是人类环保事业的开端。

翻阅 20 世纪 60 年代以前的报纸或书刊,几乎找不到与环境保护相关的内容。这表明,那时候的环境保护,还根本不能进入人们的思想意识,进入科学讨论更是不可想象的事。当时在世界范围内所流行的口号,不外乎"向大自然宣战"、"征服大自然"以及"人定胜天"之类,所反映出来的一般性认识就是:大自然仅仅是人类征服与控制的对象,而不是需要保护和与之和睦相处的伙伴。人类的这种认识由来已久,很少有人会去思考和怀疑它的正确性。而蕾切尔·卡逊用《寂静的春天》一书第一次向上述人类传统认识提出挑战,书中所阐述的思想为人类环境意识的启蒙点亮了一盏明灯。

卡逊 1907 年生于美国宾夕法尼亚。她从小热爱大自然,特别对野生动植物感兴趣。出于当作家的初衷,她先是进入宾夕法尼亚妇女学院,但很快改变了主意,把学习的主要内容由英语转为生物学。描述和表现大自然的强度、活力和能动性、适应性,是卡逊的最大乐趣。从 20 世纪 40 年代开始,她的作品频繁出现在读者视野中。如果沿着这条路走下去,卡逊很有可能成为一位擅长以优美抒情风格写作的科普女作家。但后来发生的一件有一定偶然性的事件,使她的写作从风格到内容都发生了极大的改变,不仅如此,甚至她的生活轨迹也因此而逆转。

1958 年 1 月,卡逊的一位名叫哈金斯的朋友,给她寄来一封信,信中描述了这样一件事:州政府为消灭蚊子而租用一架飞机从空中喷洒 DDT,结果导致禽鸟保护区的许多鸟类都死了。这件事给卡逊以很大的触动,通过更多的调查了解,她掌握了更多让人触目惊心的事实,感到问题比她最初想象的要严重得多，也复杂得多。她意识到必须要写一本书，把她的担忧告诉人们，以引起大家的警觉。经过艰苦的努力，克服了常人难以想象的困难，终于完成了《寂静的春天》一书的写作。卡逊在书中得出的结论震撼人心，发出的警告振聋发聩。她说 DDT 这样的杀虫剂，"不应该叫杀虫剂，而应该叫杀生剂"；她认为"控制自然"是一个愚蠢的提法，是生物学和哲学尚处于幼稚阶段的产物；她呼吁用多种多样的变通办法来代替化学药物对害虫的控制。

《寂静的春天》出版后，卡逊遭受到了来自四面八方的诋毁和攻击，早已罹患癌症的她心力交瘁，在两年后与世长辞。但卡逊在书中所发出的警告，唤醒了广大民众，也导致了政府对相关问题的重视。不久以后，卡逊的思想已经不限于在本国，而且越来越深刻地影响着全世界。《寂静的春天》一书，也被公认为 20 世纪最具影响力的书籍之一。更有戏剧性的是，卡逊于 1990 年被曾经挖苦讽刺过她的《生活》杂志评选为 20 世纪 100 位最重要的美国人之一。

技术腾飞

20 世纪的现代技术革命，从 70 年代开始进入了新技术革命时期。以往的历次技术革命，都以某一项或某几项技术的出现为标志，如第一次技术革命的标志是蒸汽机，第二次技术革命的标志是电气化。但新技术革命与以往不同，难以确定的指出哪一项技术是它的标志。这是因为在新技术革命中，任何新技术的出现都伴随着许多相关技术的产生，也就是说新技术总是成群出现。在众多新兴技术中，有许多关系到国计民生，关系到人类未来，因而它们受到大家更多的关注，投入高，发展快。比如信息技术、生物技术、新材料技术、新能源技术、海洋探测和开发技术、空间技术、纳米技术、激光技术等等都属于此类。但应该注意，这些技术如果开发利用不当，也会带来危险，危及人类自身。因此需要形成相应的约束机制，做到未雨绸缪，趋利避害。

迎接人工智能新时代
——人工智能的研究进展

1997 年 5 月 11 日，全世界的目光儿乎都聚焦在一件事情上：国际象棋世界冠军、等级分排名世界第一的俄罗斯棋手加里·卡斯帕罗夫，与 IBM 公司的计算机程序"深蓝"之间的终极对决。比赛共进行六局,在前五局中,卡斯帕罗夫先拔头筹,紧接着"深蓝"扳回一局。之后双方连续三局战平,各积2.5分,于是最后一局就成为胜负关键,格外引人注目。但棋局只进行到第十九步,处于明显劣势的卡斯帕罗夫再也无心恋战,投子认输。遍布全球的观众通过电视直播见证了"为人类尊严而战"的卡斯帕罗夫的沮丧和无奈,很多人惊呼,既然能战胜国际象棋世界冠军,那还有什么事情是计算机做不了的? 以计算机为代表的人工智能到底能走多远? 它是否会最终代替人类智能? 诸如此类的问题引发了人们广泛的争论。

"人工智能"概念的提出可追溯到 1956 年,但人们对它的理解却因不同的研究视角而存在较大的差异。对于人工智能研究的基本目标,大家还是可以达成共识,那就是使机器能够胜任一些通常需要人类智能才能完成的复杂工作。能够用来研究人工智能的主要物质基础以及能够实现人工智能的技术平台就是计算机,因而人工智能的发展历史同计算机科学技术的发展历史是联系在一起的。除了计算机科学以外,人工智能还涉及信息论、控制论、自动化、仿生学、生物学、心理学、数理逻辑、语言学、医学和哲学等多门学科。人工智能研究的主要内容包括:知识表示、自动推理和搜索方法、机器学习和知识获取、知识处理系统、自然语言理解、计算机视觉、智能机器人、自动程序设计等方面。

近几十年来,人工智能得到了长足的发展,形成了诸如专家系统、模糊控制、神经网络控制等主要研究领域。所谓专家系统,是指一个智能计算机程序系统,其内部含有大量的某个领域专家水平的知识和经验,能够利用人类专家的知识和解决问题的方法来处理该领域的相关问题。第一个专家系统于 1968 年问世,经过 30 多年的发展已经成为人工智能应用最活跃的领域,从最初的应用于医疗、科技等领域,扩展到了财政、金融、保险、商业和法律等方面。人工智能中的模糊控制,应用的是一种基于模糊集合理论的控制思路,它可用较少的代价传递足够的信息,并能对复杂事物作出高效率的判断和处理。模糊控制对某些参数变化不敏感,控制器的决定往往要根据十几条甚至数十条规则才能作出,如果由于传感器或元器件出故障而导致某些规则失灵,其他规则可起补偿作用,从而使输出保持连续平稳。人工神经网络能模拟人类大量脑细胞的高度连接,当有输入信号将神经元激活时,经过神经回路产生输出。神经网络具有学习能力和联想记忆,它经过学习能在输入信号后产生预期输出。如果某一信息回路没学习过,它也能得出合理的输出。

上述各方面显然不是人工智能应用领域的全部,它还借助于通讯技术影响到世界的各个角落,向人们展示出日益丰富多彩的全新的应用前景。

关于人工智能,需要消除人们的一个疑虑,它是否会超过并最终取代人类智能?或者如有的人所担忧的那样:人工智能的发展是否会导致机器人对人类的全面控制,使人类成为机器人动物园里的动物?这种担心实际上是不必要的,因为人工智能就其本质而言,是对人类的思维的信息过程的模拟,而且仅是一种功能模拟。人工智能与人类智能的关系是一种末与本的关系,因而无论人工智能怎样发展,都无法从根本上超过人类智能。那么如何理解"深蓝"战胜国际象棋世界冠军这件事呢?首先,特定时代的特定个人,无论如何其智力都是有限的,而"深蓝"这样的计算机是世世代代人类智慧的结晶。个人智力是无法与社会整体的智力相抗衡的。其次,人工智能的功能往往是单一的,它能高效、快速、准确地处理某一类问题,但无法像人类那样具有灵活处理信息和进行创造性思维的能力。最后,"深蓝"与世界冠军的较量,决不能仅仅视为是人工智能与人类智能的较量,因为在"深蓝"背后聚集着一批科学家,是他们集体的智慧在跟卡斯帕罗夫一人的智慧在较量。综上可见,作为人类思维的一种模拟,人工智能永远不会从整体上超越人类智能,如果有一天真的有某种东西在智能上超过了人类,那一定不是单纯的人工智能。

复制生命的喜与忧

——克隆技术及其引发的争议

1997年2月27日,英国《自然》杂志公布了一项让全世界震惊的研究成果:七个月前,英国罗斯林研究所以维尔穆特为首的科学家们,利用克隆技术成功地培育出了一只名叫"多莉"的小羊。这是世界上第一只用已经成熟的体细胞"克隆"出来的羊,因此,多莉的诞生吸引了全世界科学家甚至普通人的关注。

"克隆"是英语单词"Clone"的音译,意为生物体通过体细胞进行的无性繁殖,以及由无性繁殖所得到的基因型完全相同的后代个体组成的种群。在自然条件下,许多植物本身就适宜进行无性繁殖,因而很容易克隆。但在动物界,情况要复杂得多。进化程度较低的许多无脊椎动物可以用克隆方式繁殖,如原生动物的分裂生殖、尾索类动物的出芽生殖等。但对于高等动物,由于在自然条件下它们一般只能进行有性繁殖,因而使它们进行克隆往往非常困难,甚至不可能实现。这里涉及细胞全能性问题,简单而言就是一个细胞能否发育成为一个包括了所有组织和器官的完整的个体。在植物界和低等动物界,细胞全能性已经得到证实,但在一般动物界,其细胞是否还具有全能性,是长期以来一直存在争议的问题。科学家们一般认为,像哺乳类动物这样的高等动物,其体细胞的全能性即使没有完全丧失,要将其激发出来也是极为困难的。因此,用哺乳类动物的体细胞进行克隆生殖,几乎是不可能的。但是,小绵羊多莉却在这样的科学背景下被克隆了出来,它理所当然地会引起人们的惊奇,因为这与以前形成的传统看法是完全不相容的。

从维尔穆特等人所公布的研究结果看,"多莉"的出生与三只羊有关。① 一只六岁的绵羊,取出它的乳腺细胞(体细胞)的细胞核,备用;② 一只母羊,提取其卵细胞,去掉细胞核。然后用核移植技术,将第一只羊的乳腺细胞核,移入第二只羊的去核而未受精的卵细胞中。③ 也是一只母羊,重组细胞在培养到一定程度后移入它的子宫中,发育长大直至分娩。从整个过程看,虽然克隆羊与上述三只羊有关,但它在遗传性状上却完全是第一只羊的复制,因为遗传信息存在于细胞核中,而第一只羊所提供的正是细胞核。

克隆羊的成功代表了克隆技术在今天所取得的重大突破,这一突破将对农牧水产、环境保护、医药卫生、生物医学工程等领域的研究起到巨大的推动作用。例如:克隆技术可以复制出与人体没有排异反应的组织和器官,提高器官移植成功率;复制动物基因,制造免疫制剂,为免疫性疾病、传染病、癌症等的诊断、预防、治疗开辟了新的美好前景;有选择地繁殖珍稀动物,挽救濒危物种;培育和保存动植物优良品种,等等。

但是,人们对于克隆技术还是存在着这样或那样的担忧,因为这一类技术有可能产生人们始料所不能及的负面效应。如"克隆人"问题所引发的伦理问题的争论还在愈演愈烈。总之,作为一项新兴技术,克隆技术的成功表明了人类已经在对生命的操作上取得了长足的进步,只要在应用中理智的对待它，它一定会在更大程度上为人类造福。

亦忧亦喜核电站
——绿色核电造福人类

1986 年 4 月 26 日凌晨 1 时 24 分，一声巨响惊醒了沉睡中的人们。乌克兰境内的切尔诺贝利核电站 4 号反应堆突然发生爆炸，一条 30 多米高的火柱掀开了反应堆的外壳，8 吨多强辐射物质泄漏。事故造成 31 名消防员当场丧命或在此后数周内死亡，300 多万人受到核辐射侵害，数千个居民居住区受到核污染，800 万公顷土地成为放射性尘埃降落区。不仅如此，有大量放射性物质逸入大气，使整个北半球都受到不同程度的污染。有专家称，要彻底消除切尔诺贝利核电站核泄漏事故后遗症，还需要 800 年的时间。

这次核事故无疑是人类灾难史上最黑暗的一幕，人们在牢牢记住这个悲惨早晨的同时，也在心理上形成了对核电站的巨大恐惧。时至 2011 年 3 月 11 日，由日本地震引发的福岛核电站泄漏事故，又一次在世界范围内产生了强烈震撼，核电站在很多人心目当中，俨然成了核灾难的代名词。核电站将何去何从，人们还能否安全地和平利用核能？这成为普通社会公众所关心，而政府和科技界要倾注力量加以解决的一个大问题。发展绿色核电，越来越成为大家的一个共识和努力的方向。

绿色核电，大致包括两层含义，一是指核电环保，二是指核电安全。

就环保而言，核电是清洁环保的能源。随着工业化带来的空气质量下降和全球温室效应的加剧，各种能源的环境代价日益成为人们普遍关心的问题，核电则因其清洁特性而受到青睐。如同水电、风能发电一样，核电生产本身不产生任何温室气体。在整个核电生产链中，由于所需原料和产出废物的量都非常小，这一方面使得我们能够以某种可控的方式来处置所有的有关废物，另一方面也显著降低了因原料开采、运输等对环境带来的污染。

从安全方面看，核电站也具备了技术上的安全保障。核电站安全目标是保证公众和工作人员在任何运行情况下所受辐射剂量不超过规定的限值。安全设计原则是纵深防御，设有多道屏障和多重保护系统：① 二氧化铀陶瓷体燃料芯块，可以把 98％ 以上的裂变产物滞留在芯块内，不向外释放；② 性能良好的锆合金包壳把燃料芯块密封其内，能够经受各种运行工况考验,保证密封性良好;③ 由反应堆压力容器和冷却回路构成的压力边界,保证结构的完整性;④ 由安全壳把整个反应堆压力边界的设备包容在内,安全壳能承受事故发生时的压力并保持良好的密封性,防止放射性物质向外泄露。

可以看出,只要提高安全意识,精心设计和建造,严格按照规程操作,核电站在安全方面是有保障的。切尔诺贝利核电站之所以酿成大祸,主要原因在于此种堆型设计存在缺陷及运行过程中操作人员违章操作。这一事故最大的教训,就是没有做好对公众的信息宣传和核知识的普及,以至于在一定程度上加剧了人们对核电站的恐惧。在今天,核电的发展及其应用,依然面临着公众接受的挑战,因此只有先让公众了解核技术的利与弊,为核能的和平利用创造出一个健康发展的环境,才能真正让核能的发展走出"核冬天",进入"核春天"。

深海探秘
——海洋技术发展的里程碑

2003 年 5 月 29 日,曾创下世界潜水深度记录,为太平洋地区地震和人类医药领域做出巨大贡献的日本"海沟号"无人驾驶潜艇在太平洋水域神秘失踪。这一事件让日本海洋科学界和日本政府大为震惊,有人甚至将其比作是海底"哥伦比亚号"的坠毁。"海沟号"失踪对地震研究和深海细菌研究是一个沉重打击,美国马萨诸塞州伍兹霍尔海洋研究所深海潜艇首席科学家福尔纳里说,"海沟号"潜艇是世界上独一无二的,它的失踪不仅是海洋科技研究,而且是整个人类科学技术事业的巨大损失。

"海沟号"有何神奇之处,以至于世界海洋科学界都对其失踪扼腕叹息?"海沟号"潜艇实际上是一种无人揽控潜水器,就是俗称的"水下机器人"。1986 年,日本海洋科技中心开始计划研制"海沟号"无人潜水器,1990 年完成设计并开始制造,6 年后制造完成。它长 3 米,重 5.4 吨,耗资 5 000 万美元。它装备有复杂的摄像机、声呐和一对采集海底样品的机械手。它既可以和载人潜水器协同作业,也可以单独下潜至海底。"海沟号"的主要使命首先是,在载人潜水器无法到达的深海和危险的深海海底执行勘探任务;其次是,与载人潜水器配合,对其将要下潜的区域进行初步勘查。"海沟号"曾下潜至 11 028 米深的世界最深的马里亚纳大海沟,取得了许多重大研究成果。在其失踪前不久,它刚刚在日本海 6 300 米深处发现了 10 种对治疗人类皮肤病有奇效的细菌,这类细菌具有不可估量的医药价值,是人类的首度发现。

深海潜水器研究,是海洋科技领域的一个非常重要的方面。比如发展海底采矿业,需要对矿产资源进行勘查,而要完成这一任务,离开海底潜水器是无法想象的。人类以科学考察为目的的潜水器研制,已经有较长的历史。早在 1948 年,瑞士人皮卡德制造出了能下潜至 1 370 米的潜水器,虽然试潜时载人舱严重进水,但它无疑开创了人类深潜的新纪元。1951 年皮卡德又造出了著名的"的利亚斯特"号深潜器,于 1953 年 9 月在地中海深潜达 3 150 米。1960 年,美国利用新研制的深潜器首次潜入世界大洋最深处——马里亚纳海沟。日本"海沟号"无人深潜器,1997 年 3 月 24 日,在太平洋关岛附近海区,成功地潜到了海沟底部,创造了无人深潜器潜水世界最高纪录。

潜水器能够完成多种科学研究及救生、修理、寻找、探查、摄影等工作,从事海洋科学技术研究,潜水器是不可或缺的重要工具。虽然"海沟号"失踪是一个重大损失,但人们不会停下研究的步伐。近些年来,各式各样的水下机器人以更快的速度发展起来。特别是伴随着仿生学、材料学、自动控制理论等学科的发展,利用鱼类游动机理推动机器人在水下浮游的想法也成为现实。"海沟号"消失了,人们期待更新的探测器为海洋的探测及开发作出更大的贡献。

抢占战略技术的制高点
——推动纳米技术发展

2000 年年初,时任美国总统的克林顿正式宣布,将实施一项新的国家计划——国家纳米技术计划(NNI)。作为当年联邦政府科技研究与开发的第一优先计划,该计划从 2000 年 10 月 1 日开始实施。克林顿在宣布这一计划时不无陶醉地说:"我们将能够在原子和分子水平上操纵物质。想象一下这样的可能性:材料具有 10 倍于钢的强度而只有其几分之一的重量;把国会图书馆的所有信息压缩进一个只有一块方糖大小的器件中;在肿瘤只有几个细胞大小时就能检测出来。我们的研究目标有的可能要花费 20 年或者更久的时间才能实现,但这正是联邦政府所应起到重要作用的所在。"

纳米技术是 20 世纪末全世界范围内最受关注的技术领域之一,人们普遍认为它可以给几乎所有工业领域都带来一场革命性的变化。因而在所有发达国家,从政府到企业都对纳米技术的研发进行大量的投入,试图抢占这一在 21 世纪具有战略地位的技术制高点。

纳米技术就是在纳米尺度上制造材料和器件的工艺,其实质就是在分子水平上一个原子一个原子地制造具有崭新分子组织的大结构的能力。在纳米尺度上,即在 1~100 纳米范围内($1\,\mathrm{nm}=10^{-9}\,\mathrm{m}$),材料的特性会发生不同寻常的奇异变化。一旦能够控制材料的特征尺寸(俗称临界尺寸,通常是 $100\,\mathrm{nm}$),也就可能使材料的特性和器件的功能得到强化,并使其超过我们目前所知的,甚至超过我们认为可能达到的程度。纳米技术关心的就是那些在纳米尺度上,结构和组成部分表现出新颖的和重大改进的物理、化学和生物学的特性、现象和工艺的材料和系统。纳米技术的目的是要通过在原子、分子和超分子水平上更好地控制结构和器件,从而开发和利用新颖的和改善的物理、化学和生物特性,并且有效地制造和使用这些器件。如果能够发现并有效地利用纳米结构的规律,那么新型纳米材料和器件必将带来一场新的工业革命。比如在医学方面,利用纳米技术将使我们有能力修复或更换人体损坏的器官。在制造业方面,则意味着能把许多分子装配成有用的器件,这样的制造过程就像结晶中的晶体自己在长大一样。在电子学方面,它将掀起微型化和分子化的浪潮。

目前纳米技术仍处于发展的初期阶段,具有高风险、高投入和长期性的特点,但是它潜在的经济和社会效益以及深远的影响是巨大的。发展纳米技术,政府的重视和支持极为重要。可以这样说,哪个国家占据这一战略性的、竞争性的、创新性的纳米技术的制高点,哪个国家就可能在以知识和技术为基础的 21 世纪占据全面的优势。在我国,基础研究计划以及"863"高技术计划都对纳米技术的研究与开发有一定的支持,在某些方面也取得了一定的成绩,例如制备出了定向纳米碳管阵列、氮化镓一维纳米棒、准一维纳米丝和纳米电缆等。但应该意识到,这只是一个良好的开端,将来要在纳米技术领域真正占有一席之地,我们还需要付出更多的努力。

继往开来

人类历史推进到 21 世纪,科学和技术都在进一步向纵深发展。新世纪的科学技术研究活动,出现了一系列新的特点和不同于以往的研究方式。首先一个方面就是难度越来越大、复杂性程度越来越高,这促使不同国家的科学界展开合作研究和协同攻关,人类基因组工程的实施并取得成功,为以后类似研究课题的展开提供了一个典范。其次,科学研究的不确定性有所提高,偶然性因素对科学家们的研究活动将会产生越来越大的影响,能否抓住机遇有时是取得成功的关键所在,日本科学家田中耕一的成功和美、英三位科学家发现富勒烯都是这一特点的生动体现。再次,揭开宇宙深处的各种谜团成为科学家们孜孜以求的重要目标,在太阳系范围内是深入研究火星与水星,在宇宙学层面上则是研究黑洞、暗物质、暗能量等等。最后,探索微观世界各种类型基本粒子的更为深刻的规律性,也是科学界具有永恒意义的一个研究方向。

破译人类遗传密码
——人类基因组草图绘制完成

2000 年 6 月 26 日是人类历史上值得纪念的一天。来自中国科学技术部和科学院的消息称,人类基因组的工作草图已经绘制完毕并于这一天向全世界公布。

认识自我和了解世界一样,都是人类既古老又伟大的梦想。早在古希腊时期,人类就在石柱上刻下了"认识你自己"的箴言。随着科学的发展,人类对外界的认识正在不断丰富,无论是对大尺度宇宙空间还是对极细微的量子空间,新的发现都在不断涌现。但对于人类自身,人们的认识却步履维艰,进展缓慢。现在,经过 1 100 名科学家历时 10 年的努力,人类对自身的认识获得了重大突破。1990 年 10 月启动的国际人类基因组计划,于北京时间 2000 年 6 月 26 日晚上 10 点宣告草图绘制完成。这是科学史和人类文明史上的一座里程碑,国际舆论普遍把它与工业革命和人类登上月球相媲美。值得自豪的是,我国科学家也参与了这一重大科研计划的研究工作。1999

年9月,中国获准参与该计划,负责测定人类基因组全部序列的1%,也就是3号染色体上的3 000万个碱基对,我国因此成为参与这一研究计划的唯一发展中国家。仅用了半年时间,我国科学家就基本完成了所承担的任务,这标志着我国为国际人类基因组研究做出了重大贡献,也证明了我国科学家有能力在重大国际合作研究中发挥积极的作用。

之所以对人类基因组草图的完成给予极高的评价,是因为它第一次在分子水平上让人类了解了自身,并有助于破译人类全部遗传信息。以此为起点,人类将洞悉最古老的秘密:我是谁,我从哪里来,到哪里去?而有史以来就困扰着人类的许多疾病将俯首就擒,因为通过基因分析,一个新生儿的各种遗传疾病可以被扼杀在胚胎状态;医生给病人开药将不是针对某一种病症,而是针对个人的基因缺陷;通过基因修复和基因复制,人类将实现真正的优生优育,永葆青春和长命百岁也不再仅仅是梦想。我们有充分的理由对这一工程给予赞美。

要完全预测人类基因组工程带来的深远影响几乎是不可能的,但可以肯定的是,它不仅会给医疗、卫生和健康带来革命,也会对全球经济、政治、文化和伦理带来改变。譬如,"基因经济"将成为继网络经济后的又一新宠,为人类的生存质量提供保障和服务;它作为一个行业也会不断发展,基因技术、基因工程会成为新经济中的一个富有活力的生长点。由于"基因经济"需要资金和技术的支撑,部分发达国家有可能会凭借资金优势而拉大与其他国家的距离,甚至因此产生"基因掠夺"和"基因殖民"。此外,"基因隐私"、"基因歧视"、人种实验、自我复制等都会在一定时期内对人类文明、伦理道德形成考验。

在庆祝科学胜利的同时,人们必须保持清醒的头脑,必须意识到以道德和法律对科学进行规范约束的迫切性。科学进步无疑是值得称颂的,但对科学成就的使用有可能表现出双刃剑效应。我们希望看到人类基因组工程给人类造福,同时要尽可能避免它可能产生的弊端。

探索地外生命

——"奥德赛"探索火星生命之旅

19世纪70年代末,意大利天文学家斯基帕雷利通过当时最好的天文望远镜，注意到火星上有许多直的暗线，似乎与一些较大的暗区相连，宛如海峡连通大海一般。于是他以意大利语称其为"Canali"（水道）。此后，陆续有人报道说看到了类似的暗线。富有戏剧性的是，"Canali"被译成英语时变成了"Canals"（运河）。一个字母之差，引出一个微妙的问题：火星上究竟有没有生命？因为"水道"可以是天然的，而"运河"却必须由智慧生物开掘。由此产生的一场跨世纪的争论至今尚未结束。

2001 年 4 月 7 日，在美国佛罗里达州的卡纳维拉尔角航天中心，"奥德赛"火星探测器由"德尔塔二型"火箭顺利地送入太空轨道，开始了它漫长的火星之旅。"奥德赛"升空大约 1 小时后，位于澳大利亚堪培拉的"深空网络"工作站就接收到了它发出的第一个信号，表明探测器状态正常。又过了半个小时，火星探测器以 4 万多千米的时速脱离地球轨道，稳步飞向火星轨道。经过了长达 6 个月的飞行后，"奥德赛"于当年 10 月进入火星轨道，从 2002 年 2 月起，一直在火星轨道上工作。它利用红外线波段以 100 米的分辨率对整个火星地表进行了拍摄，这些照片还用于为"勇气"号和"机遇"号两辆火星车选择着陆点。当然，"奥德赛"最为重要的使命，还是在火星上寻找水源。如果能真正找到水，那么人们对火星上曾经存在生命的信心将进一步增强。

从在太阳系的位置来看，火星位于地球外侧而居第四。从太空望远镜和探测器传回来的照片看，它是一个暗红色的球体。火星有许多与地球相似的方面，比如其自转周期为 24 小时 37 分 23 秒，仅比地球自转周期长 41 分钟；其公转周期为 687 天，相当于地球的 1.88 年；到太阳的距离是地球的 1.52 倍。特别值得一提的是，火星在公转时，其自转轴与黄道面的夹角是 24.5 度，而地球的这一夹角是 23.5 度，因此火星也有春夏秋冬的交替轮回，只不过每个季节是地球的约 2 倍长。

上述相似因素的存在使不少人，甚至是部分科学家也相信火星是最有可能存在生命的星球。但实际上，火星表面的环境与地球还是大相径庭，比如火星表面的大气中 95％为二氧化碳，约 3％为氮气、2％为氩气，另外还有少量氧气、一氧化碳等。这样的环境显然无法满足像人类这样的生命存在的要求。那么，火星上有没有低级生命呢？这就要看火星上有没有水。火星大气含有极少量的水蒸气，约占其大气总量的 0.016％（地球的水蒸气含量约占大气总量的 2%）。早期的航天探测表明,除火星两极冠有冰层和高纬度地区地表下面有厚厚的永冻层外,火星表面其他地方都没有水。另外,适宜的温度和空气也非常重要。1976 年着陆火星的两个探测器对自己所处位置的温度做了比较精确的测量,结果在 25～54 摄氏度之间,这说明此地可以存活低级生命。以前的探测还表明,火星大气中含有氮气和臭氧层,所有这一切给火星表面造成了有利于生物产生和发展的条件。

不过,迄今为止,从着陆火星的航天探测器向地球发回的火星土壤样品分析数据中,没有发现与生命有关的任何迹象,也没有发现有机化合物。火星上到底有没有生命?人们对"奥德赛"寄予厚望,希望它能最终为我们解开谜底。"奥德赛"工作已有 10 余年,所获得的资料虽然不少,但对于火星生命的探测依然没有一个令人满意的答案。

逐步揭开黑洞之谜
——霍金与黑洞研究

2004 年 7 月 21 日,在爱尔兰都柏林举行的"第 17 届国际广义相对论和万有引力大会"上,英国传奇科学家斯蒂芬·霍金教授宣布他对宇宙黑洞的最新研究结果:黑洞并非如他和其他大多数物理学家以前认为的那样,对其周遭的一切"完全吞食",事实上被吸入黑洞深处的物质的某些信息可能会在某个时候释放出来。

霍金生于 1942 年 1 月 8 日,在大学学习后期患上了"肌肉萎缩性脊髓侧索硬化症"(运动神经元疾病),导致半身不遂。他克服各种常人难以想象的困难,于 1965 年进入剑桥大学维尔和凯厄斯学院任研究员。霍金在轮椅上度过了漫长的岁月,全身只有三个手指能活动,1985 年又丧失了语言能力。他凭借一台特殊的电脑语音合成器与人交流,从事研究活动。他代表性的科学创造成果是提出了一系列有关宇宙大爆炸和黑洞的理论,对量子物理学做出了巨大贡献。除此之外,他还写出了《时间简史》和《果壳中的宇宙》两本畅销世界的科普读物,从独特的视角揭示宇宙神秘的背景。

黑洞是理论预言的一种天体,是宇宙中质量极大、因而引力极强的区域。科学家过去认为,大到巨大星球的残骸,小到星际尘埃和气体,进入黑洞的一切光线和物质都会被吸入其中。根据广义相对论,引力场将使时空弯曲。当恒星的体积很大时，它的引力场对时空几乎没有什么影响，从恒星表面上某一点发出的光可以向任何方向沿直线射出。而恒星的半径越小，它对周围的时空弯曲作用就越大，向某些角度发出的光就将沿弯曲空间返回恒星表面。当恒星的半径缩小到某一特定值时，就连垂直于表面发出的光都被捕获了。到这时，恒星就变成了黑洞。说它"黑"，是指它就像宇宙中的无底洞，任何物质一旦掉进去，"似乎"就再也不能逃出。而霍金的最新研究成果则有可能打破这一结论。经过长时间的研究，他发现一些被黑洞吞没的物质，随着时间的推移会慢慢地从黑洞中"流淌"出来。

霍金关于黑洞的这一新理论解决了关于黑洞信息的一个似是而非的观点，他的剑桥大学同行都为此兴奋不已。因为在过去，黑洞一直被认为是一种纯粹的破坏力量，而现在霍金的这一最新研究表明，黑洞在星系形成过程中可能扮演了重要角色。霍金认为，黑洞从来都不会完全关闭自身，它们在一段漫长的时间里逐步向外界辐射出越来越多的热量，随后黑洞将最终开放自己并释放出其中包含的物质信息。

霍金的新理论刚一出现就引起了物理学界的极大关注。但我们显然不能因为对霍金的推崇而盲目接受他提出的任何观点。他的新理论是否恰当，还有待物理学家们做进一步的深入研究。人类对于黑洞的研究，从最初提出黑洞概念到现在已过去了200多年，20世纪60年代开始的黑洞研究热潮也已经持续了半个世纪，但时至今日黑洞仍然是个谜，人们相信黑洞的存在，期待着有一天能够彻底破解黑洞之谜。

宝贵的 11 天
——富勒烯的发现

1996年10月7日，瑞典皇家科学院决定把当年诺贝尔化学奖授予美国科学家柯尔、斯莫利和英国科学家克罗托三人，以表彰他们发现C60（即富勒烯）。这是用高功率激光蒸发石墨而得到碳蒸汽，随后在惰性气体中冷凝、凝聚而成的球状分子，这一球状分子包含60个碳原子，其外形酷似一个现代的足球，研究人员命名这一分子为富勒烯。三位科学家的这一发现发表于1985年11月份出版的《自然》杂志上，当时受到了科学家们的广泛关注，既有批评，也有热情的赞扬。鉴于这一发现在凝聚态物理、材料科学和化学本身所产生的影响,以及围绕它所形成的新的研究方向,荣获诺贝尔化学奖实乃众望所归,因为它不仅在开拓新的化学分支方面作用显著,而且推动了理论化学中若干科学问题和概念得以向三维方向发展。

谈到富勒烯的发现,人们常常提及休斯敦为期 11 天的合作研究。当时就有人戏称它是有可能获得诺贝尔奖的 11 天,这一预言的最后应验,说明了这一研究在当时是多么的引人注目和激动人心。让我们简单回忆一下,在这宝贵的 11 天里,这一重大研究成果是如何策划和如何发生的。

1984 年,克罗托教授从英国萨塞克斯大学专程到休斯敦的赖斯大学化学系访问他的同事柯尔教授。克罗托从 70 年代就开始从事分子射电天文学研究,在 80 年代中期,他就考虑碳团簇可能与宇宙空间存在的反常红外吸收有关。在访问赖斯大学期间,克罗托被介绍到斯莫利教授实验室。在这里,一台激光蒸发团簇束的产生设备引起了克罗托和柯尔的注意,他们有了用它制备长链碳分子的灵感和意图,而恰好斯莫利对此研究计划也兴趣盎然,大家一拍即合。一年半以后,实验条件完全就绪,克罗托再次访问赖斯大学,并于 1985 年 9 月 1 日开始实验工作。

随着实验工作的顺利展开,在质量分析谱仪上出现了清晰的、令人激动的信号,在质量数为 720 处的强峰代表了一个包含 60 个碳原子的稳定分子的存在。在初获胜利之后,研究组全体人员于 9 月 6 日召开会议。柯尔建议必须找到合适的工艺条件,以保证 C60 的峰成为占主导地位的峰。他们为此进行了仔细的调试和反复实验,终于获得了令人满意的结果。

面对由 60 个碳原子组成的稳定的分子这一事实,克罗托、柯尔和斯莫利三人经商讨后认为,这一分子应该是球状的,而不是此前有的研究者所认为的那样是链状的。于是问题立即转化成为如何用 60 个碳原子搭建一个球状的分子模型。在再三推敲的过程中,克罗托回忆起建筑师巴基敏斯特·富勒在蒙特利尔的万国博览会上所建造的蒙古包式的圆穹顶,其中使用了六边形和五边形,于是他们借来了富勒的建筑书籍查阅。不久由莫斯利用纸片搭建了一个模型,成功地解决了富勒烯的分子结构问题。这一著名的合作研究,从开始实验到最后提出结构模型,仅仅用了 11 天的时间。令人惊奇的是,同第一个富勒烯球状结构一样,世界上第一个 DNA 的双螺旋结构也是先用纸做成的模型。

当然，富勒烯结构模型的建立，不是这一研究的结束，而仅仅是开端。从 1985 年关于富勒烯的第一篇论文发表开始，整个化学界对这一领域的研究高度重视起来，迅速扩展形成世界性的研究热潮。而克罗托、柯尔和斯莫利三人 11 天的合作研究，极具开创性意义，他们荣获诺贝尔奖这一科学界的最高荣誉，可谓实至名归。

预防气候变暖
——探索处置二氧化碳的方式

2004 年 12 月 7 日，美国著名畅销书作家迈克尔·克莱顿的《恐怖之邦》一书正式出版发行。这是一部与他的成名作《侏罗纪公园》性质相近的"科技惊悚小说"，是关于环保恐怖分子意图破坏地球的故事。在故事中，支持地球变暖结论的只有一个律师和一个醉鬼，而反对者俨然是个英雄，一群环保主义者则被描写成了疯子，意图引发一系列自然灾害，以数万人的死亡来证明地球确实存在着变暖的趋势，而他们最终死于食人族的刀下。书中情节虽然荒诞，但其对全球气候变迁，特别是对气候变暖的思考及其发出的警告足以让人警醒，这也是作者对地球未来的忧虑以及谋求改变的探索。

据科学家们考证，过去 40 万年，二氧化碳在大气中的浓度为 180～280 ppm（表示每百万个空气分子中二氧化碳分子的数量），但最近 1 800 年，由于大量燃烧矿物燃料，二氧化碳浓度在 2004 年已达到前所未有的 379 ppm。据政府间气候变化专门委员会（IPCC）预计，如果不能有效控制，到 2100 年这个浓度将达到 650～970 ppm，全球气温将因此升高 1.4℃ 到 5.8℃，海平面将上升 9～88 厘米。目前正在研究的 1 103 种动植物到 2050 年将有 1/3 面临灭绝，全球总共将有 100 万个物种因气候变化而消失。

为避免因二氧化碳含量增高而导致的全球气候变暖，国际社会一定程度上形成了降低二氧化碳排放量的共识，其约束性文件就是《京都议定书》。但是，对于此种方式还存在不同意见，如美国就基本不支持《京都议定书》的二氧化碳减排计划。这当然并不意味着美国无视二氧化碳含量增大所带来的环境困境，而是因为他们认为还存在更有效的办法，那就是用"地球工程"手段来影响气候。比如 2001 年 9 月，美国气候变化技术计划总统委员会邀请 20 多位科学家参加了"快速或严重气候变化的反应方案"研讨会，提出了一些处置二氧化碳的新的方式方法,为这类问题的解决提供了新思路。

一个办法是将二氧化碳储存在地下。地质学家估计,人类每年向大气排放约 280 亿吨二氧化碳,而地下盐水层和地下水能容纳 200 万亿吨,因此可将加压的液化二氧化碳泵入地下并储存数千年,从而有效降低大气二氧化碳的含量。但这样做也存在着很多困难和危险,困难在于:二氧化碳的集中是个难题,更多的二氧化碳是分散于空气中的,其收集、压缩和运输,需要高端技术和大量资金的支持,这在很多国家无法做到;而危险在于:今后勘探油气资源时可能使某个盐水层失压,二氧化碳还可能通过地下岩层的自然裂缝缓慢渗出,在地下室或地窖内汇聚,威胁人员安全。

另一个方法是直接对付阳光。全球海洋上空每天都有约 1/3 被层积云覆盖,有科学家指出:将海上层积云的反射率只需增加 3%,多反射掉的阳光就能解决全球变暖问题。科学家们为此提出了不少的方案,比如利弗莫尔的实验室的物理学家洛厄尔·伍德提出的方案是:用直径仅 25 纳米的铝线编成同距 25 微米的网,它并不阻挡而是过滤阳光,使一些红外辐射无法到达地球大气,但植物的光合作用不受影响。它的优点是运转不需要成本,仅将太阳辐射偏转掉 1%,就可以稳定气候。但是问题在于,这需要面积达 155 万平方千米的网,虽然也可以同时使用几个小一些的网,但把这样大的东西送入轨道仍是个极大的挑战,同时也要考虑制造它的巨大的成本。因此,这种方式即便是必须被采用,也得是在其他手段都失败之时。

当前,在世界范围内限制二氧化碳的排放量,仍然是预防气候变暖的最为可行而有效的办法,但这显然不妨碍人们对新方法和新途径进行探讨。新的方法可以使人类做到有备无患,当一种方法失效时有备用方法可以选择,避免问题日趋严重时感到措手不及。

八、日照东方：科学技术在中国

中国作为世界文明发展最早的国家之一，创造了灿烂悠久的历史文化，中国古代科技作为其中的一个重要组成部分，同样有着令人震惊的辉煌成就，对东方乃至西方各国的科技发展都产生了重要影响。然而自从西方近代科学革命发生后，中国由于闭关锁国等原因，逐渐拉大了与世界先进国家的距离。新中国成立后，我国科技事业走过了不平凡的发展历程，从旧中国的满目疮痍，到新中国的蒸蒸日上；从"文革"间的横遭摧残，到改革开放后的欣欣向荣，再到新世纪吹响自主创新的号角。如今的中国已在科技发展的世界之林中占据了一席之地，令全世界刮目相看。在全球汹涌澎湃的科技发展浪潮面前，中国科技面临着新的机遇和挑战……

辉煌起点

中国古代科技思想发端于先秦时期已成型的儒、道、墨三家思想体系，大多融于以文史哲为主体的文化典籍中。以孔子、老子、墨子为代表的第一代思想家熔铸了一个以人为中心，融自然、人文和科学为一体的文化结构模式，从而成为后来中国文化发展的源头活水。春秋战国时期是我国古代科技的全面奠基时期，虽然战乱频仍，其成就却丝毫不亚于早期科技最发达的古希腊。归根结底，这还是源于生产力的快速发展，以及封建制度代替奴隶制度而引发的社会制度的深刻变革。

中国古代科技的起源与三大范式

——五行、阴阳与气论

"五行的概念,倒不是一系列五种物质的概念,而是五种基本过程的概念。中国人的思想在这里独特地避开了本体面","五行或阴阳体系看起来并不是完全不科学的,……(但)唯一毛病是它流传得太久了。在公元一世纪的时候,中国的五行学说是十分先进的东西;到了 11 世纪的时候,还勉强可说是先进的东西;到了 18 世纪就变得荒唐了。"李约瑟在《中国科学技术史》中用西方科学的观点对阴阳五行学说做了诸如此类的很多阐述,正如他所言,在近代科学技术的大背景下,阴阳、五行曾被视为封建迷信、伪科学,与占卜、算命相联系,但是随着人类思维更深层次的发展,我们越来越意识到,这个中国古代朴素唯物主义哲学的重要范畴非但没有随着岁月的流逝而淡出人们的视线,相反,她不曾被人们完全理解的深奥的哲理,随着认识的升华越来越彰显在我们面前。

在中国早期的自然观中,认为宇宙中一切事件的发生都是由神灵控制的,天命思想占据着主导地位。生产力的发展和社会的动荡,使人们对于天与人间事物关系的认识发生了混乱,"阴阳"、"五行"等学说开始出现。《周易·系辞》指出:"一阴一阳之为道",认为整个世界在阴阳的相互对立、相互作用下发生和发展。五行最早出现在《尚书·洪范》篇,主要是指水、火、木、金、土,被认为是构成世界不可或缺的元素,它们相互滋生,相互制约,处于不断地变化、运动之中。"气论"则是大夫伯阳父于西周末解释地震时提出的。他认为,气的运行有其特定的秩序,若阳气和阴气不和,则自然界就要发生灾异。在此,把自然界的阴阳之变与国家的兴亡联系起来了,宇宙万物就成为一个由阴阳联系的统一整体。

被誉为"群经之首,大道之源"的《周易》就是在阴阳学说的基础上形成的,在古代,他是政治家、军事家、商家的必修之术。周易的原理和数学研究之间也有着密切的关系,阴阳五行学的思维方式为古代数学的发展奠定了基础。古代数学大师刘徽曾明确指出,数学源于易经。阴阳学说在中医理论中用来解释人体生理现象及病理变化的规律;用五行的特性来形容各脏腑器官的生理功能、相互之间的关系、生理现象以及病理变化。同时,古代的天文学、气象学、化学、军事、音乐和艺术等，都与阴阳五行学说有着千丝万缕的联系。例如墨家的光学和力学理论中就包含着阴阳五行学说的成分；国画中白为阳，黑为阴，其阴阳交织的艺术将阴阳学说体现在实物中。诺贝尔奖金获得者中有李政道、玻尔、普利高津等五人认为他们的科学发现以及他们所获得的科学成就曾受到阴阳思想的启示，更证明了阴阳思想的科学性。

关于气的理论是中国古代对于宇宙中所有万事万物演化过程研究的最基本的理论，古人认为"气"是宇宙中万事万物生生化化的本源，一切有形与无形的东西都是从"气"生化而来，人体之气来自于宇宙自然之中。人体是由无形的负质量物质"气"（也即为虚）与有形的正质量物质（也即为实）骨、肉、血、皮毛、津液等物质组成。人体有形的生理活动都是由无形的负质量物质"气"所支配的，如果离开了"气"，人的生理活动与心理活动也就不复存在。

在奴隶社会经济基础上产生和发展起来的阴阳、五行与气论是古人用来解释自然的一种工具。虽然它们具有浓重的神秘主义和唯心主义色彩，但对人们原先具有的天命观产生了巨大冲击，有力地推动了自然观突破宗教神学思想体系的羁绊，促进了中国古代科技的诞生，也构成了中国古代科技发展的三大范式。

精彩纷呈的百工技艺规范总汇
——技术经典《考工记》

1935 至 1937 年间，河南辉县琉璃阁东周墓地的发掘曾震惊世人，经考证这是一对夫妇的异穴合葬墓，墓主人身份可能与诸侯国国君等同。当时，共出土文物 1 000 多件，其中 16 号车轮一直备受关注。因为，经测量车轮的直径为 1.3 米，依照当时齐国的尺（每尺约合 19.7 厘米）推算，约合六尺六寸。正好符合"兵车之轮六尺有六寸，田车之轮六尺有三寸，乘车之轮六尺有六寸"之说。这显然是一种标准化设计思想的体现，而规定这种标准化的制度的，便是先秦时期重要的科技著作《考工记》。

春秋战国是我国古代社会大变革的时期，此时的农业、商业和科学技术都有长足发展，而且手工生产还逐渐走向扩大化和分工细密化。正是在这种情况下,作为先秦百工技艺规范总汇的技术经典《考工记》问世了。关于《考工记》的年代及作者,迄无定论,一般认为它是经齐人之手完成的。《考工记》一书包括两个部分,第一部分为总论,主要述说了"百工"的含义及其在古代社会生活中的地位,以及获得优良产品的自然条件和技术条件。第二部分介绍了"百工"各工种的职能及其"理想化"的工艺规范。

从内容上说,《考工记》按原材料将技术分工,系统记述了"攻木之工七,攻金之工六,攻皮之工五,设色之工五,刮摩之工五,搏埴之工二"等30项官营手工业生产技术,并详细概括了其中若干技术环节。对于生产实践中遇到的材料的力度、质量与密度的测定,摩擦力与运动的关系,水的浮力的应用,火色与火温的关系等一系列科学技术问题,都从理论上作出了一定的解释,使其蕴涵的科学道理一目了然,为后期的科技理论发展提供了规范要求。它虽是官书,反映的是官营手工业作坊工师的制作规范和技术经验,但它凝结了个体手工业者的技术经验,对手工业的生产有着一定的指导作用。

《考工记》蕴涵着丰富的物理、化学、生物、天文、数学等知识,创造了许多之最。例如书中总结的关于合金比例的"六齐之法",就在实践中得到了验证和运用,被认为是世界上最早的合金配比的经验性总结;"三入为纁,五入为緅,七入为缁"的染色工艺,是我国古代关于媒染剂染色工艺的最早记载。《考工记》还从制造技术的微观层面阐释了"天人合一"的科学自然观,反映了时人对客观自然现象、自然物体规律的初步认识和了解,体现了重视感觉经验、重视实践验证的工匠思维。此外,它还从社会机构方面肯定了百工的社会地位和贡献,"国有六职"的社会分工观点有重要的历史借鉴意义。

《考工记》作为春秋时期科苑中的一株奇葩,上承三代青铜文化之遗绪,下开封建时代手工业技术之先河。自被汉代人发掘出来收进《周礼》后,一直为世人所推崇,也是历代知识分子的必读经典。后人研究中国古代科技史,无不先从《考工记》入手。正如有学者所说:"现在我们要想打开先秦科技的门户,了解东方巨龙腾飞的历史背景,进而把握中国古代科技成就的来龙去脉,《考工记》就是一本相当合适的'指南'。"(转引自闻人军《考工记导读》)

堪与古希腊演绎科学相媲美的科学瑰宝

——奇书《墨经》

"景光之人煦若射，下者之入也高，高者之入也下"这句话的解释是，"光线象射箭一样，是直线行进的。人体下部挡住直射过来的光线，射过小孔，成影在上边；人体上部挡住直射过来的光线，穿过小孔，成影在下边，就成了倒立的影。"这是两千四五百年前，《墨子》一书中的光学记载，也是我国学者墨子和他的学生反复试验得出的结论。它准确地描述了小孔成倒像的原因，第一次科学解释了光的直线传播。西方科学家描述和解释此原理，已经是一千多年以后了。

墨家学派创始人墨子(公元前 468～公元前 376)，名翟(di)，春秋末战国初期宋国(今河南商丘)人，一说鲁国(今山东滕州)人，是战国时期著名的思想家、教育家、科学家、军事家。其弟子收集其语录整理完成《墨子》一书，其中很重要的一部分就是《墨经》。《墨经》集后期墨家讲演、辩论各科知识的记录和教材为一体，内容连贯，写作体例统一，记录了墨家对自然科学的研究成果，被认为是中国古代科学技术史上的奇书、先秦诸子百家中成就最高的科学著作。如果说《考工记》走的是东方式重实用的独特道路，那么突显逻辑思维的《墨经》则被认为是堪与古希腊演绎科学相媲美的科学瑰宝。

《墨经》由《经》和《说》两部分组成，《经》文多则 20 余字，少则三五字；《说》文字数稍多，个别条文在百字左右。该书分《经上》、《经下》、《经上说》和《经下说》4 篇，约计 180 余条，5 700 余字。字数虽不多，但囊括了逻辑学、哲学、伦理学、经济学、数学和物理学等各门科学的内容，堪称一部古代百科全书。

《墨经》所蕴涵的丰富的自然科学思想和知识，同墨家学派的社会地位、思想方法有密切关系。据考证，学派创始人墨子曾是一个承袭了木工制作技术的工匠，可以说是中国历史上第一位既重视实验又重视理论，并对科学技术各个领域进行广泛研究的科学家。同时，该学派的成员大都是劳动者，且更多是手工业制造出身。他们与大自然接触紧密，关注自然知识，有较为正确的认识论与方法论，并以逻辑学作为他们做学问的重要根据。

《墨经》详细记载了在各种科学实践中所遇到的现象，并对这些现象进行了客观的分析,作了定性的说明,例如对本影与半影现象进行了解释,对运动着的物体的影子动与不动的关系作了辩证的说明。从对现象的分析中,概括出一系列的科学概念,并用定义形式将这些概念精确化。例如对"名"(概念)、"辞"(判断)、"说"(推理)等思维形式,作了较科学的阐述;通过研究类比推理,提出以"辞"、"故"、"理"、"类"为基本环节的推理程序,进一步提炼出较为严密的经验公式和科学命题,使经验知识上升为科学知识,从而在逻辑思维的基本原则和方法的基础上,构成初步的理论形态。较深入地探讨了认识的来源、过程、知识的真理性、感性认识与理性认识的相互关系等问题,并在这些问题上发展了朴素唯物主义和辩证法。

《墨经》要求人们对于技术不仅要知其然还要知其所以然,它从经验技术出发,以观察为手段,经过严密的逻辑分析从而上升形成具有一定高度的科学理论。它反映了春秋战国时期人们在开拓科学发展道路上的新思想和新进展,与古希腊的演绎科学有相似之处。可惜,由于时代的局限,它所提倡的方法并未得到很好的继承和发展,中国古代基本上停留在经验科学的水平上。

体系初成

中国古代科学技术在两汉时期有长足发展,并初成体系。一方面,由于科技本身经过了先秦时期的长期酝酿与积累,足以达到量变到质变的程度;另一方面,两汉时期社会环境较为统一、稳定,经济持续发展,为科技活动创造了良好的外部条件。这一时期的科技发展呈现出科技人才辈出,科技著作大批问世,科技成果辉煌,科技对生产的渗透与协调日益显著等诸多特点。

中国农学体系的蓝本
——《氾胜之书》

中国的关中平原自古就是重要的粮食产区,有"膏壤沃野千里"的美称。司马迁在《史记》中说:关中占全国面积的1/3,人口只占全国的3/10,但却拥有全国6/10的财富。西汉时,关中已是全国最富庶的地区,粟米的储备,牲畜的数量，均达到了前所未有的程度。所以，我国现存最早的一部农书《氾胜之书》产生在这里，是丝毫不足为奇的。

《氾胜之书》的作者氾胜之，农学家，今山东曹县人，生活于西汉末年，在汉成帝时当过议郎。他继承了前人的重农思想，认为粮食是决定战争胜负的关键，谷帛是统治天下的根本。氾胜之曾在包括整个关中平原的三辅地区推广农业，指导种植小麦，而且颇有成效。在总结农业生产经验的基础上，氾胜之写成农书 18 篇，史称《氾胜之十八篇》。《氾胜之书》一名始见《隋书·经籍志》，后为该书通称。汉代农书基本上都散失了，经 19 世纪前半期洪颐煊、宋葆淳、马国翰，以及 20 世纪 50 年代石声汉、万国鼎等先生的辑佚之后，得到了约 3 700 字，这就是今天所见到的《氾胜之书》。

《氾胜之书》是在铁犁牛耕基本普及的条件下对农业科学技术的总结，它继承了中国古代农业实行中耕的悠久传统，不仅重视对农业环境的适应和改造，而且着力于农业生物自身的生产能力的提高；不仅有理论原则的指导，而且将其贯彻到具体的实践中去。书中内容涉及早禾、晚禾、麦、稻、稗(bài)、黍、大豆、小豆、麻、瓠(hù)、桑等农作物。还记载有耕田、种麦、种瓜、压桑、选种、嫁接、轮作、间作、混作等耕作技术，并且大都符合科学原理。其中"区田法"和"溲(sōu)种法"最为有名。"区田法"就是把大块耕地分成许多小区，做成区田。每一块小区四周打上土埂，中间整平。1 亩地划多少小区，要看种什么庄稼而定。由于此法利于抗旱，又便于深耕细作，集中使用人力物力，大大提高了单位面积产量，很受群众欢迎，甚至新中国成立后的陕北地区，农民还保留着氾胜之当年推行的区田耕作法。"溲种法"是一种古老的浸种法。播种前 20 天左右，用马骨煮出清汁，泡上含有毒性的中药附子，加进蚕粪和羊粪，搅成稠汁浸种。浸过的种子蒙上了一层带有药的有机质，种下以后，可以避免虫蛀；萌发后，因根部们有养料，长的整齐苗壮。这种方法，今天看来也是合乎科学道理的。

《氾胜之书》充分反映了当时农业科学技术的新进展，对传统农学产生了深远影响。后来，在《齐民要术》直接引用的前人著述内容中，以《氾胜之书》为最多。此外，该书所记载的一些农业技术，也为后来的农书所继承和发展。《氾胜之书》不仅提出了耕作的总原理和具体的耕作技术，还列举了十几种作物具体的栽培方法，奠定了中国传统农学作物栽培总论和各论的基础,其写作体例也成为中国传统综合性农书的重要范本。

博大精深的中医基础理论
——医家之宗《黄帝内经》

"为什么年纪大了的人睡不着觉,而年纪轻的人却睡不醒呢?""有的人穿的衣服并不单薄,也没有为寒邪所侵袭,却总觉得寒气从内而生,这是什么原因呢?""正常人的脉象是怎样的呢?"这些涉及养生学、诊断学、药物学等等的问题,在一部被称作"生命百科全书"的著作中,均有全面而详实地解答。这部内容丰富的传统中医学著作,就是《黄帝内经》。

《黄帝内经》简称《内经》,关于它的成书年代和作者,历来意见分歧。一般认为成书年代在战国时期,既非出自一人之手,也非一时之言,而是汇集了当时中医界优秀理论的"百家之言"。书中的写作采用对话形式,以黄帝和上古著名医学先知岐伯等人相互问答医学知识的形式阐述了重要的医学理论,是一部集医理、医论、医方于一体的综合性著作,也是中国劳动人民长期与疾病做斗争的经验总结,被历代医家视为至高无上的经典和"立医之本"。

《黄帝内经》分为《素问》和《灵枢》两部分。《素问》重点论述了脏腑、经络、病因、病机、病证、诊法、治疗原则以及针灸等内容。《灵枢》是《素问》不可分割的姊妹篇,内容与之大体相同。《黄帝内经》不仅将人体的器官看成一个相互区别又相互联系的有机整体,并且把人体放在一定的外界环境中进行考察与研究,这种内外结合的整体观也是中国传统医学临床诊断和治疗的根本指导思想之一。一般医学书籍的主要功用都是讲如何治疗疾病,而《黄帝内经》更加突出的理念是宣讲怎样不得病,怎样使我们在不吃药的情况下就能够健康、能够长寿。而且,它还有一个非常重要的思想,就是"不治已病治未病,不治已乱治未乱。"即"不等病已经发生再去医治,而是治疗在疾病发生之前,如同不等到乱子已经发生再去治理,而是治理在乱子发生之前",这不但是一个非常重要的医学命题,更是一个深刻的哲学命题。

《黄帝内经》在临床实践观察的基础上对于人身五脏、六腑、十二经脉、七经八脉等生理功能、病理变化及其相互关系作了比较系统、全面的论述。现代人学习研究中医,也都从攻读《内经》入手,若不基本掌握《内经》之要旨，将对中医学之各个临床科疾病之认识、诊断、治疗原则、选药处方等等，无从理解和实施。

作为中国宝贵的文化遗产，《黄帝内经》开创了中医学独特的理论体系，标志着中国医学由单纯积累经验的阶段发展到了系统的理论总结阶段。它不仅在中国医学史上有很高的地位，为历代医家所重视，而且早已被译成日、英、德、法等文字，对世界医学的发展也产生了不可忽视的影响。

独具特色的中国数学体系的形成
——算经之首《九章算术》

在中国古代，有一部和希腊经典《几何原本》在原创性、科学地位和后世影响上大致相当的数学名著，这就是《九章算术》。

《九章算术》又称《九章算经》、《黄帝九章算法》，成书于何时，众说纷纭，多数人认为在西汉末到东汉初之间，约公元一世纪前后。并且作者不详，很可能是在成书前一段历史时期内通过多人之手逐次整理、修改、补充而成。两千年来经过辗转手抄、刻印，难免会出现差错和遗漏，加上《九章算术》文字简略有些内容不易理解，因此历史上有过多次校正和注释。

《九章算术》内容博大，气势恢弘。全书包括 246 道数学应用问题，全面反映了秦汉和先秦社会的农业、商业、手工业和社会制度等各方面的计算需求。这些问题按性质分为九章，基本内容如下：第一章，方田。与田地丈量有关的面积算法和分数的运算法则；第二章，粟米。谷物交换所涉及的兑换率与四项比例算法；第三章，衰分。按比例分配的等差数列问题；第四章，少广。由田亩计算引出的分数；第五章，商功。与土方工程有关的各种立体图形体积的算法；第六章，均输。与摊派劳役和税收有关的加权比例等问题；第七章，盈不足。关于盈亏问题的解法和运用盈不足术即双设法求解某些算术问题的算法；第八章，方程。线性方程组的解法；第九章，勾股。勾股定理及其应用。

从根本上看，《九章算术》已初步形成了我国古代数学独具特色的理论体系。它的所有问题都来源于日常生活、物质生产和社会制度等各个方面的实际，明确地以服务于实际为目的。它尽管采取了应用问题集的形式，但毕竟以介绍术文即抽象的算法为主旨，应用问题大都是作为术文的例题而存在的。《九章算术》所开创的上述以算为主、以算法统帅应用问题为特点的教学体系,足以和《几何原本》所开创的注意逻辑运演的公理化数学体系相媲美。

《九章算术》取得了诸多独一无二的数学成就:算术方面,第一次建立了完整的分数理论,提出了分数运算的基本法则;几何方面,提出了矩形、等腰三角形、直角梯形、等腰梯形、圆形、弓形、圆环形和球冠形等图形,以及正方柱、正圆柱、正方锥、正圆锥、正方台、正圆台等 24 种立体体积的计算公式;自公元 2 世纪起,成为中国历代制造度量衡标准器具的依据;唐代以后被官方列为算学馆教材和某些朝代科举考试的内容……它的影响之深,以致以后中国数学著作大体采取两种形式:或为之作注,或仿其体例著书。甚至西算传入中国之后,人们著书立说时还常常把包括西算在内的数学知识纳入九章的框架。然而,《九章算术》亦有其不容忽视的缺点:没有任何数学概念的定义,也没有给出任何推导和证明。魏景元四年(263 年),刘徽给《九章算术》作注,才大大弥补了这个缺陷。

《九章算术》取得的这些成就也奠定了它在世界数学史上的崇高地位,隋唐以后,《九章算术》渐次传入日本、朝鲜和越南,并对印度数学产生了重要影响。近世又被译成英、德、俄、法等多种文字出版,也是中西方文化交流的重要组成部分。

精妙绝伦的候风地动仪
——东汉张衡的天学理论与仪器制作

早在 1 800 多年前,我国古代科学家就已掌握了一套测报地震的技术,制造出了精妙绝伦的候风地动仪。候风地动仪外形像一只圆足的酒樽,直径约 2.66 米。樽上有个隆起的合盖,樽外附有 8 条龙,龙首朝着 8 个方向,每个龙口中含有一粒铜丸。地面上对应的部分有 8 只昂首张口的蟾蜍,哪个方向发生了地震,朝着那个方向的龙嘴就会自动张开来,把铜球吐出,掉在蟾蜍的嘴里,发出响亮的声音,给人发出地震的警报。汉顺帝阳嘉三年十一月壬寅(公元 134 年 12 月 13 日),地动仪的一个龙机突然发动,吐出了铜球,掉进了对应蟾蜍的嘴里。当时在京师(洛阳)的人们却丝毫没有感觉到地震的迹象,于是有人开始议论纷纷,责怪地动仪不灵验。没过几天,陇西(今甘肃省天水地区)有人快马来报,证实那里前几天确实发生了地震。于是,人们才对地动仪的发明者张衡肃然起敬,称"验之以事,合契若神"。

在张衡所处的东汉时代,地震比较频繁。据《后汉书·五行志》记载,自和帝永元四年(公元 92 年)到安帝延光四年(公元 125 年)的 30 多年间,共发生了 26 次大的地震。地震区有时大到几十个郡,引起地裂山崩、江河泛滥、房屋倒塌,造成了巨大的损失,并且当时的通讯非常不发达,常常地震发生许久,才被朝廷得知,延误了最佳的救助时间。就是基于这样的需要,张衡根据自己曾经对地震的亲身体验刻苦研究,终于发明出了候风地动仪。

张衡是一位具有多方面才能的科学家,他的成就涉及天文学、地震学、机械技术、数学、乃至文学艺术等许多领域。《灵宪》是张衡有关天文学的一篇代表作,全面体现了张衡在天文学上的成就和发展,原文被《后汉书·天文志》刘昭注所征引而传世。张衡作为东汉"浑天说"的代表人物之一,有许多超越时代的观点,例如他认为宇宙是无限的,天体的运行是有规律的;月光是日光的反射,月食起因于地遮日光,月绕地行且有升降。他认识到太阳运行(应是地球公转)的某些规律,正确解释了冬季夜长、夏季夜短和春分、秋分昼夜等时的起因。他经过对某些天体运转情况的观测,得出一周天为三百六十五度又四分度之一的结论,与近世所测地球绕日一周历时 365 天 5 小时 48 分 46 秒的数值相差无几。

张衡在天学仪器制作方面也有很多突出成就,他观测记录了两千五百颗恒星,创制了世界上第一架能比较准确地表演天象的漏水转浑天仪,还制造出了指南车、自动记里鼓车、飞行数里的木鸟等等。

为了纪念张衡所作出的突出贡献,联合国天文组织曾将太阳系中的 1802 号小行星命名为"张衡星",将月球背面的一个环形山命名为"张衡环形山"。20 世纪中国著名文学家、历史学家郭沫若评价张衡说:"如此全面发展之人物,在世界史中亦所罕见,万祀千龄,令人景仰"。

初现高峰

战乱频繁、政权对峙的南北朝时期由于士族阶级和佛教的兴盛,衍生出了带动生产力发展的新经济形态,为这一时期科技进步奠定了坚实的物质基础。加之统治者壮大国力、延长统治寿命的客观要求,在客观上对科技创新提供了政策鼓励。于是涌现出了如祖冲之、郦道元等众多有才华、有毅力的杰出知识分子,为这一分裂时期的科技发展做出伟大贡献。随后的隋唐时期,中国成为世界上最强大的国家,同时也是经济文化交流的中心,此时的科技发展更是得天独厚、进步飞速。

古老而精湛的中国农业生产技术总览
——"六最"农书《齐民要术》

在北魏的农书中提到过一些生物学的思想,例如物种同生活环境的关系,人工选择、人工杂交和定向培育等,因而达尔文在谈到选择原理时说:"我看到一部中国古代的百科全书清楚记载着选择原理。"达尔文所说的那本"古代的百科全书",很可能就是贾思勰的《齐民要术》。《齐民要术》是我国现存最早的一部科学技术名著,历经 1 500 年现仍被人们奉为古农书的经典之作。作为公元 6 世纪前古老而精湛的中国农业生产技术总览,它堪称世界科学文化历史遗产中的瑰宝。

贾思勰的《齐民要术》一书除"序"和卷首的杂说外,共分 10 卷,92 篇。全书 11～12 万字,正文 7 万字,注释 4 万字,引用文献约 160 种。内容涉及各种农作物的栽培,植物的利用,畜牧、家禽的饲养等等。正如书名所说,从农林牧副渔,到米油酱醋酒,老百姓谋生的主要方法大都谈到了。它的成就,有诸多方面:首先,《齐民要术》继承了我国农学注重天时、地利、人力三要素的思想,将之贯彻到生产中,强调因时因地制宜、精耕细作、合理经营。其针对黄河中下游地区的气候和土壤等特点,对土壤耕作、适时播种、植物栽培和动物养殖等均有精辟的论述,同时规范了耕、耙、锄、压等耕作技术。其次,《齐民要术》集中体现了贾思勰建立完整农学体系的全局思想,且以实用为其宗旨,将农学类目按其在农业生产和民众生活中所占比重排序,展现了一种严谨的结构:从开荒到耕种;从生产前的准备到生产后的农产品加工、酿造与利用;从种植业、林业到畜禽饲养业、水产养殖业,条理清楚,论述充分。再次,从《齐民要术》中还可以看到该时期长江以南在蚕桑生产技术上的新成就;记录了关于酒、酱、醋等制作过程的最早说明;反映了我国古代丰富的生物学知识,同时涉及微生物学内容,有些还被运用于加工食物甚至还上升到比较系统的规律性认识。

《齐民要术》精湛的内容，承前启后的系统总结，对后世农学产生了深远的影响。许多农书均与之有渊源关系，甚至后来的四部综合性农书《农桑辑要》、《农书》、《农政全书》和《授时通考》等从体例到取材，基本上都采自于它。《齐民要术》在国外也备受赞誉，特别是在日本受到了极大重视，另外欧洲学者也将其翻译出版了英、德文本，在世界农业科学发展史上具有极高的学术价值。

地学的飞跃
——水文地理巨著《水经注》

郦道元，北魏范阳涿县人，历任颍川、鲁阳太守、尚书郎。他从小热爱祖国山川，有志于地理学的研究。在对前人著作的大量阅读中，尤其对成书于三国时期的《水经》产生了浓烈兴趣。他推崇这部著作，同时认为它只叙述水道，缺乏全面性与系统性。又由于岁月的流逝，部族的迁徙、河流的改道、名称的更替，使得其中的记载缺乏准确性。同托勒密一样，他认为，地理情况在不断地变化，一部地理学著作必须不断地补充新内容，才能保持它的理论价值与实用价值。为此，他跋山涉水，"访渎搜渠"，经过 7 年的实地考察，阅读了 437 种文献，写成了 40 卷的《水经注》。

《水经注》是一部杰出的水文地理巨著，是中国北魏以前地理学的一次全面总结，标志着地学的飞跃。首先，郦道元经过实地考察，掌握了大量第一手资料，用以详注《水经》，大大丰富了《水经》的内容。书中共记载 1 252 条大小河流，按一定次序描述河流的发源、流程、方向、归宿、分布以及水量的季节变化、河水的含沙量、河流冰期等。对于化石、土壤、矿物、地貌、岩溶地貌的记载和描述，关于流水侵蚀、搬运和沉积作用的见解，在中国古代地质学史上占有重要位置。另外，《水经注》还对于植物和动物的种类也进行了分类记载，对其特点进行了详细刻画。书中不但包含自然地理，在人文地理方面也有广泛内容，尤以包括农林畜渔的经济地理和涉及采矿、冶金、造纸等的工业地理最为突出。

《水经注》不但内容翔实，它的写作方法也独特地体现了统一的历史时空感。其叙述以水道作线索，旁及水文、地貌、地质，动植物分布、城镇、交通等各个方面,同时兼于河流流经地区的古今历史、经济、政治、文化、社会风俗、古迹等尽可能详尽的介绍,赋予地理描写以时间的深度,同时给予许多历史事件以具体空间的真实感,弥补了《水经》的不足,从而达到"因水以证地,即地以存古"的目的。另外,《水经注》在沿革地理和地名学方面也作出了突出贡献。除此之外,书中还记载了大约200多条关于长城、坞堡、烽燧以及某些地区历史上的战争和战争路线等具有战略意义的资料,是军事地理的重要内容。

《水经注》在中国和世界地理学史上都有重要地位。该书不仅是当今从事历史地理学研究所依据的一部重要著作,对于考古学、历史学、民族学等许多领域的研究也有重要价值,而且,它对山川景物的描写也具有重要的文学价值。当然,由于受到当时代条件的限制,以及郦道元实地考察的地方有限,所引用的资料和记述难免有不确切和失实之处,但这丝毫不能妨碍它成为一部历史、地理、文学价值都很高的综合性地理巨著。

π 值精密,算史之最
——南朝祖冲之父子的杰出成就

今天提起圆周率,人们会脱口而出:π=3.14。然而远在 1 500 年前,求算圆周率的精确值却是个令人望而生畏的科学难题。中国古代许多数学家都为研究这个课题付出了心血,也取得了同时代世界领先的成果。其中,南朝杰出数学家祖冲之的名字和圆周率计算的联系尤为密切。

祖冲之出生在一个官宦人家,这个家庭的历代成员大都对天文历法有研究。在家学熏陶下,祖冲之从小就"专功数术,搜烁古今",对天文学和数学有着浓厚的兴趣。祖冲之在数学方面的成就,自然首推他关于圆周率的计算,其史料仅见于《隋书·律历志》。祖冲之的圆周率计算是在刘歆、张衡、刘徽等人工作的基础上"更开密法"所得;他把直径一丈分为一亿等份,分别求得过剩近似值和不足近似值,并指出真值应取在二者中间。他所求得的圆周率精确到这一数值小数点后 7 位数字,即 3.141 592 6<π<3.141 592 7;另外,他还给出了两个近似分数值,即密率和约率。关于祖冲之如何算得如此精密结果以及他所使用的方法,则没有任何史料流传下来,只能根据他所处时代的背景推断,祖冲之应该是在继续使用刘徽的割圆术并掌握大量资

料的同时，坚持实证考察，亲身进行精密的测量和细致推算的结果。这项工作毕竟需要对 9 位数字的大数目进行各种运算（包括开方在内）130 次以上，在今天也是一个十分繁复的巨大工程，更何况当时仅用算筹作为唯一的运算工具！

在球体体积的计算方面，尽管刘徽纠正了《九章算术》中认为的外切圆柱体与球体体积之比等于正方形与其内切圆面积之比的计算错误，指出"牟合方盖"（即垂直相交二圆柱体的共同部分）与球体体积之比才等于正方形与其内切圆面积之比，但他没有得到"牟合方盖"的体积公式。而祖冲之的儿子祖暅应用"圆幂势既同，则积不容异"，即"等高处横截面积常相等的两个立体，它们的体积也必定相等"的原理，巧妙地完成了刘徽的未竟之业，最后得出球体体积的正确公式。这原理就是著名的"祖暅公理"。在西方，它经常被称作卡瓦列里公理，比祖暅迟约 1 000 年。

圆周率的理论和计算在一定程度上反映了一个国家的数学水平。祖冲之算得准确到小数点后 7 位的圆周率，当时在世界上是最先进的，它标志着我国古代数学发展到了一定高度。直到 1 000 年以后，15 世纪阿拉伯数学家阿尔·卡西和 16 世纪法国数学家维叶特才打破了祖冲之的记录。为了表彰祖冲之的卓越成就，天文学界将月球背面的一座环形山命名为"祖冲之环形山"；紫金山天文台将 1964 年发现的，国际永久编号为 1888 的小行星命名为"祖冲之星"。

世界土木工程的里程碑
——历经千年保存完好的赵州桥

"车马人千里，乾坤此一桥""长流不断东西水，往来驿驰南北尘""驾石飞梁尽一虹，苍龙惊蛰背磨空"……历史上恐怕没有哪座桥能像赵州桥这样，尽揽如此多文人墨客的诗词歌赋。有人说它是"奇巧固护，甲于天下"的天下第一桥，有人称它是"制造奇特，人不知其所以为"的神来之笔。1991年，美国土木工程师学会将赵州桥选定为第 12 个"国际历史土木工程的里程碑"，给了它一个世界级的赞誉与肯定。

赵州桥又称安济桥（宋哲宗赐名，意为"安渡济民"），坐落在河北省赵县洨河上，建于隋朝大业元年至十一年（605～616）。当时的赵县是南北交通必经之路,从这里北上可抵重镇涿郡(今河北涿州市),南下可达京都洛阳,可是这一交通要道却被城外的洨河所阻断,影响了人们来往,每当洪水季节甚至不能通行。为此,朝廷派遣工匠李春率领一帮匠人在河上建设一座大型石桥以结束长期以来交通不便的状况。李春对河水及两岸地质等情况进行了实地考察,认真总结了前人的建桥经验,结合实际情况提出了独具匠心的设计方案,按照设计方案精心

细致施工,很快就出色地完成了建桥任务。赵州桥在设计和施工中产生了许多独创的技术成就,将中国古代建桥技术提高到一个全新的水平,直到 1 000 多年以后,欧洲才建成类似的桥。由于赵州桥建造技术的精湛,就连赵州桥体上的印迹,都被人们赋予"仙迹"一说:有张果老倒骑毛驴在桥上走留下的驴蹄子印;柴王爷推车过桥轧下的车道沟印和膝盖跪下的膝盖印;鲁班为救自己用绵羊(传说鲁班会点石术)做的石桥跃身跳入河中,用手力顶石桥的手掌印等。

赵州桥的桥体全部用石料建成,因此也常被人称为"大石桥",自建成至今 1400 年来,共经历 10 次水灾,8 次战乱和多次地震影响,一直雄姿不减,巍然屹立,这本身就是桥梁建筑史上的一个奇迹。1979 年 5 月,由中国科学院自然史组等四个单位组成联合调查组,对赵州桥的桥基进行了调查,调查结果令建筑学家们大为震惊,自重达 2 800 吨的赵州桥的根基仅是由五层石条砌成的,高度为 1.56 米的桥台,而且如此浅的桥基还是建在砂石上。著名建筑学家梁思成先生在 1933 年考察时还曾认为这只是防水流冲刷而用的金刚墙,而不是承纳桥体全部荷载的基础。赵州桥之所以能够堪称世界之最,屹立千年不倒,与它独特的建筑设计是分不开的,例如,李春对拱肩进行了重大改进,把以往桥梁建筑中采用的实肩拱改为敞肩拱,即在大拱两端各设两个小拱,这种大拱加小拱的敞肩拱不但可以增加泄洪能力,而且还能节省大量土石材料,减轻桥身的自重,增加桥梁的稳固性。中国古代在建筑桥梁时,对较长的桥梁多采用多孔形式,这样每孔的跨度小、坡度平缓,便于修建,而赵州桥却采取了单孔长跨的形式,河心不立桥墩,石拱跨径长达 37 米之多,这样既利于舟船航行,又便利洪水宣泄,这些独具匠心的设计都是中国桥梁史上的空前创举。

如今的赵州桥,已经被列为全国重点文物保护单位,为了更好地保护这

座历尽千年沧桑的古桥,现已禁止车辆通行。虽然,它不能再像曾经那样"坦途箭直千人过,驿使驰驱万国通",但是,依然具有非常重要的科学研究价值。可以说,赵州桥是中国人民聪明智慧的象征,它的设计者李春虽然未能在封建王朝的史书中留下过多痕迹,但他必定为后人所永远铭记。

中医学理论与实践水平的提高
——"药王"孙思邈与《千金方》

距陕西耀县城东 1.5 千米处,有一座由五座山峦组成"药王山",山中寺庙林立、文物丰富,每逢农历二月二日的庙会,前来烧香磕头的男女老少不计其数,他们之中有献祭面塑的,有取神水的,但大多都是祈望百病脱身、健康长寿。人们之所以聚集此处拜祭,是因为一千多年前,这里曾是唐代著名医学家孙思邈的隐居之处,此山正是因此才得名为"药王山"。

孙思邈,世称孙真人,唐京兆华原(今陕西耀县)孙家塬人,著名的医师与道士,是中国乃至世界史上伟大的医学家和药物学家,被后人誉为"药王",许多华人甚至奉之为"医神"。孙思邈自幼聪颖好学,敏慧强记,但因体弱多病,常请医生诊治,竟至家财耗尽。因此,他从青年时代便立志学医,用毕生精力从事医学研究,为民除病。

中医学整体上的进步体现在理论与实践两方面水平的提高,孙思邈便是中医史上促进二者结合与提升的重要人物。孙思邈一生勤于著书,直至白首之年,未尝释卷。他在数十年的临床实践中,深感古代医方的散乱浩繁、难以检索,因而博取群经,勤求古训,并结合自己的临床经验,编著成《千金要方》30 卷。永淳元年(682)他又集最后 30 年之经验,著成《千金翼方》30卷,以补《千金要方》之遗。后人将《千金要方》和《千金翼方》合称为《千金方》,它是唐代以前医药学成就的系统总结,被誉为我国最早的一部临床医学百科全书。《千金方》的内容一类是典籍资料,一类是民间单方验方,从基础理论到临床各科,理、法、方、药齐备,雅俗共赏,缓急相宜。时至今日,很多内容仍然在理论医学和临床医学上起着重要的指导作用。例如,孙思邈记载消渴病(糖尿病)能够治愈,这要求调味品和饭菜不能掩盖五谷的气味。近年来,随着食物结构变化的调查越来越受到重视,谷物对胰岛细胞功能的保护作用已经被各种科学研究所证实。当然,我们也应当看到,《千金方》中的有些疗法虽简单易行,但却带有浓厚的巫术色彩,例如,民间认为鸬鹚是鱼的克星,《千金要方》卷五十三就介绍了这种"治鱼骨鲠方",即被鱼刺卡住时,口里只要喊着"鸬鹚,鸬鹚",鱼刺便可被吞下。书中还有"将斧柄置于产妇的床下,就可以生男不生女"的记载等等。《千金方》中的这些记载,也是源于我国传统"医巫同源"的文化现象,所以,对待这部经典著作当中的疗法,我们不能盲目的肯定或者否定,而是应该科学、辩证地看待。

孙思邈在医学上的成就是多方面的,他对中国医药学贡献了许多个"第一":第一个倡导建立妇科、儿科,第一个发明手指比量取穴法,第一个提出复方治病,第一个提出"针灸会用,针药兼用"和预防"保健灸法"等等。孙思邈在食疗、养生、免疫方面做出了巨大贡献,他本人能寿逾百岁,也就是积极倡导的理论与自身实践相结合的效果。

"药王"孙思邈受历代人民的爱戴,绝不仅仅因为他出神入化的医术,更是由于他有崇高的医德医风。他一生以济世活人为己任,对待病人不问贵贱贫富、长幼妍媸,不避饥渴、寒暑,不自炫其能、贪图名利,他曾亲自治疗、护理的麻风病人就达 600 余人。连西方国家也将其看作与同希波克拉底齐名的世界三大医德名人之一。孙思邈的一生,即是"大医精诚"的写照,这种足为百世师范的高尚医德,同他高超的医术一样,都是留给后人最宝贵的财富。

天文历法体系的完善
——实测子午线长度的创始人僧一行

"日影一寸,地差千里"曾是中国天文学史上的一个重要观点。也就是说,同一经线上的南北两个地方,在夏至这一天的中午,若测得的日影长度相差一寸,那么就说明两地相距一千里。成书于汉代的《周髀算经》有一套完整的天地大小的计算模式,其中"日影千里差一寸"就是一个重要前提。这个被很多数学、天文著作都视为权威的观点,其实一直萦绕着怀疑的声音。隋代刘焯曾说"参之算法,必为不可。寸差千里,也无典说。明为意断,事不可依",认为这个说法未经实测不一定可靠。于是他向炀帝建议进行一次大规模的天文测量,只可惜这一愿望未能实现。最终,这个观点被证明的确是个谬误,证明它的人,是唐代僧一行。

一行俗名张遂，魏州昌乐（河南南乐县）人，是唐朝杰出的天文、历法、数学家和佛学家，他自幼刻苦好学，博览群书，因追求真理、逃避权势的纠缠而赴嵩山削发为僧，人称僧一行。开元十二年（721年），一行受唐玄宗之命制定新历，他考虑到由于全国各地昼夜的长短不同，看到同一日月交食的食分也不相同，是否日影一寸，就地差千里，这些具体数据都需要经过实测才能确定。为此，他和机械专家梁令瓒一起，指挥一批工匠，共同创制了黄道游仪、水运浑天仪等大型天文观测仪器和演示仪器，为修订新历准备了物质技术条件。在一行的倡议下，唐王朝开始了规模空前的天文测量，其最南方的测点选在林邑（今越南中部），最北方的测点选在铁勒（今蒙古乌兰巴托西南），全国共设13个测量点，使用的仪器、实施的方法、测量的内容，都在一行领导下统一进行审定。整个测量工作得出的结果是：北极高度相差1度，南北距离就相差351里80步，这就是子午线1度的长度。唐开元时，5尺为1步，300步为1里，1尺为24.56厘米，351里80步折合今制为131.3千米。现代科技算出的子午线1度为111.2千米，虽然二者相比，有20千米的误差，但这是世界上首次对子午线的测量记录，被后人称之为"科学史上划时代的创举"，有着非常宝贵的科研价值。通过此次测量，也证明了"日影一寸，地差千里"的说法是不正确的。一行所取得的测量结果，本可作为地球是球形的证明，但他没有继续深究这一测量对地球形状认识的意义，可以说他走到了一个重大发现的边缘，却未能迈出最后重要的一步，直到晚清，"地圆说"才在中国广为流行，为大多数人所接受，不能不说这是一件非常遗憾的事情。

实测子午线的长度是僧一行最杰出的成就，但他对唐代乃至世界科技发展所做的贡献却远不止此。开元十三年（公元725年），在大规模实地观测和吸收前人研究成果的基础上，一行开始制订新历，到开元十五年，完成初稿，取名"大衍历"。大衍历正确地掌握了太阳在黄道上视运行速度变化的规律，把过去没有统一格式的历法归纳成七部分，这种编写方法、内容系统、结构合理、逻辑严密，一直沿用至明朝末年，长达八百年之久。大衍历标志着古代历法体系的成熟，它不仅对天文计算有重要意义，而且在世界数学发展史上也占据重要位置。尽管大衍历是当时最完善的历法，但是，颁行不久便遭到守旧派的反对。后来经过实践验证，大衍历的确要比当时已有的历法《麟德历》、《大明历》等准确得多，才得以继续使用。随后，大衍历相继传入日本、印度，在这两国也沿用近百年，极大地影响了这两个国家的历法。可以说，僧一行和他在天文历法方面的成就，是人类共同的宝贵财富。

再现高峰

隋唐五代的科技发展呈现一股高涨趋势，这种趋势在宋元时期又因经济发展、文化昌盛、理学形成、战争需要等因素得到进一步强化。当时的统治阶级为了满足政权、社会对科学技术的多方面要求，采取了诸如完善教育体系、奖励发明创造、培养科技人才等一系列措施。国内各民族之间的文化融合与国内外的文化交流，也加速着科技的发展。这一切使宋元时期成为中国古代科技发展的黄金时代，在天文、地学、生物、数学、物理、化学等方面均有突出成就。

宋元数学四大家
——秦九韶、李冶、杨辉和朱世杰及其科学贡献

宋元时期的数学以秦九韶、李冶、杨辉和朱世杰四大家为代表，取得了极其辉煌的成就，远远地超过了同时代的欧洲，将中国古代以筹算为主要计算工具的传统数学的发展推到了高峰。

秦九韶的《数书九章》是一部堪与《九章算术》相媲美的数学名著，系统地总结和发展了高次方程数值解法和一次同余组解法，提出了相当完备的"正负开方术"和"大衍求一术"，达到了当时世界数学的最高水平。秦九韶的数学不仅具有理论性且具有可操作性，他的大衍求一术与他的高次方程数值解法，同样简洁、明确，带有很强的机械性，其程序亦可转化为算法语言，用计算机来实现。李冶的数学研究以天元术为主攻方向，致力于创造一种简便的、适用于各种问题的列方程天元术。其代表作《测圆海镜》是我国现存最早的一部天元术著作，无疑也是当时世界上创新性地采用了演绎体例的第一流的数学著作。该书把勾股容圆（切圆）问题作为一个系统来研究，讨论了在各种条件下用天元术求圆径的问题，标志着天元术的成熟，是中国数学史上的一大进步，对后世产生了深远的影响。杨辉是世界上第一

个排出丰富的纵横图并讨论其构成规律的数学家。他的数学贴近生活，致力于解决社会上有关数学的问题。同时他积极从事数学研究和教学工作，引领了数学教育与数学普及的发展潮流。他先后完成数学著作 5 种 21 卷，所有著作深入浅出，图文并茂，很适合于教学，而且有不少创新。朱世杰首次记述了正负数的乘除运算法则。他总结出的乘法九九歌诀、除法九归歌诀朗朗上口，广泛流传于民间。朱世杰的代表作《算学启蒙》由浅入深，论述了从整数的四则运算直至开高次方、天元术等，包括了当时已有的数学各方面内容，形成了一个较完备的体系。因此他被看做中国宋元时期数学发展的集大成者。

宋元数学四大家的贡献不仅在中国数学史，同时在世界中世纪数学史上都留下了光辉的一页，他们的成就远远地超越了同时代的欧洲。其中高次方程的数值解法，要比西方早 800 余年，多元高次方程组解法和一次同余式的解法比西方早 500 年，高次有限差分法比西方早 400 余年。他们的许多研究成果流传至今仍为今人所用，极大地丰富了中国乃至世界数学王国的宝库，为数学科学的发展作出了不朽贡献。

中国科学史上的坐标
——《梦溪笔谈》

"人间四月芳菲尽，山寺桃花始盛开"。这是白居易偕同诗友登上庐山，畅游大林寺时用诗句记录的一个让他大为惊奇的自然现象："四月百花都凋谢了，而山上寺庙里的桃花才刚刚盛开"，这是为什么呢？北宋科学家沈括在幼年读到这首诗，对这一现象也甚感好奇。他没有像常人那样绕着问题走，而是进行实地考察，执意弄个明白。经过反复探索、反复思考，他终于明白山地海拔较高，气温相对比较低，所以，山顶的花开得迟。就是凭借着这种求索精神和实证方法，他在多年以后写成一部百科全书型的巨著——《梦溪笔谈》，书中又对他幼年思考过的现象作了更加详细的阐述："土气有早晚，天时有愆伏……诸越则桃李冬实，朔漠则桃李夏荣，此地气不同也。"庐山山势高，气温低，春季姗姗来迟，使得花期也相应地推迟了。由于高度和地形的影响，才形成这种"山中甲子无春夏，四月才开二月花"的情景。

沈括（1031～1095）字存中，杭州钱塘（今浙江杭州）人，嘉祐八年（1063

年）进士。沈括之父沈周是一位亲民的中级官吏，沈括在少年时代便跟随父亲到各处上任，比起同龄人，他有了更多接触社会、认识社会的机会，同时也对农民的穷苦生活有了更深入的了解。据《宋史·沈括传》记载，"括博学善文，于天文、方志、律历、音乐、医药、卜算无所不通，皆有所论著。"用"多才多艺"来形容这位北宋大家绝不是什么溢美之词。

《梦溪笔谈》是沈括晚年陆续撰写而成的，可以说它是沈括对毕生经历、科学活动的一个总结，其中也囊括了不少诗文掌故、异说奇闻。《梦溪笔谈》包括《笔谈》《补笔谈》《续笔谈》三部分。《笔谈》26 卷，分为 17 门，依次为"故事、辩证、乐律、象数、人事、官政、机智、艺文、书画、技艺、器用、神奇、异事、谬误、讥谑、杂志、药议"。《补笔谈》三卷，包括上述内容中 11 门。《续笔谈》一卷，不分门。内容涉及天文、数学、物理、化学、生物、地质、地理、气象、医药、农学、工程技术、文学、史事、音乐和美术等诸多方面。

可以说，《梦溪笔谈》是一部博大精深的书，它对科学技术和人文科学都作出了不可磨灭的贡献。例如在天文学方面，提出了"十二气历"，主张用节气定月而不管月亮的圆缺；在地球地理学方面，记录了"以磁石磨针锋"的指南针人工磁化方法及指南针"常微偏东，不全南也"的现象，从而肯定了地磁偏角的存在；在光学方面，运用光的直线传播原理形象的说明了月相的变化规律和日月食的成因。还记述了算家所谓的"格术"，并以之解释小孔和凹面镜成像，开辟了"格术光学"这一光学新领域；在数学方面，《梦溪笔谈》讨论了垛积问题，发展了《九章算术》以来的等差级数，建立了隙积术，解决了高阶等差级数的求和问题。《梦溪笔谈》在社会科学领域，所取得的成就同样不可小觑，就史学角度而言，书中的许多记载都具有极高的史料价值。最为典型的一个例子便是真实地反映了北宋初年王小波、李顺的农民起义。另外，书中关于乐理、乐曲的研究以及美术鉴赏与批评的部分也有很高的参考价值。

总而言之，《梦溪笔谈》是一部不折不扣的百科全书式的巨著，被英国著名科学史家李约瑟博士誉为"中国科学史上的里程碑"，还称誉沈括为"中国整部科学史中最卓越的人物"。目前，此书的价值正受到越来越多的关注，已被译成多国文字供各国学者研究。

中国古代建筑的高峰
——最完整的建筑技术书籍《营造法式》

中国悠久的历史创造了灿烂的古代文化，而古建筑便是其重要组成部分。中国古代建筑不仅是我国现代建筑设计的借鉴，而且早已产生了世界性的影响，成为举世瞩目的文化遗产。在中国古代建筑史上，有一部著作被称之为最完整的建筑技术书籍，它不仅标志着中国古代建筑已经发展到了较高阶段，而且起着承前启后的作用，对后世的建筑技术有着深远影响，它就是北宋建筑家李诫编著的《营造法式》。

北宋建国后的百余年间，宫廷生活日趋奢靡、大兴土木，建造了许多造型豪华、精美铺张的宫殿、衙署、庙宇、园囿。并且，负责建筑工程的大小官吏贪污成风，国库根本无法应付如此浩大的开支。因此，在王安石推行新政时期，由将作监于元佑六年编成《营造法式》第一版，旨在规定建筑的各种设计标准、规范、材料、施工定额等指标，用以明确房屋建筑的等级制度、建筑的艺术形式及严格的料例功限，从而杜绝贪污、盗窃。但是，这部史称为《元佑法式》的建筑书籍因为没有规定模数制，也就是"材"的用法，因而不能对构建比例、用料做出严格的规定，建筑设计、施工仍具有很大的随意性，所以并未能有效防止各种弊端，于是，在绍圣四年（1097 年）又由李诫重新编修。李诫，字明仲，北宋郑州管城人，自元七年（1092 年）起从事宫廷营造工作，历任将作监主簿、丞、少监等，官至将作监。编书之前，李诫已在"将作监"工作了八年，曾以将作监丞的身份负责五王府、尚书省、龙德宫、棣华宅等重大工程，他以丰富的建筑经验为基础，参阅大量文献和旧有的规章制度，收集工匠讲述的各工种操作规程、技术要领及各种建筑物构件的形制、加工方法，终于编成流传至今的《营造法式》，于崇宁二年（1103 年）刊行全国。

《营造法式》全书 34 卷，357 篇，3 555 条，共分为四个部分：一是"名例"，规范和解释建筑术语；二是"制度"，指出泥作、瓦作、木作、雕作等 13 个工种的任务和技术标准；三是"工限料例"，制定施工人数和材料的定额；四是"图样"，绘出建筑样式和各种构件的详细图纸。特别值得重视的是，书中还提出了一整套木构架建筑的模数制设计方法。迄今我们所能看到的宋代木构主要是一些庙宇的个别殿堂楼阁，类型很不齐全，通过研究《营造法式》，我们能够在实物遗存较少的情况下,对宋代的宫殿、寺庙、官署、府第等建筑有非常详细的了解,通过书中的记述,我们还知道现存建筑所不曾保留的、如今已不使用的一些建筑设备和装饰,如檐下铺竹网防鸟雀,室内地面铺编织的花纹竹席,椽头用雕刻纹样的圆盘,梁栿用雕刻花纹的木板包裹等。

《营造法式》是我国古代的一部具有法典性质的建筑手册,是一部建筑科学技术的百科全书,但是我们并不能苛求从中寻求所有的建筑法则。由于本书编写目的十分明确,所以,它对诸如建筑部件的尺寸规定等十分清楚,而对建筑布局、内部布置、体量形象等则较少涉及。但是,我们仍然不能否认,《营造法式》对于研究宋代建筑乃至中国建筑的发展,提供了重要的资料,是人类建筑遗产中的一份不可多得的珍贵文献。

中世纪最精密的历法之一
——《授时历》

元世祖灭南宋以后,恢复农业生产成为首要任务。过去蒙古一直使用的是金朝颁布的历法,这种历法误差很大,连农业上常常使用的节气也算不准。而且在元朝征服江南以后,中国南北方的历法不一致,给农业生产带来了诸多不便。为了解决此问题,1276 年,元世祖忽必烈诏令编制新历法,并设立了专门机构太史局,任命王恂和郭守敬二人为主要负责人。

在四年的编历过程中,郭守敬共创制了简仪、高表等 17 种天文仪器,主持开展了一系列卓有成效的天文观测工作,积极参与对前代历法的研究和新历法的编修,终于在 1280 年编成了新历法《授时历》。1281 年,《授时历》颁行天下,但由于时间紧迫,《授时历》所采用的天文数据、天文表格以及推算方法都还未经缜密的考定。于是,郭守敬在研究前代历法的基础之上,运用宋代以来的数学新成就,把古代历法体系推向了高峰。《授时历》纠正了历代沿用的 7 个重要天文数据,创立了 5 项新的推算方法,其精度比以往各种历法都高,被认为是中世纪最精密的历法之一。

首先,《授时历》使用了当时世界上最为精确的天文资料,如它的回归年的长度是 365.242 5 日,这和现行的公历所采用的数值几乎是一样的;其次,《授时历》接受了统天历关于回归年长度古大今小的变化概念,给出了比统天历更优的变化值,即规定 100 年中回归年的长度减小 0.000 1 日。再次,

《授时历》对一些计算方法进行了重大创新，这些都在数学方法的完善化和历法问题计算的精确化上做出了重大贡献。例如《授时历》在日、月、五星运动的推算中有所谓"创法五事"，其主要的创造就是招差法和弧矢割圆术的应用，创立了类似球面三角法的数学方法。正是由于这两种方法的使用，使《授时历》在数学计算上得以超越前人。此外，《授时历》的突出成就还表现在废弃繁杂的上元积年法，既简化了计算步骤，又提高了计算的精度。《授时历》设定一年为 365.242 5 天，比地球绕太阳一周的实际运行时间只差 26秒。欧洲的著名历法《格里历》也规定一年为 365.242 5 天，但是《格里历》是 1582 年开始使用的，比郭守敬的《授时历》晚了整整 300 年。

明朝颁行的《大统历》基本上就是《授时历》的翻版，如把这两种历法看作一种，那么可以说它是中国历史上使用时间最长的一部历法。由此可见，《授时历》对于后代的影响巨大，在科技史中占有举足轻重的地位。

医界"金元四大家"
——刘完素、张从正、李杲、朱丹溪及其医学流派

宋、元时期，中医的分科越来越细，在总结医疗经验的基础上，医学理论得到了较大发展。刘完素、张从正、李杲和朱丹溪在学术上各有特点，代表了四大不同医学流派，被称为医界"金元四大家"。

刘完素主张"火热"，用药主于"寒凉"，为后世人称之为寒凉派，代表作《素问玄机原病式》。主要贡献有：第一，对疾病的观察着重于以阳气、火气和热为出发点；第二，他认为《内经》中"亢则害，承乃制"的医理是阐发阴阳变化奥妙之理的最好概括；第三，他将运气学说应用于医学的思想对金元诸医家产生了直接的影响。

张从正善用攻法，世称"攻下派"，代表作《儒门事亲》。主要学术思想如下：第一，主张"邪气"说，提出邪非人身所有，"邪去正自安"，提出消除邪气的唯一方法就是用"速攻"。第二，提倡汗、吐、下三法。第三，强调食补。另外，《儒门事亲》一书所举各类征候，附有医案，多引述《内经》医理，并按男女老幼，以及生活于富贵或贫穷之家的不用体质，辨证论治。

李杲认为"人以胃气为本"，在治疗上长于温补脾胃，因而称之为"补土派"，代表作《脾胃论》。学术成就体现在：第一，论述药物气味阴阳、厚薄、升

降、浮沉的理论，以及药物归经的学说，对后世药物学发展有很大影响。第二，建立内伤学说，拟定的补中益气汤和升阳益胃汤等方，深得后世医家称赞。第三，发扬扶护元气和温养脾胃学说，并列出古方和他研制的方剂共40余方，为后世广泛应用。

朱丹溪（朱震亨）认为"阳常有余，阴常不足"，因而主张以补阴为主，多用滋阴降火之剂，后人称他为"养阴派"，代表作《局方发挥》。他结合三家学说，倡泻火养阴之法，针对当时滥用温燥药治病的不良后果，提出灵活用药。同时强调节制食欲、色欲的重要性。

元末明初著名文学家宋濂在为朱震亨《格致余论》题词时说"金以善医名凡三家，曰刘宋真（刘完素）、曰张子和（张从正）、曰李明之（李杲），虽其人年之有先后，术之有救补，至于推阴阳五行升降生成之理，皆以《黄帝内经》为宗，而莫之异也。"又说：元《格致余论》"有功于生民者甚大，宜与三家所著并传于世"。刘完素的思维过程包含着古代朴素的辩证法思想，引起后世医家的重视；张从正是一位具有革新思想的医家，他对应用"心理疗法"来治疗各种疾病有突出的贡献；李杲把医学理论推向了一个新的高峰；朱丹溪的学说丰富了祖国医学，被誉为"集医之大成者"。自此而后，"金元四大家"之称流传于世，他们的理论也大大体现了一个时代医学理论、实践的丰富和思想的革新。

影响世界历史进程的辉煌成就
——中国古代四大发明

谈到中国古代的科学技术，自然不能不说古代的四大发明——指南针、造纸术、印刷术、火药。四大发明不仅仅是中国古代科学技术繁荣的标志和中国人民智慧的体现，更重要的是它在一定程度上改变了人类近代文明的进程。

指南针。指南针是指示方位的仪器，早在战国时期《韩非子·有度篇》里有关于指南针的始祖"司南"的记载。由于司南的磁性较弱，难以达到预期的指示方向的效果，因而未能推广。到宋代，指南针得以发明和广泛的应用，有力地促进了人类的海上贸易和地理探险活动。

造纸术。西汉初就出现了用废旧麻绳头和破布为原料制成的麻类植物纤维纸。蔡伦总结前代及同时代造麻纸的技术经验，完成了以木本韧皮纤维造纸的技术突破，并扩充原料来源，革新造纸工艺。麻纸及皮纸是汉代以来1 200年间中国纸的两大支柱，纸最终取代简帛成为主要书写材料。造纸术使得当时的许多优秀的文化成果得到了很好的保留和流通，对于世界范围文化的交流作出了巨大贡献。

印刷术。宋代雕版印刷发展到了鼎盛时期，但毕昇创造的活字印刷术标志着我国古代印刷技术出现了重大突破。毕昇活字印刷术的基本原理与近现代盛行的铅字排印方法十分相近，既能节省费用，又能缩短时间，非常经济和方便。在我国乃至世界印刷技术史上，是一件伟大的创举。活字印刷术在亚洲各国传播，影响遍及世界，促进了世界的文明和进步。

火药。火药的研究开始于古代炼丹术，炼丹术的实验方法导致了火药的发明。宋元时期火药的配方已经脱离了初始阶段，各种药物成分有了比较合理的定量配比，并且在军事上得到应用，火药和火器制造开始成为军事手工业的一个重要部门。恩格斯高度评价了中国在火药发明中的首创作用，他写道："现在已经毫无疑义地证实了，火药是从中国经过印度传给阿拉伯人，又由阿拉伯人和火药武器一道经过西班牙传入欧洲。"火药的发明大力推进了历史发展的进程，是欧洲文艺复兴的重要支柱之一。

一直以来，许多国家对各项发明权争夺激烈，四大发明原产地的归属问题亦成为国际学术界争执的焦点。弗兰西斯·培根认为其"起源却还暧昧不彰"，李约瑟感慨后人尽管获得了"比弗兰西斯·培根时代多得多的关于中国的知识，可是那些应该知道得更多的人，却没有对中国的发明作出应有的承认"。潘吉星等中国学者令人信服地证明了四大发明只能产生于中国而不是任何其他别的国家或地区，基本解决了四大发明的原产地归属及世界影响问题，从而捍卫了四大发明的"民族发明权"。

总之，我国古代的四大发明，在人类科学文化史上留下了灿烂的一页。对此，马克思曾经这样高度评价：火药把骑士阶层炸得粉碎，指南针产生了殖民地，印刷术变成了宣扬新教的工具。这是预告资本主义社会到来的三大发明。

三次高峰

明代是继汉唐盛世后又一个兴盛的中原朝代,这个被后世称为"治隆唐宋","远迈汉唐"的时代不仅生产力水平提高、经济繁荣,在科学技术领域也有着超越时代的卓越建树。这一时期科技文化发展的主要成就是"集大成",即在医学、农学、地学等方面对传统技术和知识进行概括和总结,显现出了群星灿烂、人才辈出的文化景观,带来了中国科技发展史上的又一次高峰。

稿凡三易写名著,中华医药集大成
——明代李时珍的《本草纲目》

《本草纲目》是明代著名本草学家、医学家、博物学家李时珍历时 27 年的呕心沥血之作,被誉为"东方药学巨典"。李时珍经过 10 年的读书钻研,遍访全国各药材产地进行实地调查,亲自进行各种医药原理的试验,参考了 800 余种文献材料;经 3 次彻底修订原稿,终于完稿。《本草纲目》集中药学之大成,立本草之新体系,纠本草之偏误,增前人未录之新品,阐明中药性味之理论,被达尔文誉为"中国古代百科全书"。

该书被认为是影响历史进程的 100 本书之一,是最能代表中国古代文化的典籍。首先,药物学内容丰富,是我国古代本草史上记载药物最多的一部著作。该书共 190 多万字,52 卷。收集的药物共 1 892 种,罗列 11 096 首方剂,绘制了 1 110 幅插图。其次,分类学比较先进合理,是划时代的,著名的中国科技史学家鲁桂珍曾把它与欧洲林奈的分类法相提并论。全书分为 16 部,即:水部、火部、土部、金石部、草部、谷部、菜部、果部、木部、服器部、虫部、鳞部、介部、禽部、兽部、人部。每一部又分为若干类,共计 60 类。其中植物 1 095 种,动物 340 种,矿石 357 种。再次,开拓了我国古代药物学著作的标准体例和结构。李时珍把这个体例定为释名、集解、辨疑、正误、修治、气味、主治、发明与附方等项目。释名,罗列典籍中药物的异名,并解说诸名的由来;集解,集录诸家对该药产地、形态、栽培、采集等的论述;修治,介绍该药的炮制法和保存法;气味,介绍该药的药性;主治,列举该药所能医治的主要病症；发明，阐明药理或记录前人和自己的心得体会；正误，纠正过去本草书中的错误；附方，介绍以此药为主的各种验方及其主治。《本草纲目》的这一部分内容就成为对每一种药物的文献综述，为医学科学研究提供了极大便利，这在我国本草学史可以说是一个空前的创举；同时，李时珍对方剂的筛选，以实际经验为依据，大力删去荒诞不经的古今方剂，在《本草纲目》中列入大量治验医案，阐明医药理论，成为我国早期著名医案专集著作。

《本草纲目》在药物发展史上有巨大贡献，是我国传统医学的经典著作和取之不尽、用之不竭的中华医药学知识宝库，素享"医学之渊海"、"格物之通典"美誉。它在 16 世纪末梓刻行世以后，国内先后翻刻印刷达 50 多个版次，国际上有 7 种文字译本流传。据考证，欧洲的大英博物馆、巴黎的国民图书馆、德国柏林的旧普鲁士国立图书馆、巴黎的自然史博物馆，都藏有不同刻版本的《本草纲目》。

求索天地故，旅行大探险

——徐霞客及其地学成就

"一本书，一奇人"是对我国明代著名的地理学家、旅行家徐霞客的真实写照。他一生博览了古今大量地学典籍，用广游四方、野外调查的新知识来厘定过去舆地著作脱离实际所犯的错误，改造了传统地理学的研究。《徐霞客游记》就是他根据自己的亲身经历用日记体裁撰写的一部光辉著作，生动、准确、详细地记录了祖国丰富的自然资源和地理景观，深受国内外广大专家和读者的赞赏。

徐霞客对地理学作出了卓越贡献，在地理学史上写下了光辉的一页，具体表现在《徐霞客游记》所包含的以下科学价值和文学价值：第一，徐霞客 30 余年经常出游野外，其行踪遍及现在的江苏、浙江、福建、广东、广西、贵州、云南等 16 个省和自治区。在他的游记中，对所经各地的山脉、河流、岩石、地貌、气象、生物、物产、交通、工农业生产、商业贸易、城乡聚落、风俗习惯等情况，都有详细记载。第二，徐霞客在石灰岩地区进行了大规模的考察，生动而准确地描述了岩溶地貌的特征。其中，有关我国西南地区石灰岩地貌特征及其形成原因的探讨，早于欧洲人两个世纪，他的游记著作应该是世界上研究岩溶地貌最早的宝贵文献。第三，在大量描述地貌的同时，对各地河流的分布和水文特征也有很详细的记述。游记中记载了江、河、溪、渎、涧等大小河流 500 多条，有发源地、流域面积、流速、含沙量和侵蚀作用等水文情况的描述。第四，书中记载了 150 多种植物，并对植物与地理环境的关系作了很多观察，取得了规律性的认识。除描述当地的自然情况外，他还十分注意人和环境之间的关系，注重观察人们改造和利用地理环境的各种活动，记录了大量人文地理的资料，对各地的文化古迹，尽可能作了描述记载，保留了文化景观和旅游地理的大量宝贵的历史资料。第五，《徐霞客游记》的文笔清丽新奇，记述精详真实，既是一部科学巨著，又是一部名副其实的文学游记，在文学史上也颇有影响。

徐霞客作为一介布衣，凭着一份执著和坚韧，攀险峰峻岭，涉幽谷深洞，实践了他"求索天地故，旅行大探险"的伟大壮举，完成了被后人誉为"世间真文字、大文字、奇文字"的《徐霞客游记》，不愧为"千古奇人"的称号。而《徐霞客游记》亦被称为"千古奇书"、"古今一大奇著"。英国的科技史专家李约瑟在其主编的《中国科学技术史》一书中评价道："他的游记读来并不像是 17 世纪的学者所写的东西，倒像是一部 20 世纪的野外勘察记录。"

杂采众家，兼出独见

——规模空前的明末农学巨著《农政全书》

《农政全书》是一部规模空前的明末农学巨著，基本上囊括了古代农业生产和人民生活的各个方面，是徐光启多年研究的结晶。徐光启出身农家，自幼即对农事极为关心。他的家乡上海徐家汇地处东南沿海，水灾和风灾频繁，这使他很早就对救灾救荒和兴修水利情有独钟。徐光启深受古人的"以农为本"思想的影响，因而在该书中始终贯穿着他的治国富民的"农政"思想。

《农政全书》共分 12 门（包括农本、田制、农事、水利、农器、树艺、蚕桑、蚕桑广类、种植、牧养、制造、荒政），每门又各分若干子目；共计 60 卷，70 余万言。徐光启生前，《农政全书》虽已编成，但未定稿。今本《农政全书》是经后人增删过的。书中大部分篇幅，是分类引录的历代和明朝当时有关农事的文献。但是他对前人的著述不是单纯选录，而是同时附有自己的独到评论。徐光启自己撰写的部分大都是在他亲自试验和观察所得到材料的基础上写成的，十分精辟，文字大约有 6 万字。

《农政全书》主要包括农政思想和农业技术两大方面，而农政思想约占全书一半以上的篇幅，这是前代农书所鲜见的。徐光启的农政思想主要表现在以下几个方面：① 用垦荒和发展水利的方法发展北方的农业生产。② 主张开展备荒、救荒等荒政。

徐光启的农业技术思想主要表现在以下几个方面：① 破除中国古代农学中的"唯风土论"思想。② 进一步提高南方的旱作技术，例如种麦避水湿，与蚕豆轮作等增产技术。③ 推广甘薯种植，总结栽培经验。④ 总结蝗虫灾害的发生规律和治蝗方法，记述白蜡虫生活习性和蝗虫生活史。此外，他还主张治水与治田相结合，提倡培育良种，注意选种等，并经过自己的亲身实践来证实理论的正确性。

前代农书，无论北魏贾思勰的《齐民要术》，还是元代王祯的《农书》，虽然都是以农本观念为中心思想，但重点在生产技术和知识，可说是纯技术性的农书。《农政全书》则如陈子龙所说：是"杂采众家"又"兼出独见"的著作，而时人对徐氏自著的文字评价甚高："人间或一引先生独得之言，则皆令人拍案叫绝。"（见刘献庭《广阳杂记》）。由此可见，《农政全书》在历史上的影响之大，价值之高，不愧为我国古代农业方面的百科全书。

惊人事业优"尧典"，绝世文章玩"系辞"
——宋应星与《天工开物》

宋应星博学多才，不但熟悉多种生产技术，对天文、音律以至哲学等都有精湛研究，因而是一位百科全书式的学者；所著《天工开物》堪称古代农业和手工业生产技术的百科全书，在我国乃至世界科学技术史上都占有重要地位。

《天工开物》共 3 卷，计有《乃粒》、《乃服》、《彰施》、《粹精》、《作咸》、《甘嗜》等 18 章。所述内容涉及农业和工业近 30 个生产部门的技术，几乎包括了社会全部生产领域。各章先后顺序的安排是根据"贵五谷而贱金玉"的原则作出的，体现了作者重农、重工和注重实学的思想。《天工开物》的可贵之处在于，书中记述了工农业生产中许多先进的科技成果，用技术数据给以定量的解说；同时提出一系列理论概念，这就使该书成为一部具有较高水平的科学技术著作。例如在农业方面,记有培育优良稻种和杂交蚕蛾的方法;在冶炼方面,有炼铁联合作业、灌钢、炼锌、铸钱、半永久泥型铸釜和失蜡铸造的方法,其中不少工艺至今仍在应用。如有名的王麻子、张小泉刀剪,就是使用了传统的"夹钢"、"贴钢"技术;在纺织方面,有用花机织龙袍、织罗的方法;在采矿方面,有排除煤矿瓦斯的方法等等。以上生产技术都是当时世界上首屈一指的,从书中出现的大量统计数字,如单位面积产量、油料作物出油率、秧田的移栽比、各种合金的配合比等来看,说明宋应星比较重视实验数据,因而他的著作在科学性方面是比较突出的。

宋应星以"天工开物"命名其书,旨在强调自然力(天工)与人工的配合、自然界的运动与人类活动的协调。处于明末资本主义萌芽时期的《天工开物》是对中国古代农业和工业生产技术系统而全面的总结,其所述范围之广为以往任何同类著作所不及,足可与西方文艺复兴时期G·阿格里科拉撰写的技术经典《矿冶全书》相媲美。

西学东渐

西学东渐是西方自然科学和人文学术向中国传播的历史过程。早期的西学东渐始于明末清初,传教士在传播基督教的同时,也传入大量科学技术,主要以对西方科学著作的翻译为主。鸦片战争后,面对侵略与不平等条约的签订,中国又一次出现向西方学习的新热潮。从洋务运动的"中学为体,西学为用",到民国时期"全盘西化"的思潮,中西方文化一直在激烈的冲突,可以说,这是科学技术史上突变与滞缓并行的时期,西方先进技术、思想的传入,极大加速了中国社会向近代社会的转型。

西学东渐第一师
——利玛窦及其学术传教路线

人们通常认为科学与宗教是对立的,其实,科学与宗教具有深刻的统一性。以实验和数学方法相结合为特征的近代科学传入中国,就是由利玛窦为代表的耶稣会士们揭开序幕的。

利玛窦(Matteo Ricci)生于意大利马切拉塔城,曾先后入罗马大学法学院和耶稣会的罗马学院读书,在拉丁文、哲学、数学、天文学和地理学等方面都有较深的造诣。

16世纪,正当西方近代科学革命开始兴起的时候,为了扩大教会在远东的势力,耶稣教总会开始委派传教士到东方传教。利玛窦受命于1582年抵达澳门,随后进入中国内地,相继在广东肇庆、韶州(今韶关)、南昌、南京等地传教。1601年谒见万历帝并获准在北京定居,直至1610年去世。

利玛窦从踏上中国国土直至进入北京共耗时18载,出生入死,历尽艰险。无数次的失败和成功,使他总结出了适应中国的"学术传教"路线。该路线除了合儒易佛、中文著述、和平传教、知识分子皈依之外,核心内容是以介绍西方近代科学作为传教手段。在利玛窦看来,近代科学乃西学精华,尤为中国所紧缺。介绍近代科学,既可以宣传西方文化、破除中国人的盲目自大,又可以亲近中国知识分子,获取信任,进而为传教张本。

伴随着学术传教活动,利玛窦等人为中国带来了大量新鲜的科学技术。首先,利玛窦和徐光启合译了《几何原本》前6卷。这不仅传播了西方最基础、最核心的几何学知识,而且输入了一种对中国传统思维方式极具冲击力的逻辑工具和证明方法;其次,他和人合作翻译或编写了《测量法义》、《国文算指》、《乾坤体义》等重要科学著作;第三,在中国制作和展览了浑天仪、天球仪、日晷、地球仪、千里镜、简平仪等天文仪器,以及自鸣钟、铁弦琴等有一定科技含量的物品,开阔了中国人的眼界;第四,在中国绘制和传播了带有中文注释的世界地图,改变了中国人的地理观。

利玛窦所创立的"学术传教"路线被耶稣会士广泛接受。伴随着耶稣会士在中国传教活动的开展,明末清初成为西方近代科学在中国传播的第一个高峰时期。据统计,自1582年利玛窦进入中国到18世纪20年代雍正帝宣布禁教期间,传教士的中文译著约有370种,其中科技著作120种左右。他们从西方带到中国未及翻译的科技原版著作数量更大。这一期间,科技传播的内容包括天文学、数学、物理学、解剖学、逻辑学以及水利、机械、建筑、采矿、科学仪器和兵器等技术。此外,传教士还积极参与了帮助中国编修历法、测绘中国地图、制造科学仪器和观象装置等活动。尽管引进科学并非传教士的本意,但所有这些传播活动毕竟从客观上帮助中国迈出了接受西方近代科学的第一步。

中西文化的交流与激烈冲撞

——清初历狱风云

1664 年 9 月～1665 年 4 月,中国发生了一起轰动全国、震惊西方的重大事件。官居钦天监正之职长达 20 年之久的德国传教士汤若望被清廷以邪说惑众、历法荒谬、潜谋造反等罪名,罢黜一切职务和衔号,与李祖白等中国钦天监官员一起被判"凌迟处死"的极刑。这就是中国近代史上著名的清初历狱案。

清初历狱案发生的原因十分复杂。它不仅是围绕耶稣会士传教活动的护教与反教之争,以及基于为顺治帝第四子荣亲王选择葬期的"正五行"与"洪范五行"的择日术之争;更重要的,它还是针对西方科学传入的中西历法之争。

鉴于明代沿用的"大统历"和"回回历"年久失修、误差巨大,1629 年,时任礼部尚书的徐光启受命主持修历。徐光启大胆聘用熟悉天文学的传教士入历局工作,编译、引进西文天文学理论;同时,制造仪器,观测天文,冲破保守派的重重阻挠,最终于 1635 年完成了长达 137 卷的《崇祯历书》。可惜,当崇祯帝决意于 1623 年颁行新法时,李自成起义军猛如卷席的攻势致使这项计划夭折。

清兵入关后,协助徐光启修历的汤若望适应清廷急需,将《崇祯历书》修订、增删并更名为《西洋历法新书》之后呈送顺治帝。于是,清廷立即颁行新法,定名为《时宪历》,并委以汤若望钦天监正要职。

《时宪历》保留了中国传统历法的一些内容,在计算和所列天文表上则完全依据了第谷体系,并系统介绍了托勒密、哥白尼、第谷等人的理论。因而,它基本上是一部西洋历法。《时宪历》虽远较《大统历》和《回回历》合理、精确,却遭到了保守派的激烈反对。

首先,被罢黜的原钦天监回回科旧臣吴明烜罗织罪名,接连上书诬告汤若望。经观象台测验后,吴被驳回,险遭绞刑。接着,徽州府新安县卫官杨光先自 1660 年起向汤若望频频发难。先是散发《辟邪论》、《拒西集》等文章,继而连续上疏《正国体呈稿》、《请诛邪教状》、《摘谬论》、《选择议》等,弹劾汤若望及其西教西法。在这些文章和奏章里,杨光先就汤所修历法封面题有

"依西洋新法"字样和汤等人为荣亲王安葬择日非时两件事大做文章,攻讦前者为暗窃中国正朔之权予西洋、后者为误用"洪范五行",居心险恶。杨光先甚至还提出,依"光先之愚见,宁可使中夏无好历法,不可使中夏有西洋人",对西洋历法的仇恨与攻击达到了无以复加的地步。

在康熙帝幼年(8 岁)继位、鳌拜辅政弄权的特定历史条件下,杨光先终于阴谋得逞,清廷严办了汤若望等人,杨光先取而代之受命为钦天监正。然而,由于杨"只知历理,不知历数",妄自尊大,固守"尧舜历法",又无步算家相助,所修历书屡屡出错。于是,康熙亲政后,在传教士南怀仁等人的推动下,下令以观象台实际测验反复比较新旧历法。新法绝对优于旧法真相大明后,绵亘多年、牵连广泛的清初历狱案终获平反。最后以杨光先革职遣返原籍、南怀仁出任钦天监正、康熙帝为汤若望恢复封号并亲撰祭文等而告终。

洋务派的技术引进
——江南制造总局的辉煌

洋务运动,既是一场富国强兵的实业运动,也是一场西方科技的大规模传播运动。通过翻译书刊、创建学校和派遣留学生等途径,广泛引进和传播了适应当时军用和民用的科学技术。洋务派的科技传播不论是规模、速度上,还是在效果上,都超过了明清之际传教士的科技传播。在整个洋务运动的科技传播事业中,江南制造总局的军工及其翻译活动,无疑是辉煌的一页。

江南制造总局是由曾国藩和李鸿章于 1865 年在上海创办的。两年后,乔迁新址,并迅速得到了扩大。李鸿章认为:"……中国欲自强,则莫如学习外国利器;欲学习外国利器,则莫如觅制器之器,师其法,而不必尽用其人。"因此,他决心把江南制造总局建成能够制造机器的工厂。为此,容闳受命专程赴美购买了 100 多台机器;同时,局内技术人员详考图说,以点线面体之法,求方圆平直之用,就厂中洋器,以母生子,触类旁通,造成车床、钻床、刨床、锅炉、蒸汽机、大型熔铜熔铁炉以及制造枪炮的设备等百余种机器。短短几年内就顺利实现了李鸿章将江南制造总局建成能造机器的机器厂的战略目标。该局运用自己制造出的机器,不仅造出了载重 2 800 吨的暗轮兵船,开创了我国的近代造船业,而且先后制成各种型号的枪炮、水雷、弹药和火药等。经过数年建设,江南制造总局辖机器厂、木工厂、铸铜铁厂、熟铁厂、锅炉厂、轮船厂、枪炮厂、水雷厂、子弹厂和火药厂等 10 余处分厂以及船坞、库房、煤栈、工程处、公务厅、文案房、翻译馆、广方言馆等多种管理机关和附设机构,成为晚清乃至远东的一流军工大厂。

　　江南机器制造局的另一项重大贡献是成立翻译馆,译出了一大批高质量的科技书籍。在科学家徐寿的倡议下,江南制造总局于 1868 年正式成立翻译馆,开创了我国由官方设置机构、组织人力,大规模译书的先例。馆内译员约有 59 人,其中外国学者有傅兰雅、林乐知、金楷理等 9 人,中国学者有徐寿、华蘅芳、舒高第、赵元益、徐建寅等 50 人。外国学者中,英国传教士傅兰雅在译馆供职 28 年,不仅译书质量高,数量大,而且在订购原版图书、制订译书计划、销售图书和确立译书规则等方面亦有卓著大功。中国学者中徐寿不仅是机器、轮船和枪炮制造方面的技术主帅,也是译馆的领军人物。他率徐建寅、徐华封、徐家堡等子孙三代五人参与译事,在近半个世纪里,共译、著、校图书 102 部,约 740 余万字。尤为难得的是,徐寿在译书的过程中还参照西书做实验,独立进行科学研究,并取得了骄人的成绩。例如,他在翻译英国皇家学会会员、著名物理学家丁铎尔的《声学》一书时,用开口铜管做试验,发现相差 8 度的音里只能在管长为 4 比 9 时奏出。这一点既不同于丁铎尔的观点,也不同于中国古代的律吕定则。傅兰雅将徐寿的这一发现写信向英国科学界进行了报道,《自然》杂志以《声学在中国》为题全文发表了傅兰雅的报道并在编者按中盛赞:“我们看到,一个古老定律的现代科学修正,已由中国人独立解决了,而且是用那么简单原始的器材证明的。”

　　翻译馆译书所采用的方法是洋人口述,华人笔录和文字润色,双方反复推敲、切磋后定稿。原版书选择的程序是,先由洋人提供书目,再由政府有关大臣和制造局总管圈定。译馆自 1871 年开张到 90 年代初停办,共译书 143 种,凡 359 册。其中译出未刊者 45 种,凡 124 册。译书内容包括兵学、工艺、兵制、医学、矿学、农学、化学、算学、交涉、史志、船政等。其中,工艺、兵学、船政、工程和矿学等技术、工程类图书占了很大比重。在所译科技书籍中,以化学方面成就最大:《化学分原》、《化学考质》、《化学鉴原》及其续编和补编等多为名人名著,涵盖化学各分支,全面系统,内容有一定的前沿性。

馆内所有译书不仅版本选择精湛，而且译名规范、文笔流畅。上述情况，使江南制造总局翻译馆较之同期其他译书馆远胜一筹，成为全国译书重镇。

该馆的科技书籍使近代科学各学科的基本知识第一次较系统地进入中国，对中国的社会进程发生了多方面的影响。哺育了中国第一代科技工作者，为中国的近代科学的体制化奠定了基础；通过载入梁启超、徐维等人编的西学书目，许多书广为流传，更新了长期受儒学束缚的中国人的天地观、宇宙观、自然观、知识观、社会观；康有为、梁启超、谭嗣同等维新人士和鲁迅等思想文化界名人都如饥似渴地从译书中汲取营养，启迪和丰富了维新、改造国民等方面的思想；为各地雨后春笋般建立的新式学堂、书院的教材、教学方法和教育制度的更新等提供了条件；为军工生产、工业生产和海防、海军建设等提供了非常实用的工具书；使中国的农事、工程、加工制作和家庭日用等开始向奠定在科学技术基础之上的目标迈出了步伐。此外，有些书流传到国外，对一些国家的近代化尤其日本的明治维新发生了积极影响。针对上述情况，梁启超在总结洋务运动的历史时指出："这一时期，其中最可纪念的是制造局里头译出几部科学书。这些现在看起来虽然很陈旧很肤浅，但那群翻译的人，有几位忠于学问的，他们在那个时代，能够有这样的作品，其实是亏他。因为那个时候读书人都不说外国话，说外国话的人都不读书。所以这几部书，实在是替那第二期的'不懂外国话的西学家'开出一条血路了。"

诚然，由于受政府的掣肘，江南机器制造局的翻译活动过分强调为军工生产和洋务急用服务，没有把立足点放到全面引进西方近代科学，为培养中国的科技人才、发展中国的科技事业服务上来，因而，在译书的范围、译员的遴选和译馆的长期建设等方面，都表现出了一定的局限性。

维新时期的科技体制萌芽
——"学会热"与"癸卯学制"

1894 年的中日甲午之战使知识界认识到，洋务派单纯依赖技术引进的路子走不通，必须重新考虑富国强民的方略。旋即，维新派提出了以制度变革为核心的救国方案。建立学会、培育科技体制等是其有机组成部分。

1. 科技学会大量涌现。在甲午战争的刺激下，中国人对近代科学爆发了空前高涨的学习热情。据统计,广学会的图书销售额一路攀升,4年内增长9倍。其中,不少科技图书印数逾万册,一套科技类《西学富强丛书》,竟包含图书203种;建立报馆,创办大批科技报刊,如《农学报》、《算学报》和《格致新报》;不少非科技类报刊还辟有科技专栏。科技热进一步引发了科技"学会热"。1896年,梁启超发表《论学会》一文倡导学会:"今欲振中国,在广人才;欲广人才,在学会。"一时间,各行各业的学会如雨后春笋般成立。

2. 科技教育体制化。在维新思潮的推动下,各地新式学堂纷纷成立。清政府于1904年1月颁发了《奏定学堂章程》,规定整个学制为三段六级:初级教育(初小、高小)9年;中等教育(含中学堂级)5年;高等教育(含大学预科、大学堂、通儒堂三级)11～12年。另设各类实业学堂、师范学堂等与高等小学堂、中学堂和高等学堂平行。此外,初级教育阶段,算术、格致为主课;中等教育阶段,须设算学、地理、博物、理化等;高等教育阶段设有格致科大学和工科大学。该学制被称为"癸卯学制",它使科技教育第一次全面纳入中国教育体制,影响极为深远。

3. 科技翻译体制化。在颁行"癸卯学制"的过程中,以日译为主的科技翻译得以体制化。当时,各地成立了大批译馆,译书也得以有计划地进行。大批日本官方审定的教材被系统译成中文。如1902～1911年,仅化学各级各类教材就译出83种。较之洋务运动英文科技翻译,日文科技翻译有以下特点:① 量大、面广。教材译本不仅数理化、天地生、工农医等学科齐全,而且每一学科都有数种甚至数十种之多;② 内容新。基本上达到西方同期同类教材的知识水平;③ 质量高。不仅废弃了洋人口述、华人笔录的翻译方式,而且由于华人熟悉日文,并大量借用日语中的的汉字名,因而术语规范,表达准确。④ 发行面广。从城市到农村,发行到全国各级各类学堂。总之,日译科技图书使得近代科技知识在中国得到了空前的普及。

4. 留学教育体制化。当时,中国的留学教育也开始走向体制化和规范化。清政府于1903年颁发了《鼓励游学毕业生章程》,规定留学生回国后,可授予功名及官职;紧接着,1905年又宣布废除科举制度,于是引发了留学高潮。据统计,1896年留日学生13人,1903年增至1 300人,1906年已达12 000人。至于向美国派遣留学生,中美两国作了一系列制度规定:以庚子赔款作为专款,自1909年起通过选拔考试,前4年每年至少选派100名,第五年始每年至少派 50 名；所派学生 80％学农、工、商和矿业，20％学法、政、经和师范。1911 年清廷又用庚子赔款创办了清华学堂作为留美预备学校，学制为 8 年，分高等、中等两级。在上述制度安排下，留美计划取得巨大成功。绝大部分留美学生获学士以上学位，其中一大批成长为知名科学家。

在戊戌维新和辛亥革命浪潮的推动下，科技学会的大量涌现，科技教育纳入国民教育体系、科技翻译和留学教育的大规模开展等，标志着近代科学在中国传播深度和广度的快速发展；同时也标志着中国建立专门科研机构、从事独立科学研究、实现科学体制化的时机正在走向成熟。

新文化运动中的科学启蒙
——"十字真言"与"科玄论战"

基于唤醒民众的诉求，自 1915 年兴起的新文化运动始终把科学启蒙作为文化启蒙的核心内容之一。科学启蒙的实质是向国民进行科学精神、科学方法以及科学与社会关系的宣传。在科学启蒙这出轰轰烈烈的大戏中，胡适"十字真言"的推广与科玄论战中关于科学方法的宣传是十分精彩的两幕。

1. 胡适及其"十字真言"。新文化运动的领袖之一胡适认为，科学的本质在于方法，而科学方法则可概括为"十字真言"：大胆地假设，小心地求证。他在学术研究中努力贯彻所谓"十字真言"，并作为范例推广。他所提供的范例中有较大影响的有：《水经注》剽窃案研究、禅宗史研究、《红楼梦》和《醒世姻缘传》作者考证等。按照"十字真言"，学术研究首先发现问题，然后就解决方案大胆提出假设。假设可以各式各样，关键是找到既有力又充分的证据，让人心服口服。例如，长篇小说《醒世姻缘传》讲了一个老婆虐待丈夫的故事。老婆为何虐待丈夫？因为丈夫前世曾经虐待老婆。小说宣扬今世被虐待的人是前世的虐待者，婚姻是前世的姻缘。这是迷信，但有劝善作用。关于作者"西周生"究竟是谁，胡适提出假设。他认为是蒲松龄，其证据为：①《聊斋志异》中的短篇小说《江城》与《醒世姻缘传》故事情节相仿；②新发现的一部蒲松龄白话戏曲系由《江城》改编，用的也是与《醒世姻缘传》相同的临淄方言。胡适将自己的结论搁置了五年之久，一经发表，学界立刻好评如潮。后来，胡适的一位广西学生写信告诉他，乾隆时代刻书人鲍廷博曾说过,除《聊斋志异》外,蒲松龄还写过一部《醒世姻缘传》,从而为胡适的假设提供了直接证据。胡适的"十字真言"尊重事实,鼓吹探讨,实现了归纳与演绎的结合,有其合理性;但他将复杂的科学方法仅仅视为假设与求证,进而又把求证简单归结为寻求例证,是其弊端。不过,胡适对"十字真言"的追求在客观上对科学方法起到了一定的宣传、推广作用。

2.科玄论战与科学方法的宣传。1923年2月,北京大学教授张君劢在清华大学为即将赴美的留学生做了一场关于人生观问题的演讲。演讲中,张君劢提出:人生观的特点在于它是主观的、直觉的、综合的、意志自由的和单一的;因此,对人生观的解决科学无能为力,只能依靠人自身、依靠哲学思考即玄学来解决。针对这一观点,地质学家丁文江撰文批判说:科学不仅完全能解决人生观问题,而且当今人类最大的责任就是要把科学方法应用到人生观中去。接着张君劢著文反驳,这样一辩一驳,引发了一场全国性的科玄大论战。其实,两派的观点都存在片面性。科学与人生观的关系既不是玄学派所说的"科学无能为力",也不是科学派所说的"科学完全能解决";而应是:科学对形成人生观有一定作用,但哲学、信仰、文化传统等方面的作用更根本。这场争论涉及对科学方法的理解问题,所以客观上起到了宣传和普及科学方法的作用。

总之,科学启蒙中对科学方法的宣传有力地促进了中国人对科学方法的理解与运用,为科学在中国的体制化奠定了一定思想基础。不过,当时思想界主流对科学和科学方法的盲目崇拜已经蜕变为一股科学主义的暗流。

雄狮初醒

新中国成立后,中国的科学技术在旧中国一穷二白的"废墟"上开始了重建。政府通过完善科技体制、大力培养科技人才、建立创新体系、引进先进技术等措施,迅速缩小着同世界科技强国之间的距离。然而,随后的十年浩劫又给我国科技事业带来巨大灾难,科技管理陷入瘫痪,科技机构肢解撤销,科研人员惨遭迫害,科技发展停滞不前,尽管如此,中国科学技术工作者还是在极为困难的条件下取得了一系列的重要成就,在我国科技发展史上写下了浓墨重彩的一笔。

中国科学技术的新纪元

——中国科学院的建立

中华人民共和国成立后一个月之后，1949 年 11 月 1 日，在原设在南京的中央研究院和设在北京的北平研究院合并的基础上，重新组建了中国科学院，院部设在北京，著名历史学家郭沫若出任首任院长。

抗日战争期间，中国共产党在延安曾经建立了自然科学院。以后随着解放区的扩大，相继出现了东北工业研究院、大连化学科学研究所等一批满足战争需求的科研院所。国民党统治区由于政治腐败，轻视科学技术事业，导致一部分科学工作者投身解放区，一部分则流亡海外。全国解放时，现代科学技术在旧中国几乎是一片空白。新中国诞生后，国家建设百业待举，困难重重，此时更加需要科学技术事业的复兴来推动各个领域的发展。中国科学院应运而生，成为国家设立的科学技术方面最高学术机构和全国自然科学与高新技术综合研究发展中心。

最初，中科院设有近代史、考古、语言、社会、近代物理、有机化学、水生生物、植物分类等研究所。随后，心理、地理、数学等三所也建立起来；还有紫金山天文台、一个工程实验馆、一个地质陈列馆和一个古生物陈列馆陆续建立。1955 年 6 月成立中国科学院学部，将全国的优秀科学家紧密地团结在一起，确立了中国科学院学术中心的地位。到 1966 年，中科院发展成在北京和全国众多城市与地区拥有 120 个研究所的庞大组织，科技人员有 2.5 万左右，1985 年时增至 5.8 万。中国科学院的专门委员会，是全国科学研究方面的最高学术评议机构。这些专门委员会的委员也作为科学院的学术顾问，参与讨论科学院研究计划、执行过程、工作报告、重要人员的聘任与升级等。中国科学院有一整套按照国民经济发展计划制定的研究计划，并通过专门委员会来负责国内重大发现和发明的审核，还在与国际合作方面起着最主要的联系和推动作用。所办《科学通报》和《中国科学》等是报道和交流国外重大科学成就、发表和报道国内重大科技研究成果的最重要的刊物。经过集体的努力，中国科学院在调整科学研究机构、发展科学研究规模、组织科学研究队伍、促进科研为生产服务方面作出了巨大贡献，对中国国民经济的恢复和发展起到了重要推动作用。

计划科学体制的确立

——《十二年科学规划》

1956 年,国务院成立国家技术委员会和科学规划委员会,这是政府管理科学技术的中心机构。这一年,科学规划委员会组织了 600 多名科学家和技术专家,在前苏联专家的协助下制定了《1956～1967 年全国科学技术发展远景规划》,以卜简称《十二年科学规划》。这是中国编制的第一个科学技术发展规划,标志着计划科学体制的确立。

《十二年科学规划》是中国走前苏联社会主义计划经济道路的产物。该计划通过研究分析世界科学技术的现状和发展趋势,确定了原子能、无线电电子学、自动化和遥控、石油和稀有矿藏勘探、公共卫生、基础科学等共 57 项重点科学技术任务。1957 年,实施科学技术发展规划的工作在前苏联专家合作的情况下进展顺利。1958 年"大跃进"期间中央科学小组和科学规划委员会在向中央递交科技发展规划检查报告时,提出试图提前 5 年完成1956～1967 年全国科学技术发展远景规划的指标,赶上和超过世界的先进科学技术水平。但是由于中国共产党和前苏联共产党之间的分歧公开化,前苏联撕毁了同中国签订的技术协定,1 个月内撤走了在中国教育和科技部门工作的所有专家。许多项目的研究受到了冲击,只是在预定时期内基本上完成了大部分规划的目标。60 年代初,中国的科学技术都是在自力更生的基础上发展起来的。特别是在发展同军事有关的电子技术、自动化、半导体、喷气推进、核技术等五项尖端技术方面采取了一些紧急措施,以保证完成规划指标。面对当时的环境,原来的十年发展规划不得不进行调整。在 1962～1963 年期间,中央科学小组和国家科学技术委员会又制定了《1963～1972 年科学技术发展规划纲要》,这是在自力更生前提下对原有项目的重新审定和调整。

在当时特定背景下,《十二年科学规划》发挥了重大的历史作用。它体现了中共中央和国务院发展科学技术的方针政策和进行社会主义建设的需要;指明了中国科学技术的发展方向,正确处理了当前和长远、理论和实际、重点和一般任务的关系问题;提出了实施规划所需要的人才培养、基地建设等措施;指导了全国各个科学技术机构、高等院校的研究工作;促进了国民经济各部门的技术水平的提高等等。

《十二年科学规划》为中国科学的计划体制奠定了基础。然而实践证明，完全的计划体制限制了科学的自由发展。忽视了市场的导向作用，特别是大跃进时期的冒进违反了科学发展的规律，违背了科学特有的精神气质。因此，对《十二年科学规划》的局限性也应当有一个清醒的估价。

攀登世界科学高峰
——"两弹一星"扬国威

1964年10月16日，中国第一颗原子弹爆炸成功。三年后，中国第一颗氢弹空爆实验成功。1970年，中国第一颗人造卫星发射成功。一曲响彻环宇的"东方红"向世界庄严宣告：中国掌握了人造卫星的空间技术。"两弹一星"的成功是中华人民共和国历史上最光辉的一页，是中国人民在现代化征程中最伟大的创造。

"两弹一星"战略决策是以毛泽东同志为核心的第一代党中央领导集体出于保卫国家安全、维护世界和平而作出的英明决断。新生的人民共和国从战争废墟上刚刚站立起来就面临着严峻的国际局势：军备竞赛激烈展开；麦克阿瑟甚至扬言要在中朝边境建立"核辐射带"；美国同蒋介石签订《共同防务条约》，提出假如台湾海峡安全受到威胁，他们有权使用原子弹；1958年5月，前苏联第一颗人造卫星上天。严峻的现实迫使新中国的领导人不得不考虑研制自己的原子弹。然而新中国并没有成熟的技术和充足的资金，苏方又撤走所有在华专家，研制"两弹一星"的条件显然不具备，历史注定了中国的尖端科技事业只能走自力更生、艰苦奋斗之路。尽管1960年中国自己设计研制的第一枚液体火箭的飞行高度仅有8千米，但正是这8千米的距离，为后来的卫星上天开辟了道路，使中国在奔向太空的漫漫远征路上，迈出了关键一步。大批优秀的科技工作者，包括许多在国外已经有杰出成就的科学家，怀着对新中国的满腔热爱，响应党和国家的召唤，义无反顾地投身到这一神圣而伟大的事业中来，他们中间的许多专家后来成了"两弹一星"事业的奠基者和带头人。他们在当时国家经济落后、技术基础薄弱和工作条件十分艰苦的情况下，自力更生，发愤图强，大力协同，无私奉献，勇于攀登；完全依靠自己的力量，用较少的投入和较短的时间，突破了原子弹、氢弹和人造地球卫星等尖端技术,取得了举世瞩目的辉煌成就。

"两弹一星"的成功研制,使在过去的 100 多年间曾经饱受西方坚船利炮欺凌的中国人看到了民族振兴的希望,看到了祖国远大的前景。同时在当时的国际国内形势下,"两弹一星"抢占了科技制高点,增强了我国科技实力和国防实力,奠定了我国在国际舞台上的重要地位。正如邓小平同志所指出的,"如果 20 世纪 60 年代以来,中国没有原子弹、氢弹,没有发射卫星,中国就不能叫有重要影响的大国,就没有现在这样的国际地位。这些东西反映一个民族的能力,也是一个民族、一个国家兴旺发达的标志。"

生命科学史上的里程碑
——牛胰岛素的人工合成

从 1955 年英国科学家桑格尔(F. Sanger)阐明胰岛素的分子组成和结构后,各国科学家都开展了胰岛素人工合成的探索。直到 1958 年英国《自然》杂志还断言"人工合成胰岛素在相当长时间里未必会实现。"然而仅隔 7 年,我国获得了世界上第一例全合成的、与天然产物性质完全相同的、有生物活性的蛋白质。可见,在这场世界性的科学竞赛中,中国科学家领先了。人工合成牛胰岛素的成功,标志着我国科技工作者在世界上率先登上人工合成生物大分子的顶峰,为我国蛋白质的基础研究和实际应用开辟了广阔的前景。

人和动物胰脏内有一种岛形细胞,分泌出的激素叫胰岛素,是蛋白质的一种,它的分子量接近 6 000,具有降低血糖和调节体内糖类代谢的功能。胰岛素分子由 A、B 两条链组成,A 链有 21 个氨基酸,两条链通过两个二硫键连在一起。胰岛素分子还具有空间结构,不仅它的肽链能在空间中有规律地折叠,还可以整齐地排列起来形成肉眼可见的结晶体。人工合成胰岛素,首先要把氨基酸按照一定的顺序联结起来,组成 A 链、B 链,然后再把A、B 两链连在一起,这是一件复杂而艰巨的事情。1958 年 12 月中国科学院上海分院组成一支强有力的科研队伍,联合攻关。中科院上海有机化学研究所和北京大学化学系负责合成 A 链,中科院生物化学研究所负责合成 B链。1960 年底完成了 A 链氨端五肽、羧端九肽、十二肽及十六肽的合成。国内三年困难时期影响了研究工作进程,直到 1964 年,人工合成了 A 链,并与天然的 B 链通过氧化联结，获得半合成产物，为实现人工全合成胰岛素积累了经验。在经历了 600 多次失败之后，经过近 200 步合成，世界上首批用人工方法合成的牛胰岛素晶体，终于诞生了。国家科委先后两次组织著名科学家进行科学鉴定，证明人工合成牛胰岛素具有与天然牛胰岛素相同的生物活力和结晶形状。10 多年来，这项成果经受了长期实践的检验，证明数据完整可靠，可以重复。

牛胰岛素的人工合成，标志着人类在认识生命，探索生命奥秘的征途中，开始了用人工合成方法来研究蛋白质结构与功能的新阶段，推动了我国乃至全世界胰岛素分子空间结构的研究和胰岛素作用原理的研究，使我国的胰岛素研究形成了独具特色的体系，并培养了一批优秀的蛋白质和多肽的研究人才。同时，它也是我国自然科学基础研究的重大成就，是迄今为止我国少数几项达到诺贝尔奖获奖水平的国际一流成果。

科技适应国家需要的成功范例
——大庆油田的发现与建设

1949 年，年轻的共和国百废待兴，蓬勃发展的国民经济迫切期待石油自给自足。摆在国人面前的石油基础是如此薄弱，全国只有玉门老君庙等 3 个小油田以及四川圣灯山、石油沟 2 个小气田。全国年产石油仅 12 万吨，靠的是西方"洋油"艰难度日。

20 世纪 50 年代以前，我国东北、华北、西北广大地区属于被"权威"地质理论断定的无油或贫油陆相地层，所以绝大多数外国学者对我国油气储量持悲观态度。20 世纪从 40 年代开始，根据西北、四川存在油气流的事实，中国的地质学家反复论证了东北松辽平原具有油气储藏的预测。党中央、国务院果断作出"石油勘探重点由西部向东部大转移"的战略决策，松辽盆地成为重点"突出方向"。1953 年，著名地质学家李四光基于他创立的地质力学理论和对中国地质的深入考察，指出我国是有丰富油气资源的国家，建议从华北平原和松辽平原开始寻找油田。经过 3 年的普查，首先发现了许多有利于证明松辽盆地蕴藏油气的证据。

1959 年 4 月 11 日，32 118 钻井队开钻松基三井。当钻至 1 400 多米时，录井资料中发现了良好的油气显示，当时的石油部副部长康世恩立即指示进行电测和井壁取芯。两天后,电测资料和井壁油砂送至康世恩和同行的前苏联专家处。康世恩没有听从前苏联专家将井打到 3 200 米基准地层的建议,而是果断下令提前完钻,立即转入试油。终于在 1959 年 9 月 26 日上午,在黑龙江省肇州县大同镇附近,"松基三井"钻出了工业油源。此时恰逢新中国成立 10 周年前夕,为了纪念这个在祖国工业史上值得大庆的日子,大同镇被改名为"大庆",整个待开发的储油构造带圈定的油田被命名为"大庆油田"。1960 年初,党中央批准石油部调集数万职工和解放军转业官兵会师大庆,展开了石油大会战,经过 3 年时间就建成了具有世界先进水平的年产 5 000 多万吨的大油田。到 1963 年 12 月,周恩来总理终于可以自豪地宣布:中国需要的石油,现在已经可以基本自给了,中国人民使用"洋油"的时代,即将一去不复返了!

大庆油田作为科技适应国家需要的成功典范,为中国石油工业的发展提供了宝贵的经验。只有站在历史的高度、政治的高度、全局的高度,才能真正理解它。大庆油田的发现适应了当时历史的需要,是对当时所谓"中国贫油论"的有力回击;从政治的高度看,有力地说明了政府决策的英明,充分展示了中国人民的自力更生;从全局的高度来考虑,大庆油田的发现为国民经济各部门的发展提供了资源保障,为生产的发展提供了能源动力。

"文革"中围绕科技工作的激烈斗争
——科技工作整顿与《科学院工作汇报提纲》

1975 年,邓小平受周总理委托主持国务院工作,大刀阔斧地进行治理整顿,内容包括一系列关于科技问题的指示和中国科学院的整顿。尽管时间很短,但仍被科技界称为"冬天里的春天"。

邓小平派胡耀邦、李昌进驻中国科学院,提出整顿工作中以毛主席的"学习理论,反修防修;安定团结;把国民经济搞上去"为纲。经过多方面调研,胡耀邦等在《科学院工作汇报提纲》(以下简称《汇报提纲》)中从六个方面提出了整顿中国科学院的意见。肯定了新中国成立以来科技战线的成绩;建议将原国家科委的工作从中科院划出去;对毛泽东提出的科技战线的具体路线问题力求完全理解;提出了关于科技战线知识分子的政策问题;就科技十年规划的初步设想提出了五个方面以及科学院院部和直属单位的整顿问题的探索等等。1975 年 9 月 26 日,邓小平主持的国务院会议讨论并基本通过了《汇报提纲》。鉴于当时的特殊形势,受邓小平的委托,胡乔木对提纲作了修改,并将原题目《关于科技工作的几个问题》改为《科学院工作汇报提纲》。修改后,其内容分为三部分:① 中国科学院科研工作的方向任务;② 全面贯彻执行毛主席的革命科学技术路线;③ 关于科学院的整顿问题。然而,1975 年 9 月间,毛泽东听信毛远新的"进言",认为邓小平是"要算文化大革命的账"。11 月初,中央又传达毛泽东的指示:认为清华大学刘冰等控告谢静宜和迟群的信,矛头是指向他的;邓小平偏袒刘冰,是两条路线斗争的反映。"批邓、反击右倾翻案风"的运动由此开始了。"四人帮"把《论全党全国各项工作的总纲》、《科学院工作汇报提纲》和《关于加快工业发展的若干问题》三个文件诬指为全面复辟资本主义的"三株大毒草",组织了一场全国性的大批判。

科技工作整顿和《汇报提纲》体现了"文革"中围绕科技工作所展开的激烈斗争。《汇报提纲》的提出极大地鼓舞和调动了科技工作者和全国人民的积极性,反映了广大科技人员和科技领导干部要求从理论上明辨是非的心声。尽管《汇报提纲》在"四人帮"掀起的"批邓、反击右倾翻案风"运动中受到了严厉批判,致使其中正确的意见和措施没有得到贯彻,但毕竟为后来的拨乱反正以及恢复正确的科技政策,打下了良好的基础。

第二次绿色革命
——"养活整个世界"的杂交水稻技术

"21 世纪谁来养活中国?"由于人多地少、人口增长以及耕地消耗等原因,上世纪曾有国外经济学家如此发问,并引起西方国家的极大关注。但袁隆平发明的杂交水稻,已为这一世界性的疑问找到答案。他的成果不仅在很大程度上解决了中国人的吃饭问题,而且也被认为是解决世界性饥饿问题的法宝。国际上甚至把杂交水稻当做中国继四大发明之后的第五大发明,并称其为"第二次绿色革命"。

袁隆平,生于 1930 年 9 月 7 日,中国工程院院士,现任国家杂交水稻工作技术中心暨湖南杂交水稻研究中心主任、湖南省政协副主席。他不仅是中国杂交水稻研究的创始人,而且也是世界上成功利用水稻杂交优势的第一人。杂种优势是生物界普遍现象,利用杂种优势提高农作物产量和品质是现代农业科学的主要成就之一。杂交水稻原指水稻的杂交育种,但现今一般意义指的是两个在遗传上有一定差异,优良性状又能互补的水稻品种进行杂交而得到的具有杂种优势的第一代杂交种。

袁隆平研究杂交水稻的设想源于1960年发生的一场全国性大饥荒,当时,还在湖南省安江农校教书的他面对着饥饿的威胁,立志从事水稻雄性不育试验,试图用农业科学技术击败灾荒。然而,水稻作物雌雄同花的难题,却像一座大山一样挡住了他研究之路。当时,国际上有专家断言:像水稻这样一朵花结一粒种子的"单颖果作物",必然制种困难,不适于生产应用。可是,袁隆平没有被困难吓倒,在1964年到1965年两年的水稻开花季节里,他为了寻找雄性不育系,每天头顶烈日、脚踩烂泥在稻田里观察,最后终于找到6棵天然雄性不育的植株,精心培养后采收了自然授粉的第一代雄性不育种子。随后的几年中,袁隆平和他的同事们开始了漫长的大地杂交育种试验,他们先后用了1 000多个品种,进行了3 000多个组合,却仍然没有培育出不育株率和不育度都达到100%的不育系来。于是,又经过漫长的八年时间,袁隆平总结经验、教训,艰难地渡过五关——提高雄性不育率关、三系配套关、育性稳定关、杂交优势关、繁殖制种关,于1974年成功配制种子,并组织了优势鉴定。

1975年冬,国务院作出了迅速扩大试种和大量推广杂交水稻的决定,国家投入了大量人力、物力、财力,一年三代地进行繁殖制种,以最快的速度推广,十几亿人口的吃饭问题就这样迎刃而解。有位中国农民说:吃饭靠"两平",一靠邓小平(责任制),二靠袁隆平(杂交稻)。这朴素的话语也从一个侧面展示了此项技术所带来巨大的经济效益和社会效益。

在国家的支持与指导下,中国杂交水稻早已走出国门,正针对全球特别是发展中国家的缺粮问题发挥着重要作用。东南亚、南亚、南美、非洲等几十个国家和地区通过研究或引种杂交水稻,粮食增产十分明显,其中,越南引进了我国的种子后,已一跃成为世界第二大粮食出口国。目前,包括美国在内的一些先进国家也引进了杂交水稻。在中国的高新技术中,能在国际上长期居领导地位的屈指可数,杂交水稻便是其一。国际水稻研究所所长、印度前农业部长斯瓦米纳森博士曾高度评价道:"我们把袁隆平先生称为

'杂交水稻之父'，因为他的成就不仅是中国的骄傲，也是世界的骄傲，他的成就给人类带来了福音。"从一个山村中等农校的青年教师，成长为举止瞩目的名人，也许袁隆平一直赞成的公式可以解释他的成功，那就是"知识＋汗水＋灵感＋机遇＝成功"。

近些年，转基因食品的安全问题备受关注，许多人甚至望文生义的认为杂交水稻也是转基因食品。其实，两者有着根本的不同。转基因技术是运用科学手段从某种生物体中提取所需要的基因，将其转入另一种生物中；而杂交水稻是在同属、同科内，基因型不同的个体之间的交配。对于转基因技术，袁隆平也谨慎的发表了自己的看法：转基因的研究要积极，但应用要慎重。

目前，全世界种植水稻的国家有110多个，除我国外，全球每年水稻种植面积有 1.1 亿公顷，而国外杂交水稻的推广面积目前尚不足 2％，因此，未来发展空间非常大。所以，被誉为"东方魔稻"的杂交水稻将会在世界舞台上继续发挥着它巨大的作用。

大鹏展翅

改革开放的到来预示着中国科技事业由乱到治，由衰到兴，迎来了新的春天。"科学技术是第一生产力"的论断，成为新中国科技发展史上的又一个里程碑。随后，一系列科技规划的制定和实施，为新时期中国科技事业的发展奠定了良好基础。在党和政府的高度重视与广大科技工作者的不懈努力下，中国的科技事业蓬勃发展，科技实力持续增强，取得了一系列举世瞩目的科研成就，为社会主义现代化和创新型国家建设注入了强大的动力。

科学的春天
——盛况空前的全国科学大会

"文化大革命"10 年间，在"左"倾科技政策占主导地位的情况下，中国科技事业备受摧残，科技发展基本上处于停滞状态。"文革"结束后，尤其是全国科学大会的召开，纠正了长期以来轻视科学技术的倾向，彻底解除了知识分子的精神枷锁，恰如春雷一般给渴望平反的科技工作者送去了信任的甘霖。

1977 年 9 月 18 日,中共中央发出《关于召开全国科学大会的通知》,决定来年春天在北京召开全国科学大会。在半年的筹备过程中,各省、自治区、直辖市着手恢复整顿科研机构和落实知识分子政策;各部门、各行业纷纷举办科技展览和学术交流活动,检阅成果,安排规划;国务院各部门、各省市以及基层单位表彰了大批先进个人和先进集体,评议推荐了 7 000 多项国家级优秀科技成果。同时,全国 29 个省、自治区、直辖市以及中央直属机关、中国人民解放军和国防科研部门共推选了 5 586 名代表,组成 32 个代表团出席全国科学大会。1978 年 3 月 18 日,全国科学大会在北京隆重开幕。邓小平在开幕式上发表了具有划时代意义的重要讲话。首先,他提出了关系到中国现代化前途的战略决策,即"在 20 世纪内,全面实现农业、工业、国防和科学技术的现代化,把我们的国家建设成为社会主义现代化强国,是我国人民肩负的伟大历史使命。"接着,又论证了三个方面的问题。第一,对科学技术是生产力的认识问题。第二,关于建设宏大的又红又专的科技队伍。第三,怎样在科研部门实现党委领导下的所长负责制。邓小平的这篇讲话,道出了千百万知识分子的心声,一阵阵掌声响彻会场,许多科学家流下了激动的热泪。讲话澄清了 10 年来是非颠倒的两个重大理论问题:一是承认科学技术是生产力,二是承认科技人员是工人阶级的一部分;同时提出了诸如科技对外开放、坚持"百家争鸣"、改革党对科技工作的领导等方针。此次讲话奠定了新时期党的科技政策的理论基础,也是邓小平新时期科技思想形成的标志。

时任中国科学院院长的郭沫若尽管重病在身,还是坚持出席了会议,在闭幕式上发表了题为《科学的春天》的书面讲话,道出了科技工作者激动不已的心情。他以诗人特有的气质歌颂春天的到来:"这是革命的春天,这是人民的春天,这是科学的春天!让我们张开双臂,热烈地拥抱这个春天吧!"

中国科技列车驶上快车道
——科技体制改革的宏伟蓝图

20 世纪 70 年代末,随着我国经济体制改革的启动和不断深化,原先科技体制的结构性缺陷逐渐暴露,如:科技与生产分离,科技成果转化的渠道不畅；工业研发力量薄弱，科技与教育脱节；条块分割，缺乏协调。因此，科技体制改革势在必行。

1981 年，原国家科委提出了新时期发展科学技术的新方针，采取了很多重大举措，相继颁布了一系列政策、规定。国务院成立了科技领导小组，从宏观和战略方面统率全国科技工作；各地区、各单位陆续选拔了一批优秀的科技干部充实到各级领导岗位上；以科研机构管理制度和职称评定制度为重点，开始了科技体制改革的试点工作。在此基础上，我国的科技体制改革的进程大致分为三个阶段：1985～1992 年，改革的指导思想是"科学技术面向经济建设，经济建设依靠科学技术"。通过改革拨款制度、开放技术市场、调整组织结构、改革科研人员管理制度和建立高新技术开发实验区等，将科学技术与社会发展协调起来，逐步修正以往体制中的弊端，使之面貌焕然一新。1992～1998 年，主要提倡"攀登科学技术高峰"。稳住并支持基础研究，开展高技术和重大的科技问题研究，提高科技实力；对研究所进行分类定位，优化基础性科研机构和布局，改进管理。同时放开各类直接为经济建设服务的研究机构，放开科技成果商品化和产业化活动，使之以市场为导向运行，为社会经济发展作贡献。1998 年后，中央提出进一步深化科技体制改革的任务，实施"科教兴国"战略。强调把科技和教育摆在经济、社会发展的重要位置，增强国家的科技实力及向现实生产力转化的能力，提高全民族科技文化素质，把经济建设转移到依靠科技进步和提高劳动者素质轨道上来，加速实现国家的繁荣强盛。

不可否认，20 世纪 70 年代之前的科技体制在科技资源少、活动规模小、国力有限和国际封锁的特定历史条件下，为社会主义建设发挥了重要作用。如牛胰岛素的人工合成、"两弹一星"的研制成功以及在核武器、空间技术和某些基础科学领域中为世界各国所瞩目的不凡表现。而后根据国内外发展形势的变化而进行的大刀阔斧的科技体制改革，是中国科技列车驶上快车道的标志。

基础研究的重大进展
——高温超导研究后来居上

超导物理学的诞生是人类对自然界低温极限的挑战，人们发现伴随着温度的降低许多材料会发生有趣的物理变化,其中隐藏的奥秘却迟迟未能解开。直到 1908 年,荷兰科学家昂纳斯成功地获得 4 开的低温条件,使最难液化的气体氦变成了液体。三年以后,昂纳斯发现了超导电性,即在 4.2 开附近,水银的电阻突然变为零。这标志着人们多年夙愿得以初步实现,是高温超导研究的新起点。

1986 年,IBM 的缪勒和柏诺兹二人发现了一种新型的超导材料,即陶瓷体状的镧钡铜氧化物,它在 30 开可能存在超导电性。这一划时代的发现,当时并没有引起低温物理学界的重视。但是,有一些物理学家从镧钡铜氧化物的工作中看到了进一步提高超导转变温度的途径。然而人们在研究后发现,米勒和贝德诺茨在工作中使用了既包含非超导相又包含超导相的复相化合物,使材料的零电阻温度大大低于 35 开,而非超导相的含量不仅降低了零电阻温度,而且决定了能否测出完全抗磁性。从这些分析出发,1987 年初围绕高温超导材料展开了一场激烈的国际角逐,掀起了全球超导热。1987 年 2 月,美籍华裔科学家朱经武用钇代替镧,获得了起始转变温度为 90 开的高温超导陶瓷。3 天以后,中国科学院物理所赵忠贤研究组用钇钡铜氧化物获得了起始转变温度 93 开的超导体。各国实验室不甘落后,纷纷用各种化合物进行探索。一段时间内,超导材料临界温度直线上升,可谓日新月异。1990 年,日本日立研究所超导中心发现了钒系高温超导材料,其临界温度达 132 开,并更新了铜系超导理论。同年,中国国家超导研究中心研制出锑铋系材料,临界温度也达 132 开。不仅如此,中国超导材料的应用也获得蓬勃发展。1990 年 9 月,中国科学院物理所研制出高温超导薄膜,达到世界先进水平。中国研制的高温超导量子干涉探测器已试用于野外地磁测量,初步试验结果令人满意,达到了世界先进的技术性能指标。中国高温超导技术后来居上,充分展现了我国在科技竞争中的实力以及中国科学家的智慧。

高温超导研究的下一个目标是使超导临界温度达到常温。人们正在探索新的途径,尝试用氟、氮、碳部分取代氧,或在钇钡铜氧化物中加钪、锶和其他一些金属元素。金属氢的超导电性也是目前科学家极力研究的一个课题。高温超导材料的突破,将导致一大群新技术的兴起,并将对人类文明产生深远的影响。

此外,为适应世界新技术革命的挑战和国内四化建设的迫切需要,对基础研究的选题提出了同应用研究、实用技术的开发紧密结合的要求。与此同时，国家从 1984 年起选择对四化建设有重要意义的学科领域，有计划地择优建设一批装备比较先进的重点实验室。基础研究取得的若干重大进展，显著提高了我国的科技实力，也为技术进步开辟了新的道路。

探索人类自身的奥妙
——对人类基因组计划的贡献

在 1953 年 4 月 25 日的《自然》杂志上，美国生物学家沃森和英国生物学家克里克以一篇 1 000 余字的短文和一幅图片公布了他们的发现：DNA 的双螺旋结构。此结构模型完美地解释了遗传物质的遗传性和变异性，它的提出是生物学史上具有划时代意义的事件。从此，遗传学和生物学的历史正式从细胞阶段进入了分子阶段。"如果说人体的基因就像一部包装精美的天书，记载着生命的奥秘，那么，DNA 双螺旋模型的发现，是我们翻开了这本书的第一页。"而人类基因组完成图谱的公布，则将这本书完整地呈现在了人类的面前。

人类基因组计划（human genome project，HGP）与曼哈顿原子弹计划、阿波罗计划并称为三大科学计划，它是由美国科学家于 1985 年率先提出，在 1990 年正式启动的。这项计划的预算高达 30 亿美元，共有美国、英国等六个国家参与，中国是当中唯一的发展中国家。按照这个计划的设想，在 2005 年，要把人体内约 10 万个基因的密码全部解开，同时绘制出人类基因的谱图。换句话说，就是要揭开组成人体 4 万个基因的 30 亿个碱基对的秘密。

1998 年，中国分别在北京和上海设立了国家基因组中心，1999 年，中国正式加入人类基因组计划，承担人类 3 号染色体断臂上约 3 000 万个碱基对的测序任务，占整个基因组的 1%。中国"1%"测序正式启动后，科技部以最快的速度，破例拨款 3 000 万元人民币予以支持。国家南、北方基因组中心对这一项目精确分工，即中科院遗传所承担测序任务的 55%，国家北方人类基因组中心承担 20%，国家南方人类基因组中心承担 25%。在整个测序过程中，我国科研人员不但测序精确，还本着为国家省钱的原则，在节约成本上进行了科技攻关，较之美国等发达国家的花费，节省了约 3/4 的成本。

2003 年 4 月 15 日,美、英、日、法、德、中 6 国领导人联名发表《六国政府首脑关于完成人类基因组序列图的联合声明》,宣告人类基因组计划圆满完成,人类基因组计划的所有目标全部实现,已完成的序列图覆盖人类基因组所含基因区域的 99％,精确率达到 99.99％,其中,中国圆满地完成人类基因组计划中所承担的测序任务。我国科学家由零起步,在短短两年时间里,高效高质地完成了承担的测序任务,足以让全世界为之瞩目。虽然只做了 1％,但无疑意义重大,正如国际人类基因组计划的"掌门人"柯林斯博士所说的那样:"国际人类基因组计划是一项全球科学家共同参与的伟大事业,在这个划时代的里程碑上,已经重重地刻下了中国和中国人的名字。"

人类基因组计划被认为是人类最伟大的认识自身的科学探索之一,我们的生命和行为将会因为它而改变,在这场"生命的革命"当中,我国在开发和利用宝贵的基因资源上已处于与世界发达国家同样的水平,在结构基因组学中占有了一席之地。可以说,中国抓住了 21 世纪生物产业发展的机遇,必定会更好地迎接未来的挑战。

航天领域的重大突破
——"神舟号"载人飞船与"嫦娥工程"

太空漫步、"神舟"飞天、入住"天宫"、嫦娥奔月……都是中华民族千年的梦想,而这些曾经的美好向往与传说,正随着我国航天科技的飞速发展,逐一成真。我国航天事业是在基础工业薄弱、科技水平落后和特殊历史条件下发展起来的,并且以较少的投入,在较短的时间内走出了一条适合本国国情、有自身特色的发展道路,取得了一系列重要成就。其中,令人瞩目的载人航天和登月工程,就能很好地印证我国航天发展的辉煌历程。

我国进行载人航天研究的历史可追溯到 20 世纪 70 年代初,在第一颗人造地球卫星东方红一号上天之后,时任国防部五院院长,被称为"中国航天之父"的钱学森就提出中国一定要搞载人航天。当时,国家将这个项目命名为"714 工程"(即于 1971 年 4 月提出),并将飞船命名为"曙光一号"。然而在研究工作开展了一段时间之后,基于综合国力、工业基础等方面的不足,这个项目没有能够继续进行下去。直到进入 80 年代后,中国的空间技术取得了长足的发展,具备了返回式卫星、气象卫星、资源卫星、通信卫星等各种应用卫星的研制和发射能力，这些都为中国开展载人航天技术的研究打下了坚实的基础。

1992年1月，我国政府正式批准载人航天工程，并命名为"921工程"。在"921工程"的七大系统中，核心就是载人飞船。工程开始之初，中央还提出"争8保9"的奋斗目标，即1998年要在技术上有一个大的突破，1999年要争取飞船上天。在所有航天人的共同努力之下，这个目标如期实现，1999年11月20日6时30分，我国成功发射第一艘无人试验飞船"神舟一号"，实现了天地往返的重大突破，也点燃了中国载人航空的希望之火。在随后的三年时间，中国又连续成功发射三艘无人飞船，每次都有技术上的飞跃。2003年，我国首次载人航天"神舟五号"飞船一飞冲天，执行此次任务的航天员是我国自己培养的第一代航天员杨利伟，他在太空中围绕地球飞行14圈，经过21小时23分、60万千米的安全行驶后，于16日6时23分在内蒙古主着陆场成功着陆返回。从2005年到2013年的7年时间里，我国又成功进行了4次载人航天飞行，执行任务的航天员由一人变成多人。其中，于2012年6月16日18时37分发射升空的神舟九号飞船还将第一位名中国女性航天员送向太空。2013年6月11日17点38分，"神舟十号"飞船发射成功，与"天宫一号"顺利对接。在完成了组合体飞行、绕飞交会等一系列实验后，"神舟十号"于6月26日8点8分顺利返回地面。这标志着中国天地往返运输系统首次应用性飞行、建立空间站拉开了序幕。

从无人到有人，从一人到多人，从一天到多天，从首次进入太空到出舱行走再到交会对接、访问在轨飞行器……古人一飞冲天的梦想已经精彩实现，随着我国航天事业的发展，另一个美丽的传说——"嫦娥奔月"也在逐渐变成现实。

"明月几时有？把酒问青天。不知天上宫阙，今夕是何年？"从古至今，这轮明月就以它独特的魅力引发人无限的遐想。2004年，中国正式启动了命名为"嫦娥工程"的探月工程，迈出了月球探测的第一步。探月工程实行"绕"、"落"、"回"三步走战略。2007年10月24日，发射成功率为百分之百的"长征三号甲"运载火箭在西昌卫星发射中心将"嫦娥一号"月球探测卫星送入太空，在距月球表面200千米的圆形轨道上运行，执行科学探测任务。"嫦娥一号"卫星由中国空间技术研究院承担研制，主要用于获取月球表面三维影像、分析月球表面有关物质元素的分布特点、探测月壤厚度、探测地月空间环境等。在经历了长达 494 天的飞行后，嫦娥一号卫星于 2009 年 3 月 1 日 16 时 13 分在控制下成功撞击月球，中国探月一期工程也宣布完美落幕。

与嫦娥一号撞月的"硬"着陆不同，目前，我国的探月工程正在为 2013 年"嫦娥三号"探测器"软"着陆月球做准备，即在接近月球表面时首先利用反作用力缓冲，然后让"嫦娥三号"实现自由落体式降落。相信这些"无人月球探测"阶段技术的完善会使"载人登月"和"建立月球基地"两个目标更快实现。

航天领域的发展大大扩展了人类的活动范围，是进一步大规模开发、利用空间资源的重要手段，对国家的政治、经济和科技等方面的发展都有重要的战略意义。然而航天工程也是集国家政治、军事、科技实力为一体的高难度系统工程，正是靠着不断勇攀高峰的创新勇气，中国航天事业接连取得一系列历史性的突破，中华民族正把一个个梦想的伟大跨越，标记在浩瀚太空之上。

告别铅与火，迈入光与电

——以中文电子出版系统为代表的技术创新

2006 年 2 月 13 日，中国科学院院士、中国工程院院士、北京大学教授王选永远地离开了我们。人们这样评价王选这位被人们誉为"当代毕昇"的汉字激光照排系统的创始人和技术负责人："在中华文明的历史上，我们永远不能忘记这些人：仓颉创造了汉字，让文明可以沉淀下来；李斯统一了汉字，让文明可以流通起来；毕昇发明了活字印刷，让文明传播到世界的每一个角落；王选把汉字带进了信息时代，让中华汉字文化源远流长。"正是他的杰出贡献，引发了我国印刷业"告别铅与火，迈入光与电"的技术革命……

1975 年开始，王选主持我国计算机汉字激光照排系统和电子出版系统的研究开发。他在调研了国际技术发展方向后于 1976 年作出决策，跨过日本流行的第二代光学机械式照排系统、欧美流行的第三代阴极射线管式照排系统，直接研制国外尚无商品的第四代激光照排系统，采取了跨越式发展的技术路线；他发明了世界首创的"用轮廓加参数的数学方法描述汉字字形的信息压缩技术"，以及"高速还原和输出技术"。王选使用"轮廓描述方法"描述汉字笔画特征，使字形信息量压缩约 500 倍，达到当时世界最高水平。为保证字形变大变小时的质量，王选在世界上首次提出并实现了用"参数描述方法"（即提示信息）控制字形变倍和变形时敏感部位的质量，而西方在大约 10 年后的 80 年代中期才开始采用类似技术。1976 年至 1993 年，王选先后设计并实现了六代汉字激光照排控制器，采用双极型微处理器与专用芯片（ASIC）相结合的技术，使得中国的电子出版技术处于世界先进水平。从 1991 年到 1994 年，王选带领的研发队伍引发了报业和印刷业三次技术革新：跳过报纸传真机，直接推广以页面描述语言为基础的远程传版新技术，实现了报纸发行的全国同步、同质量印刷；跳过传统的电子分色机，通过数字加网和彩色管理技术，研制出开放式彩色桌面出版系统，实现了彩色印刷的技术革新。90 年代末，以王选为首的研究集体将计算机技术在信息传播中的应用确定为学科方向，加强在数字图像与多媒体技术、文字与图形信息处理技术、网络应用与信息安全技术等跨媒体信息传播技术领域的应用研究，推出了直接制版、电子图书出版、印前领域全数字化工作流程系统、网络安全系统等基于数字化、网络化的新技术和新产品。

这些成果的产业化和应用，开创了汉字印刷的崭新时代，促进了我国新闻出版行业的技术进步和产业结构变革，彻底改造了我国沿用上百年的铅字印刷技术，取得了巨大的经济效益和社会效益。

机遇与挑战

——中国科技前瞻

中国科学技术的发展源远流长，勤劳智慧的中国历代先贤们遗留下许多宝贵文化的遗产，深刻影响了人类社会的历史进程。例如农学、天文历法、医药学方面的经典之作长期雄踞世界前列，至今仍为人们借鉴；造纸、火药、印刷术、指南针"四大发明"是中国人永远的骄傲，更影响了资本主义的进程……18 世纪后中国科技的发展逐渐落后于西方国家，伴随着 19 世纪 60～90 年代中国洋务运动和改良主义的兴起，给予了中国科技复兴的一个契机，近现代科技在风雨飘摇中走过了近 150 年的历程。中华人民共和国成立以来，两弹一星的研制、牛胰岛素的人工合成、载人航天等一系列成就，标志着我国科学技术事业的空前发展,同时也极大地提升了我国的国际地位。然而,我们也清醒地认识到,我们与国际科学技术的先进水平还存在一定差距,例如许多核心技术仍依赖追踪、模仿和引进国外技术,原始创新能力明显不足。因此,中国科学技术的发展既蕴含着良好的机遇,又面临着巨大的挑战。

2002 年颁布的《中国技术前瞻报告》指出,移动通信技术、网络体系、人类功能基因组学、生物信息学、纳米材料与纳米技术等是未来 10 年我国最有可能的科学突破与技术突破。2006 年 2 月 9 日国务院发布的《国家中长期科学和技术发展规划纲要(2006～2020 年)》部署了蛋白质研究、量子调控研究、纳米研究和发育与生殖研究四项重大科学研究规划。在未来的 15 年,中国科学技术发展的重点放在以下方面:信息领域,下一代移动通信技术(4G)形成自主知识产权,下一代网络体系(NGN)取得突破;生物领域,人类功能基因组学、生物信息学、蛋白质组学等在原先较好的研发基础上取得跨越式发展;医药生物技术特别是我国的优势领域中医药以及农业生物技术相关的基础研究和高技术研究,充分利用资源进行自主创新;在新材料领域,纳米材料和纳米技术在已取得的较为突出的成果基础上,加强其在能源、环境、信息、医药等领域的应用等;此外,干细胞增殖、分化和调控,生殖细胞发生、成熟与受精,人体生殖功能的衰退与退行性病变的机制,辅助生殖与干细胞技术的安全和伦理等均应有所突破。

从目前来看,整个中国科技正面临着前所未有的发展压力,对外要适应国际科技竞争的紧迫形势,对内要满足经济社会发展进程中的重大战略性需求。而原始创新能力和技术创新能力的薄弱,已成为当前和未来相当长时期内影响中国整体竞争力的极大障碍。根据我国的实际情况,自主研发和联合开发并举是我国技术研发的主要形式。继续坚持开放,增强吸收能力,扩大溢出效应,为科技发展赢得更多的知识资源、技术资源和人才资源;同时加强人员培养与引进、增加研发投入和加强官、产、研合作,深化我们的体制、机制改革等等。

图书在版编目(CIP)数据

趣味科技发展简史/马来平主编.—济南:山东科学
技术出版社,2013.10(2020.9重印)
(简明自然科学向导丛书)
ISBN 978-7-5331-7046-2

Ⅰ.①趣… Ⅱ.①马… Ⅲ.①自然科学史—世界—
青年读物 ②自然科学史—世界—少年读物
Ⅳ.①N091-49

中国版本图书馆 CIP 数据核字(2013)第 205767 号

简明自然科学向导丛书
趣味科技发展简史
QUWEI KEJI FAZHAN JIANSHI

责任编辑:孙　健
装帧设计:魏　然

主管单位:山东出版传媒股份有限公司
出　版　者:山东科学技术出版社
　　　　　　地址:济南市市中区英雄山路 189 号
　　　　　　邮编:250002　电话:(0531)82098088
　　　　　　网址:www.lkj.com.cn
　　　　　　电子邮件:sdkj@sdcbcm.com
发　行　者:山东科学技术出版社
　　　　　　地址:济南市市中区英雄山路 189 号
　　　　　　邮编:250002　电话:(0531)82098071
印　刷　者:天津行知印刷有限公司
　　　　　　地址:天津市宝坻区牛道口镇产业园区一号路 1 号
　　　　　　邮编:301800　电话:(022)22453180

规格:小 16 开(170mm×230mm)
印张:17　字数:250 千
版次:2013 年 10 月第 1 版　2020 年 9 月第 3 次印刷
定价:29.80 元